本著作受国家自然科学基金项目
"资源与环境双重约束下的产业用水效率研究"
（项目编号：71473068）资助

资源与环境双重约束下的产业用水效率研究

李 静 著

中国社会科学出版社

图书在版编目(CIP)数据

资源与环境双重约束下的产业用水效率研究 / 李静著 . —北京：中国
社会科学出版社，2020.5

ISBN 978-7-5203-6349-5

Ⅰ.①资… Ⅱ.①李… Ⅲ.①水资源管理—研究 Ⅳ.①TV213.4

中国版本图书馆 CIP 数据核字(2020)第 065079 号

出 版 人	赵剑英
责任编辑	谢欣露
责任校对	周晓东
责任印制	王 超

出 版	中国社会科学出版社
社 址	北京鼓楼西大街甲 158 号
邮 编	100720
网 址	http://www.csspw.cn
发 行 部	010-84083685
门 市 部	010-84029450
经 销	新华书店及其他书店

印 刷	北京明恒达印务有限公司
装 订	廊坊市广阳区广增装订厂
版 次	2020 年 5 月第 1 版
印 次	2020 年 5 月第 1 次印刷

开 本	710×1000 1/16
印 张	16
插 页	2
字 数	271 千字
定 价	78.00 元

凡购买中国社会科学出版社图书，如有质量问题请与本社营销中心联系调换
电话：010-84083683

目　录

导　　论

第一节　中国产业转变用水方式的必然性和紧迫性

一　落实科学发展观，全面推进节水型社会建设的需要

我国是严重缺水的国家，虽然淡水总量列世界第 4 位，但人均水资源量仅为世界平均水平的 28%；目前，全国地级城市中有约 2/3 的城市缺水，约 1/4 的城市严重缺水。水资源短缺已成为制约经济社会持续发展的重要因素之一。随着工业化和城镇化进程的不断加快，水资源短缺形势将更加严峻。为此，国务院 2012 年 1 月发布《关于实行最严格水资源管理制度的意见》，意见指出：当前我国水资源面临的形势十分严峻，水资源短缺、水污染严重、水生态环境恶化等问题日益突出，已成为制约经济社会可持续发展的主要瓶颈。该文件强调，要以科学发展观为指导，以水资源配置、节约和保护为重点，严格控制用水总量，全面提高用水效率，加快节水型社会建设，推动经济社会发展与水资源水环境承载能力相协调。党的十九大报告再次强调，要完善最严格的水资源管理制度，节约集约利用水资源，降低水资源消耗强度，提高水资源的利用效率。

研究我国产业的水资源利用效率，并基于此为政府及时出台有利于水资源保护和产业可持续发展的政策提供决策依据，使节水和生产相互协调并促进产业增长方式转变和产业布局优化与结构升级，与贯彻落实科学发展观，实现经济发展方式的根本性转变以及建设"美丽中国"有着密切的联系。

二　推动节约用水和治理水污染并举，提高产业用水效率的需要

相关研究发现，我国一方面面临着水资源危机，另一方面农业、工业

和其他产业用水效率均处于世界较低水平，特别是工业和农业用水效率远低于发达国家。在我国进入工业化和城镇化中期阶段之后，工农业发展对水的依赖性逐步增大。以工业为例，"十二五"末期比"十一五"初期工业用水量增长了 25% 以上，年均增速达到 2.38%，用水占比也从 20.7%上升到 24.4%；而同期我国供水总量年均增速不足 1%（《中国统计年鉴（2016）》）。我国农业用水占全部用水量的 60% 以上，但农业用水的粗放模式还没有得到根本改变，农田灌溉的有效用水系数不足 0.50，远低于世界先进水平 0.7—0.8。同时，我国水污染问题依然没有得到根本改观。2010 年水功能区水质达标率仅为 46%，2017 年也仅提高到 49.3%。38.6% 的河床劣于三类水，2/3 的湖泊富营养化。在工业水污染得到初步控制后，农业面源污染问题（主要是水污染）逐渐凸显出来，第一次污染源普查公告显示，农业面源污染已经成为水污染的主要来源。因此，当前我国工农业发展面临着水资源和水污染双重约束，要保持产业的可持续发展，必须破除约束"瓶颈"，科学高效地利用水资源，逐步提高产业用水效率是解决中长期产业发展的根本途径。

本书并非单纯地研究产业水资源的利用效率，而是在当前农业和工业所面临的水资源约束和严重水污染两大背景下，研究产业发展过程中用水效率状况以及如何更好地提高用水效率问题，这对于认识产业用水效率的实质具有重要的理论与现实意义。

三　改变产业粗放式发展，真正转变产业增长方式的需要

与煤、电等直接能源的使用不同，工业对水资源的利用长期以来处于粗放的状态。各地在 GDP 竞争中，争先恐后地上马各种高耗能和高耗水工业项目。"十二五"期间，虽然各地把能耗指标纳入考核指标之中，但用水量和用水效率指标都是非强制考核项目，一些地方甚至免费提供工业用水，或任由企业无节制抽取地下水。由于生产技术落后，工艺老化，企业一方面对水需求量加大，另一方面又排放大量的废水，工业的粗放经营也带来了用水的不可持续性。相比工业，农业更是处于粗放经营态势，灌溉用水系数各地均不足 0.5，由于农业用水几乎是免费的，农业节水的潜力巨大。

本书不仅研究工农业的用水效率问题，也同时把用水效率与产业的可持续发展相结合，探讨在资源匮乏和环境污染双重约束下，工业和农业发

展能否突破技术和环境瓶颈，真正实现绿色发展。

四　制定合理的产业用水价格体系，真正体现水资源稀缺程度的需要

长期以来，我国工业用水是由政府定价的，价格一直处于较低水平。2000—2012 年全国地级市工业用水价格平均不足 2.5 元/立方米。低廉的价格一方面不能体现水资源的稀缺性程度，另一方面导致了企业节水意识淡薄，浪费现象严重。此外，由于价格低廉，工业用水循环率普遍较低，特别是中小型企业废水不经治理直接排放的现象较为严重。相较于工业用水配置，农业用水一直占到用水总量的 60%，且长期低价甚至免费用水；另外，大量不合理使用化肥等生产资料，使农业成为我国水污染的主要来源。因此，需制定合理的产业用水价格体系，发挥水资源市场的配置作用。

本书将着重讨论产业水价在工农业用水效率中所起的重要作用，对比现行水价的影响力，探讨制定合理的、能反映工农业用水稀缺性的水价方案，实现产业用水的可持续性。

第二节　主要研究内容

一　技术路线

本书针对我国不同区域工农业发展与用水效率日益失衡的问题，以国家提出的"建设节水型社会"战略和最严格的水资源管理办法为背景，以国际前沿的多维数据包络分析（DEA）方法及其多重约束条件为整合改进的基础，以服务于科学制定工农业发展的用水政策，建立健全和完善我国不同地区产业用水、节水和治水的调节机制为总目标，在整理和分析相关研究成果的基础上，采用图 1 的研究思路，主要步骤包括以下五个方面：（1）总结国内外用水效率的研究成果；（2）基于脱钩理论与改进的方法对我国不同省份（不包括港、澳、台地区）工农业发展与用水量之间的协调性进行系统评判，分析地区、行业及不同农业作物用水效率的差异与演化态势；（3）在梳理整合多维 DEA 模型的基础上，构建能够纳入资源约束和环境约束等多重约束条件的模型系统；（4）估计地区工农业的用水效率，并探讨主要的影响因素，特别讨论水价可能的影响及作用；

（5）以案例研究的方式考察不同工业区、主要粮食主产区、相关企业和农业生产水资源配置的成功经验和教训，并提出政策建议和提示。

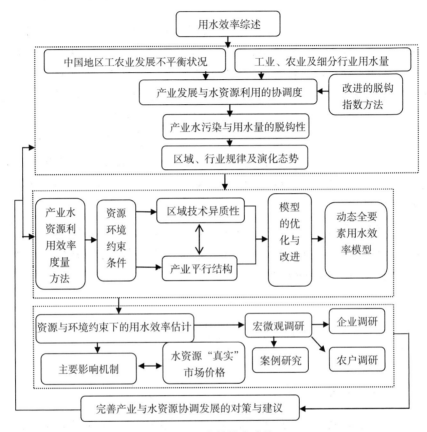

图 1　研究的技术路线

二　主要内容

本书中的产业主要指工业和农业两大产业，服务业由于数据缺失没有包含在内。

本书以中国地区产业水资源利用效率为考察对象，紧扣新形势下水资源约束和水环境污染两大条件，把握不同区域用水与产业可持续发展之间的关系，揭示工农业不同发展阶段用水与产业发展间的区域差异、产业内部差异与动态发展趋势，掌握区域、产业内部经济发展与用水量的协调性及演化态势的一般规律；在对不同区域及细分产业发展用水与发展协调度进行综合评判的基础上，全面系统地对水资源利用效率的方法进行梳理，纳入资源约束与环境污染条件，构建科学合理的用水效率评价方法系统；对我国不同省份和细分产业用水效率进行实证估计，研究区域及细分产业用水效率的差异及演化规律与态势，探究区域内部和产业内部用水效率低下的主要节点；考察不同因素对产业用水效率的作用机制，特别检验现行用水价格的作用，研究"真实"市场条件下的工农业用水价格，扩展方法论的应用价值；最后通过案例研究的方式探究改革现行产业供水和用水体制以及水价改革的可行性，为合理制定产业用水政策和促进区域产业的可持续发展提供理论支持和实践指导。

基于以上分析，本书从以下六个方面展开研究：

（一）区域及产业发展与用水量的协调性及态势：基于脱钩理论的研究

我国工业和农业发展在时间上存在不同的阶段性，在区域和产业内部存在着较大的不平衡。总体上东部地区工业发展更为突出，工业技术水平更高，工业处于转型升级的更高阶段；中西部农业发展更为突出，农业产业化程度也存在较大的不平衡。本部分所要回答的问题在于，工农业发达的地区是否在水资源配置及节水上也有着与其他地区同样的趋势，工农业发展与用水量间的关系在区域和产业内部是否协调。

本部分摒弃传统的单纯考察产业产值或增加值与用水量之间的比率关系来研究用水效率的方式，采用改进的脱钩理论和评价方法，给出脱钩指数，并分析区域间及细分行业间差异的规律及演变态势。本部分研究对于整体把握中国区域及细分产业经济发展与用水量间的关系和时间变化态势起到引领作用，也为案例研究提供了合理的参考依据。

（二）产业用水效率的度量方法

度量资源与能源的效率通常用产出与资源使用量之比来粗略地反映，如万元 GDP 用水量、单位水资源产出水平等，但这类用水效率指标仅反映用水和产出间的比率关系，忽略了其他投入要素对产出的作用。学界研究中通常采用两种方法来度量用水效率：参数方法和非参数方法。参数方法通常假设一个行为方程，产出作为因变量，用水量及其他投入要素作为影响因素，采用 SFA（随机前沿）等方法来预测要素的利用效率。非参数方法则不局限于仅有一个产出变量，也不需要预设行为方程，在资源和其他条件的约束下，基于线性规划方法而得到。这又以 DEA（数据包络分析）为典型方法。本部分在 DEA 方法的基础上考虑多重约束，并以区域为对象，使用平行结构 DEA 模型对细分产业再进行细致的方法创新探讨。

本部分主要阐述：（1）距离函数、随机前沿函数和 DEA 方法的基本原理。着力介绍距离函数、DEA 方法和随机前沿函数等方法的演化及数学原理，并分析距离函数与 DEA 方法、距离函数与随机前沿函数之间的关系以及随机前沿函数与 DEA 方法之间的交互关系，以及它们在具体应用中存在的优势与缺陷。（2）纳入资源约束和环境污染因素的 DEA 模型选择。以产出方向距离函数和 SBM 方法为主要选择，考察两种方法不同假设条件下可能对要素效率的影响。（3）纳入产业发展的不平衡和技术异质性的方法选择。主要根据中国工农业发展和水资源不平衡状况，使用共同前沿方法分别考察不同分区下的用水效率。（4）基于平行结构的省份内部各子产业的用水效率评价方法研究。以区域产业为对象，研究地区产业内部结构的用水效率，探寻内部节点用水效率低下的原因或来源，并实现同步测算，这是用水效率估计方法的延伸与扩展，也是同类研究还没有考虑和研究的内容。（5）在上述用水效率评价模型的基础上，构建动态的全要素用水效率模型，并分解成技术进步效应、规模效应以及效率改善效应等多个部分，以考察全要素用水效率变化的动态因素。（6）开发适用于本书的多维 DEA 软件系统。该软件系统能够处理考虑区域技术异质性的共同前沿模型、纳入资源和环境约束的模型、平行结构的 DEA 系统以及动态全要素用水效率系统问题。

（三）双重约束下的产业用水效率评价与解析

在前一部分的基础上，本部分筛选能够处理环境污染以及使用共同前沿方法的 DEA 模型，分别对工业和农业包含用水量以及相应的水污染指标的投入产出模型进行估计，并分离出理论产业用水量，与实际用水量相比较，得到需要的各区域、子产业不同时间的用水效率。在此基础上，同样采用能够纳入水资源约束及发展异质性的模型，再分别对农业不同产业及不同作物用水效率进行估计，详细考察农业内部产业及不同作物的用水效率；利用能够纳入非期望产出及资源约束的平行 DEA 模型，考察不同省份工业内部细分产业用水效率问题，探寻工业内部用水无效率的来源。

本部分主要包含：（1）农业面源污染的清单分析。由于农业污染数据的不可得性，本部分将首先深入到不同农业污染单位，从地级市层面详细评估不同地区、不同作物及农业产业的污染数据；（2）分省份进行工业和农业用水效率的估计，并比较参数和非参数的结果差异，分析不同区域工业用水效率及相应的技术落差比，把共同前沿用水效率分解为群组用水效率与技术落差比，探究地区用水效率的来源；（3）使用非参数方法探讨产业用水效率的时空转化规律，并以可视化的图形展示结果；（4）比较研究不考虑水资源约束和水污染影响的产业用水效率，解释所用方法与技术的合理性和科学性；（5）考察省份内部及子产业在平行 DEA 结构下用水效率的差异；（6）分析全要素用水效率的结果及来源，考察用水效率演化的动态特征。

（四）绿色技术偏向与产业用水效率

以往学者所做工业方面的研究极少涉及水资源和水环境双重约束下的技术进步偏向性问题，更少有学者考虑到产出偏向性的存在，而在农业层面，甚至少有文章涉及技术进步偏向性的研究。并且，以往文献大都采用参数法测算工业技术进步偏向，由于经济体中生产技术存在多样性，参数法就可能导致固定生产函数无法得到稳健结果。根据以往研究成果与不足，本部分利用基于方向性距离函数的 DEA 模型，估算兼顾水资源和水污染的中国工业、农业绿色全要素生产率增长率（即用水效率），并进一步分解其来源以得到产出偏向、投入偏向和规模变化技术进步指数，据此判断中国工业、农业绿色技术进步的偏向性是水资源节约（水资源投入的相对减少、投入偏向）抑或水环境保护（污水排放的相对减少、产出偏向），以便更有诱导技术进步方向和优化工业、农业发展的路径。

主要内容包括：（1）技术偏向与要素投入偏向的相关研究梳理。概括相关技术偏向研究的内容，梳理有关要素投入偏向与技术进步的关系，引出绿色技术偏向与投入要素和产出之间的关系问题。（2）绿色技术偏向投入和产出角度方向距离函数改造及模型设定。主要从方向性距离函数出发，基于 DEA 模型，推导投入角度的技术偏向与要素组合的关系模型，推导产出角度的技术偏向与产出要素组合的关系模型，给出兼顾投入和产出角度的综合运算办法。（3）在农业、工业以及细分工业行业三个层面，从产业用水和产业水污染两个方面，研究双重约束下的投入偏向型技术进步与产业用水和其他要素组合之间的演化关系，研究产出偏向型技术进步与产出组合之间的演化关系。（4）研究投入和产出偏向型技术进步与产业影响因素之间的关系。

（五）产业用水效率差异的主要影响机制

本部分以度量的产业用水效率结果为基础，探究工农业用水效率背后的主要作用力量。根据经济学相关理论,本部分主要研究四类影响因素:第一是该地区的水资源丰裕程度;第二是地区的经济发展和工农业发达程度;第三是地区的水资源价格高低;第四是地区的工农业节水技术和产业水污染治理能力。因此,本部分主要研究:(1)主要影响因素的经济学含义与作用机理。(2)四类因素的具体指标选取及收集。(3)面板计量模型的构建。由于工业用水效率是一个受限因变量,回归模型的设定不能使用常规的线性方程,拟采用能够同时解决受限因素及模型估计偏误的面板 Tobit 模型。(4)模型估计结果的解释及说明。(5)用水价格的作用及影子价格的估计。我们预期现行水价可能无法解释工农业用水效率,因此,进一步采用用水量影子价格(对偶价格)的形式来反映"真实"的市场价格,并考察其对用水效率的作用。

(六)提高产业用水效率的优化路径及现实选择

本部分使用上述度量数据,具体对东部、中部、西部地区代表性省份从宏观和微观层面进行案例剖析,并提出案例研究的政策含义,为工农业水资源配给措施提供决策参考。研究内容可分为:

(1)宏观层面的案例研究。第一部分,具体收集全国地级市工业用水的价格信息,与估计的工业用水效率数据相结合,并辅以工业水污染数据和经济层面数据,形成较大层次的工业用水效率的数据库,研究用水效率的价格弹性,分析现行工业水资源供给制度和定价体系;探讨现行区域差别水资源税的可能性和税率出台的机制;选择一些代表性城市进行工业用水制度改革的调研和访谈,给出案例研究的政策启示和含义。第二部分,主要是收集关于我国各地区农业灌溉用水资料,考察不同地区农业用水配给政策和用水系数;配合农业面源污染的资料,研究农业用水和面源污染的关系;对一些典型的农业地区进行实地调研,考察农业用水的先进经验和水资源供给制度,形成具有指示意义的案例集。

(2)微观层面的案例研究。第一部分,对东部、中部、西部以及水资源缺乏和丰裕地区进行微观企业的实地调研,考察不同区域企业的用水方式、途径和废水的处理等,考察当地工业供水的定价机制及存在的主要问题;测试工业企业对水价逐步提高的敏感性程度;探讨阶梯水价对不同类型企业产出的影响,为推行工业水价改革及提高用水效率提供实践指导。第二部分,通过对重点粮食主产区农户灌溉用水的做法、当地水资源供给、节水意识、农业面源污染的来源等进行问卷调查,具体考察现行农业用水体制存在的问题，对不同农户对水价的反应灵敏性进行测试。

第三节　主要创新点

（1）提出新的更具有综合性的用水效率测度模型

在探讨资源利用效率理论与应用的基础上，本书与其他研究的明显区别是运用了大量的实证方法和模型，包括对工农业用水量与产业发展间的协调度进行研究的改进的脱钩方法、纳入资源和环境约束以及平行结构等特征的 DEA 模型、水资源影子价格的估计方法、影响因素的面板计量方法以及调研数据分析方法等。这些方法的运用弥补了关于水资源利用效率估计中的缺陷，也为政府和决策部门出台产业经济发展与水资源配给政策提供了实证支撑，使政策更具科学性和合理性。

为了弥补现有模型只关注某一目标或约束条件的缺陷问题，本书在计算工农业用水效率的基础上，开发纳入水资源和环境约束、考虑地区产业发展的异质性特点、同时能够处理复杂性生产结构以及技术偏向性的效率或全要素生产率测算系统，并逐步加入其他与研究相关的主要功能。研究以水资源和环境双重约束为背景，使用多维 DEA 模型进行工业和农业用水效率的研究。此外，方法上尽可能地考虑到工业在省份上的细分行业，即四维数据的平行结构问题，而农业则需要同时纳入不同的农业作物，试图在上述条件约束情况下，纳入平行 DEA 模型，同时，在静态模型的基础上延伸至动态模型，并能够分解全要素用水效率的内在来源。因此，如何科学合理地把资源约束和环境约束同时纳入 DEA 的模型中，并考虑多重数据结构问题，是本书在方法论上的可能突破之一。

（2）研究视角上的突破。本书不仅关注工农业用水效率本身，而且给其附加了较多的约束条件，即水资源限制、水环境污染以及工农业发展的异质性等，从而使本书更加切合实际。此外，本书还进行了内容上的拓展研究，即在用水效率模型基础上构建"真实"用水价格的影子价格方法和实证检验，对制定不同地区的工农业用水价格机制起到支撑作用。

（3）大量的数据处理及调研工作。本书的数据涉及各省份水资源供需状况、工农业水资源利用、区域工农业发展概况、劳动力投入、资本使用、细分产业情况、工农业环境排放。一些诸如农业污染的数据，需要根据现行资源利用状况使用较为科学的方法进行估计或调研补充。调研层面的数据，主要涉及政府部门的宏观政策数据，也涉及工业企业和农户的微观数据资料，为调研报告及政策研究提供细致和准确的依据。为了计算工业及细分行业、农业及细分作物等，需要构建大量的计算模型并进行结果分析。

（4）政策应用上的突破。本书并不局限于理论和方法论上的研究创新，而是力求研究与实践相结合，通过大量的实际数据与调研活动，探寻如何改革现行工农业用水机制和价格形成机制，将为各级政府相关部门、大中型企业提供参考。

第一章

产业发展与用水效率的协调性研究

自第二次世界大战以来,全球化逐渐成为世界经济关系的主要特点,对世界经济发展做出了重要贡献,已成为不可逆转的时代潮流。尽管国际金融危机的爆发使世界经济仍处于低迷状态,然而各国一系列刺激政策的出台促使了经济向好形势的发展。中国自 1978 年改革开放以来,逐渐融入全球化的浪潮。在这 40 多年里,中国发生了巨大的变化,中国经济持续高速增长,2010 年中国 GDP 首次超过日本,成为世界第二大经济体。近年来,中国实施供给侧结构性改革、"一带一路"建设、长江经济带发展、京津冀协同发展、粤港澳大湾区建设等,对经济产生了持续推动作用。中国在积极参与世界经济改革和建设的同时,也为改革和优化全球经济环境注入了中国力量。

随着经济飞速发展以及人们生活水平逐步提高,水资源短缺、水污染等问题日益突出。水资源是人类赖以生存和持续健康发展的基础性自然资源,是国民经济发展不可缺少的生产要素。全球可供人类使用的淡水资源仅有 0.35 亿立方千米,由于经济发展十分迅速,因而用水量连年攀升。人类生活产生的污染物肆意地排放到水环境中,致使水体污染严重。相关研究发现,中国一方面面临着水资源危机,另一方面农业、工业和其他产业用水效率均处于世界较低水平,且远低于发达国家。可以预见,未来经济社会的可持续性发展严重受制于水资源短缺以及水污染的双重约束。因此,科学高效地利用水资源,逐步提高用水效率是解决可持续发展的根本途径。

第一节 产业发展和用水的关系

资源禀赋与产业发展问题是经济学研究中的一个热点话题,水资源是一种不可替代的战略资源和生产的控制性要素，因而在水资源和环境的双重约束下研究产业发展和用水的关系具有重要意义。

国外学者较早把产业发展和用水情况联系起来进行研究。Stoevener（1965）将投入产出模型和效益成本分析法应用于水资源研究。Hendrickls（1982）采用投入产出模型研究了水资源供需平衡问题。Duarte 等（2002）运用投入产出分析方法，分析西班牙在水资源短缺背景下产业发展对水资源的消耗情况。Hassan（2003）以南非为研究对象，分析了各产业部门的用水状况，指出分析产业用水特性时需要全面分析各种指标。

近年来，关于中国产业发展和用水之间的关系引起了广泛的关注，相关的文献迅速增加。陈静等（2008）以上海市为研究对象，利用灰色协调度模型研究了 1997—2005 年产业用水系统。田贵良（2009）以宁夏为例，利用投入产出模型分析了产业部门的用水情况，发现产业发展对水资源的需求压力不能仅依据该产业的直接用水系数，完全用水系数能够较客观地反映产业发展对当地水资源的需求情况。孙才志和王妍（2010）以辽宁省为例，测算了 1994 –2007 年 14 个地级市产业用水变化驱动的三种效应，研究结果表明，辽宁省产业用水变化是由经济增长的稳定作用、结构变动的冲击作用和技术进步的动力作用共同决定的。孙才志等（2011）应用 LMDI 分解方法对 1997—2008 年中国用水效率的变化进行了分解，研究发现产业用水效率效应和产业用水结构效应对用水效率的变化均起正向驱动作用。佟金萍等（2011）从产业层面出发，对中国 1997—2009 年万元 GDP 用水量的变动进行分解后发现，产业用水效率的提高和产业结构调整对万元 GDP 用水量降低的累计贡献率分别为 59. 41% 和 40. 59%。吕文慧和高志刚（2013）以新疆为研究对象，分析了产业用水变化的影响因素，结果表明，经济增长对产业用水消耗的影响表现为正向作用，而产业结构、用水强度对用水量的影响表现为负向作用。沈家耀等（2016）以江苏省为例，利用系统动力学—投入产出分析整合方法对产业用水综合效用进行了分析。刘晨跃等（2017）利用 LMDI-I 分解方法研究了 2003—2014 年三大产业生产用水变化的影响因素，指出用水效率效应抑制了三大产业生产用水消耗。

一　三次产业发展与用水量

本书中产业发展选取各产业增加值作为衡量指标，而产业用水包括农业用水、工业用水和第三产业用水。数据主要来源于《中国环境统计年鉴》（2000—2017 年）、《中国统计年鉴》（2000—2017 年）。其中，价格指标均平减为 1999 年不变价格。

图 1-1 表明 1999—2016 年中国三次产业增加值的变化趋势。中国农业、工业和第三产业增加值均呈现稳步增长的趋势，农业增加值明显低于工业和第三产业，工业稍高于第三产业。1999 年农业增加值为 14549 亿元，而 2016 年农业增加值上升到 27992 亿元，年均增速为 3.92%，工业增加值、第三产业增加值增长趋势较为相似，1999—2016 年年均增速分别为 9.96% 和 10.11%。可以判断，工业增加值、第三产业增加值的增长速度明显高于农业，这说明工业和第三产业是我国经济增长的主力军。

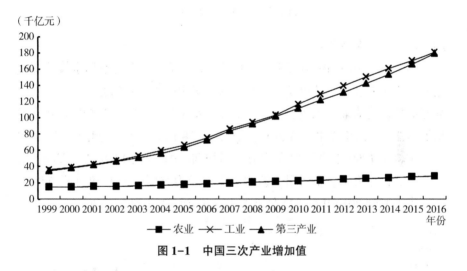

（千亿元）

图 1-1　中国三次产业增加值

为了更准确地反映各产业发展的实际情况，需要测算三次产业结构比例（见图 1-2）。1999—2016 年工业和第三产业增加值占比均处在 40%—50%，而农业增加值占比始终低于 20%。具体来看，1999—2016 年，农业增加值占比逐渐下降，由 17.02% 减少至 7.21%。与农业的变化不同的是，工业和第三产业增加值占比都呈现稳步上升的态势，且工业高于第三产业，再次说明了工业和第三产业在经济发展中的重要作用。与此同时，随着农业增加值比重降低，工业和第三产业增加值比重增加，产业结构也逐渐趋于合理化。

中国产业在快速发展的同时，面临着经济增速放缓、资源约束逐渐加重等一系列制约，而且中国产业用水受制于中国总供水量，这就要求产业

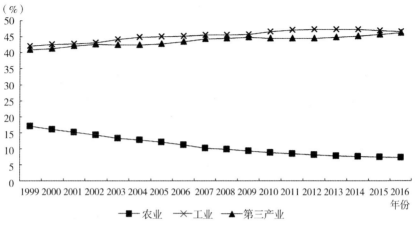

图 1-2   中国产业结构比例

用水过程中要节约用水。

    图 1-3 显示了 1999—2016 年中国农业、工业以及生活用水量的变化趋势。中国农业、工业以及生活用水量均呈现略微增长的态势。用水量由高至低依次为农业、工业和生活。农业用水量从 1999 年的 3610 亿立方米增加至 2016 年的 3768 亿立方米，增长了 158 亿立方米。与此同时，工业用水量也从 1999 年的 1172 亿立方米增加到 2016 年的 1308 亿立方米，增长了 136 亿立方米。生活用水量的变化也较为类似，由 1999 年的 558 亿立方米上升到 2016 年的 822 亿立方米，年均增幅达到 2.30%。

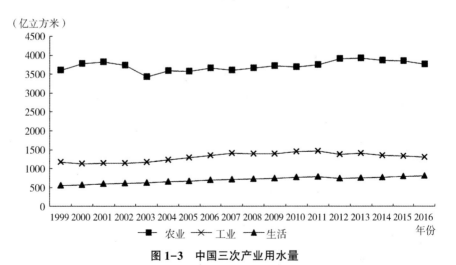

图 1-3   中国三次产业用水量

    从各产业耗水量占比的角度来看（见图 1-4），1999—2016 年，农业用水量比重处于60%—70%，呈现波动式下降趋势。工业、生活用水量占比分别处在20%和10%左右，其变动趋势基本保持平稳。由此可见，农业用水量占比很高，具有较大的节水潜力。同时，可以通过产业结构的不断优化和用水效率的不断提高来保证水资源的可持续发展。

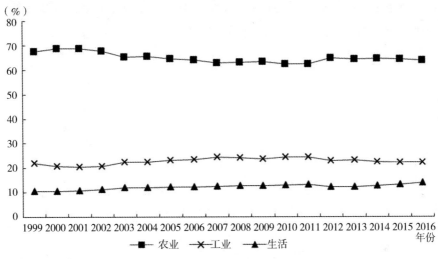

图1-4 中国产业用水结构比例

二 工业发展与用水的关系

工业是促进中国经济发展的主要动力，但工业的可持续性发展严重受制于水资源短缺以及水污染的双重约束问题。因此，研究工业发展与工业用水之间的关系有重要的现实意义，旨在提高工业的用水效率来保证经济与资源环境的均衡发展。我国31个省份根据工业发展的同质性分为东部、中部、西部三大群组：东部群组包括北京、天津、河北、辽宁、上海、江苏、浙江、福建、山东、广东和海南；中部群组包括山西、吉林、黑龙江、安徽、江西、河南、湖北和湖南；西部群组包括内蒙古、广西、重庆、四川、贵州、云南、陕西、甘肃、青海、西藏、宁夏和新疆。

图1-5展示了1999—2016年中国东部、中部、西部地区工业增加值的变化趋势。可以看出，中国工业增加值一直呈上升趋势，年均增幅为12.17%。中国东部、中部、西部地区工业增加值均呈增加趋势，东部工业增加值明显高于中部、西部，中部稍高于西部。其中，东部工业增加值由1999年的21276亿元增加到2016年的142037亿元，年均增幅高达11.82%。中部工业增加值也呈现明显上升趋势，由1999年的7840亿元

上升到 2016 年的 56924 亿元，年均增幅 12.37%。西部工业增加值的上升趋势也十分显著，从 1999 年的 5009 亿元增加至 2016 年的 41482 亿元，年均增幅达到 13.24%。[①] 虽然中部、西部地区工业增加值的增长速度高于东部地区，但中部、西部地区工业增加值与东部地区相比差距仍较大，这需要中国根据中部、西部地区的实际情况进一步制定相应的扶持政策，促进中部、西部地区工业经济的良好快速发展。

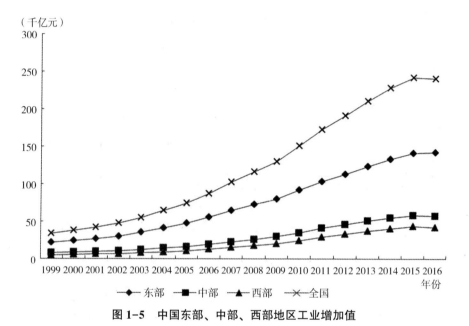

图 1-5　中国东部、中部、西部地区工业增加值

　　为了更准确地反映东部、中部、西部地区工业发展的实际情况，需要测算工业增加值占各地区生产总值比重的高低（见图 1-6）。

　　从图 1-6 可以看出，1999—2016 年东部、中部、西部地区工业增加值占地区生产总值的比重均处在 30%—55%。东部工业增加值占比明显高于中部、西部地区。与此同时，东部、中部、西部地区工业增加值占比均呈现先上升后下降的态势。这可能是由于近年来更加注重服务业的发展，服务业占比快速增长带来的结果。这说明，中国东部、中部、西部地区在保持经济增长的同时，要着重关注各地区产业结构的合理化，保障三大地区之间和地区内三大产业的均衡发展。

----

①　本节涉及的中国和东部、中部、西部地区工业增加值和地区生产总值及对应指数均来源于中华人民共和国国家统计局。

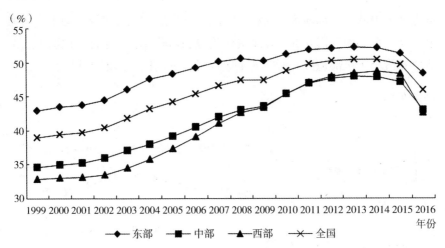

图 1-6　中国东部、中部、西部地区工业增加值占地区生产总值的比重

　　图 1-7 呈现了 1999—2016 年中国工业用水量及其所占用水总量比重的变化趋势。中国工业用水量在 1999—2016 年呈现略微增加的态势。工业用水量占用水总量比重在整个研究期内基本保持不变，1999—2007 年呈波动式上升趋势，而 2008—2016 年呈波动式下降趋势。

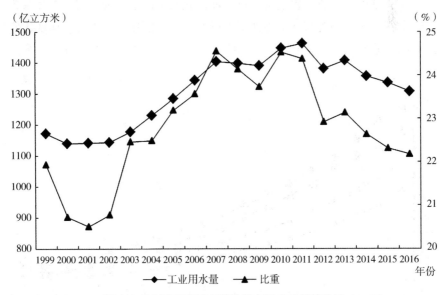

图 1-7　中国工业用水量及其占用水总量的比重

　　1999—2016 年，工业用水量从高至低依次为东部、中部和西部（见图 1-8）。说明东部地区在保持较高工业增加值的基础上，所需工业用水

量也高于中部、西部地区，这符合工业经济发展的实际情况，即工业增加值较高的东部地区需要的工业水资源量也相对较高，而中部、西部地区工业增加值小于东部地区，所需的工业水资源量也比东部地区少。

（亿立方米）

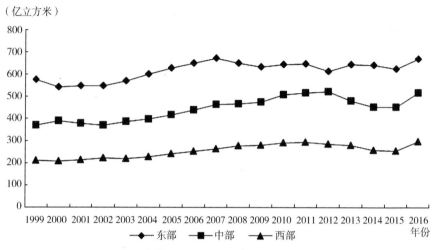

图1-8　中国东部、中部、西部地区工业用水量

在了解中国工业用水量与工业发展现状的基础上，为了初步探究两者之间是否存在相关关系，本书计算中国两者之间的比值，观察各地区比值高低的变化趋势是否存在规律，由图1-9可以看出，1999—2016年中国

（立方米）

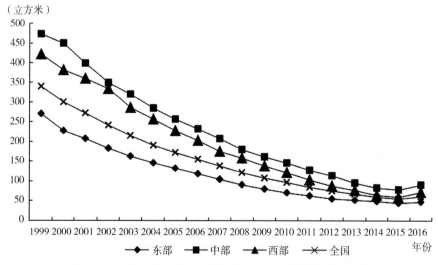

图1-9　中国东部、中部、西部地区万元工业增加值耗水量

东部、中部、西部地区万元工业增加值耗水量呈下降趋势，说明随着工业经济的发展，工业用水量并没有快速增长，即每单位工业增加值的耗水量逐渐减少，这可能是不同地区工业用水技术的引进、政府加大水资源的宣传和教育与各企业节水意识提高带来的结果。分地区来看，1999—2016年万元工业增加值耗水量由高至低依次为中部、西部和东部。说明东部工业用水效率高于西部和中部，且近年来效率值不断提高。

三　农业发展与用水的关系

图1-10给出了1999—2016年中国东部、中部、西部地区农业增加值的变化趋势。可以发现，中国农业增加值表现出显著增加趋势，从1999年的14588亿元增加到2016年的30234亿元，增加了1倍多。分地区来看，中国东部、中部、西部地区农业增加值均不断增加，由高至低依次为东部、中部以及西部。其中，东部农业增加值由1999年的6248亿元增加到2016年的12080亿元，年均增幅达到3.95%。同时，中部农业增加值也由1999年的4722亿元上升到2016年的10038亿元，年均增幅为4.54%。此外，西部农业增加值也表现出上升趋势，从1999年的3618亿元增加至2016年的8117亿元，年均增幅达到4.87%。

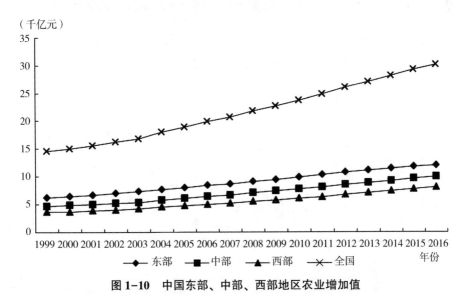

图1-10　中国东部、中部、西部地区农业增加值

图1-11测算了中国东部、中部、西部地区农业增加值占地区生产总值的比重。可以发现，1999—2016年东部、中部、西部地区农业增加值

占地区生产总值的比重均处在 25% 以下，由高至低依次为西部、中部、东部，说明与中部和东部地区相比，西部地区虽然在经济上较落后，但农业仍是其主要发展产业。此外，东部、中部、西部地区农业增加值占比均呈现逐年下降的趋势。

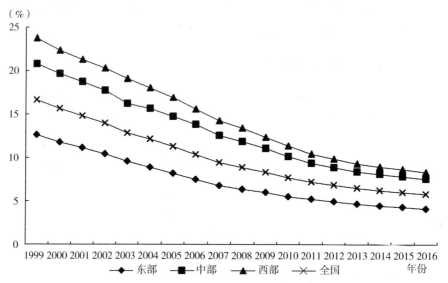

图 1-11　中国东部、中部、西部地区农业增加值占地区生产总值的比重

　　图 1-12 描绘了 1999—2016 年中国农业用水量及其占用水总量比重的变化趋势。可以看出中国农业用水量在 1999—2016 年呈现波动式上升的

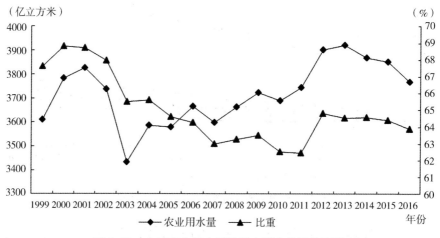

图 1-12　中国农业用水量及其占用水总量的比重

趋势。在整个研究期间，农业用水量占用水总量比重处在60%—70%，表明农业用水中具有较大的节水空间，应努力提高农业用水效率。此外，农业用水量占用水总量比重呈波动式下降态势，说明由于工业、服务业的快速发展，高耗水的农业逐渐被工业、服务业代替。

中国东部、中部、西部地区农业用水量存在不同趋势。1999—2016年，西部农业用水量明显高于东部和中部（见图1-13）。其中西部农业用水量呈波动上升趋势，东部和中部农业用水量趋势线相交，东部农业用水量呈波动下降趋势，中部农业用水量呈波动上升趋势。此外，1999—2010年，东部农业用水量高于中部，2011—2016年，中部农业用水量高于东部。

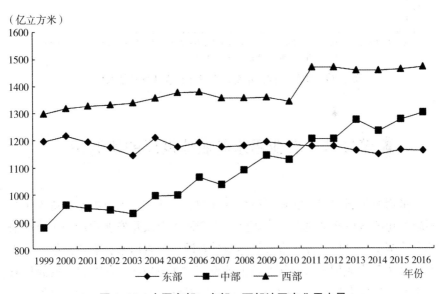

图1-13　中国东部、中部、西部地区农业用水量

万元农业增加值的用水量变化是农业用水效率的重要体现。通过搜集东部、中部、西部地区的农业增加值和农业用水量数据，分别计算东部、中部、西部地区万元农业增加值的用水量。由图1-14可以看出，东部、中部、西部地区万元农业增加值的用水量均呈逐年下降趋势，说明东部、中部、西部地区的用水效率在逐年提高，其中1999—2016年西部万元农业增加值耗水量最高，中部万元农业增加值耗水量次之，东部万元农业增加值耗水量最低，说明东部、中部、西部地区农业用水效率由高至低依次为东部、中部、西部。分析其原因，可能是由于东部地区相对于中部和西

部地区经济较发达，农业节水技术较为先进，因而东部地区农业用水效率高于中部和西部地区。

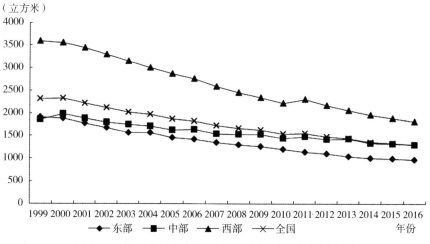

图 1-14　中国东部、中部、西部万元农业增加值耗水量

第二节　农业用水与农业发展的协调性

　　水资源是制约中国农业可持续发展的主要瓶颈，严重的水资源赤字和不断恶化的水质逐渐使农户意识到，水资源不仅仅是农业生产中不可或缺的自然资源，也是一种非常宝贵的经济资源。一直以来，农业是第一用水大户（中国农业用水占总用水量的比例超过了 60%），有限的水资源使农业生产面临极大的危机。此外，农业污染是继工业后的又一大污染源，农业水资源的数量与质量已成为限制农业生产至关重要的因素。由于农业用水效率的高低直接关系到水资源的利用，为此，国务院规定了农业用水效率的最低期望值——2020 年农田灌溉水有效利用系数应提高到 0.55 以上，以保障农业生产增长的持续性（金千瑜等，2003）。因而，更合理地利用水资源，实现农业健康稳定地发展已成为学者专家共同研究和亟待解决的问题。农业用水与农业发展的协调关系对于实现经济的持续稳定发展具有十分重要的意义。

　　国外学者对农业用水和农业发展两者的关系进行了有益的探索。Dhe-hibi 等（2007）的研究结果表明，灌溉用水量对农业灌溉用水效率影响最大。Hassanli 等（2009）和 Couto 等（2013）认为，使用滴灌时农业用水效率最高。Du 等（2010）认为，调亏灌溉和根区局部灌溉这两种灌溉方法可以在不显著减少产量的情况下提高用水效率。Fang 等（2010）认为，在华北平原干旱季节灌溉用水效率较高，而丰水季节灌溉效果不明显。Zhang 等（2010）认为，华北平原粮食产量与用水效率之间有正向关系，使用收益率较高的品种更有利于提高用水效率、节水潜力更大。Li 等（2013）认为，正常水资源状况下与干旱状况下相比较，二氧化碳（CO_2）浓度提高时可以有效地改善用水效率。

国内学者对两者关系的研究也在逐渐增多。赵振国等（2007）提出，用 BP 神经网络方法预测农业用水量，只考虑产量、降水、非耕地耗水和土地利用系统等影响因素，将农业用水量定义为农业需水量与其影响因素之间的函数关系。刘渝等（2008）提出，中国农业用水与经济增长的库兹涅茨（Kuznets）假说，发现目前中国正处于库兹涅茨曲线右半段，但农业用水量下降的速度较为缓慢，表明在促进经济增长的同时，要注重管理和技术等手段来发展节水农业。王学渊和赵连阁（2008）认为，减少水密集型作物的种植，将有利于降低用水量和提高农业用水效率。李保国和黄峰（2010）构建了基于"绿水""蓝水"的中国农业用水的新综合分析框架，根据广义农业水资源量的分析计算，认为主要粮食作物（水稻、小麦、玉米和大豆）用水安全红线应该划定在每年 7800 亿立方米左右。牛坤玉和吴健（2010）指出，随着水价的提高，农户减少灌溉用水的意识逐渐增强，节水量也不断提高。李绍飞（2011）利用改进模糊物元模型测算天津市里自沽灌区农业用水效率，认为其逐年提高。邵东国等（2012）认为，湖北省农业用水效率 2001 年显著偏低，随后十年则呈现不平稳上升趋势，具有较大提升空间，但进程相对缓慢。田贵良和吴茜（2014）对畜产品产量、谷物产量和农业用水量三者之间的关系进行了研究，结果表明，畜产品产量增加带动谷物产量增加，从而使区域农业用水大量增长。李静和孙有珍（2015）利用 Tobit 模型对粮食生产用水效率的影响因素进行分析，发现农业机械化程度、技术因素、人均粮食产量以及农民人均纯收入对粮食生产有显著影响；灌溉费的影响不显著，机械化程度逆向显著。李静和马潇璨（2015）运用 DEA 方法考察 2003—2012 年产粮区粮食作物用水效率，指出粮食作物生产用水效率随着时间的推移有所提高。

一　农业发展与用水的协调性关系：基于脱钩理论的研究

为了对农业用水和农业发展之间的协调关系有更深的认识，本书选用脱钩理论来进行研究。经济合作与发展组织（OECD）环境领域专家把阻断经济增长与环境污染之间的联系称为脱钩。Tapio（2005）将经济学上的弹性概念用于研究欧洲交通领域碳排放脱钩问题，提出了脱钩弹性分析法［式（1.1）至式（1.3）］，并将脱钩状态分为八种类型（见图1-15），即包括扩张负脱钩、扩张连接、弱脱钩、强脱钩、衰退脱钩、衰退连接、弱负脱钩和强负脱钩。

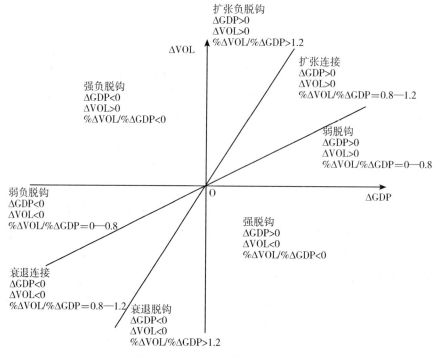

图1-15　Tapio脱钩状态的划分

$$e_{(VOL, GDP)} = \frac{\%\Delta VOL}{\%\Delta GDP} \tag{1.1}$$

其中，$\%\Delta VOL$ 表示交通运输量变化率，$\%\Delta GDP$ 表示交通运输产值变化率，$e_{(VOL,GDP)}$ 表示交通运输量对交通运输产值的弹性。

$$e_{(CO_2, VOL)} = \frac{\%\Delta CO_2}{\%\Delta VOL} \tag{1.2}$$

其中，$\%\Delta CO_2$表示交通运输中碳排放量变化率，$e_{(CO_2, VOL)}$表示交通业所产生的碳排放对交通运输量的弹性。

将$e_{(VOL, GDP)}$和$e_{(CO_2, VOL)}$两式相乘得到交通运输产值和碳排放之间的脱钩指标：

$$e_{(CO_2, GDP)} = \left(\frac{\%\Delta VOL}{\%\Delta GDP}\right) \times \left(\frac{\%\Delta CO_2}{\%\Delta VOL}\right) = \frac{\%\Delta CO_2}{\%\Delta GDP} \quad (1.3)$$

其中，$e_{(CO_2, GDP)}$表示交通运输产值与碳排放之间的脱钩指标。

借鉴 Tapio 脱钩模型，本书在研究农业用水与农业发展之间脱钩关系时，对其进行恒等式因果链的分解，根据经济学意义通过引入中间变量可将其分解为四个弹性指标的乘积（李静和万伦来，2014）。即农业用水量与总用水量的弹性（农业节水弹性）、总用水量对总人口的弹性（人口用水弹性）、经济发展对总人口的弹性（经济发展弹性）和农业发展对经济发展的弹性（农业结构弹性）。各个弹性指标的意义：农业节水弹性反映不同地区农业用水消费结构关系，人口用水弹性反映不同地区总用水量与总人口之间的关系，经济发展弹性反映不同地区人均经济发展水平的高低，农业结构弹性反映不同地区农业增加值占经济发展比重的大小。农业节水弹性、人口用水弹性、经济发展弹性以及农业结构弹性分别用式（1.4）至式（1.7）表示。

$$e_{(TW, AW)} = \frac{\Delta TW}{TW} \bigg/ \frac{\Delta AW}{AW} \quad (1.4)$$

$$e_{(TW, TP)} = \frac{\Delta TW}{TW} \bigg/ \frac{\Delta TP}{TP} \quad (1.5)$$

$$e_{(GDP, TP)} = \frac{\Delta GDP}{GDP} \bigg/ \frac{\Delta TP}{TP} \quad (1.6)$$

$$e_{(GDP, AAV)} = \frac{\Delta GDP}{GDP} \bigg/ \frac{\Delta AAV}{AAV} \quad (1.7)$$

$$e_{(AW, AAV)} = \frac{1}{e_{(TW, AW)}} \times e_{(TW, TP)} \times \frac{1}{e_{(GDP, TP)}} \times e_{(GDP, AAV)} \quad (1.8)$$

其中，AW 为农业用水量（亿立方米），TW 为总用水量（亿立方米），TP 为总人口（万人），GDP 为地区国内生产总值（亿元），AAV 为地区农业增加值（亿元）。$e_{(AW,AAV)}$，$e_{(TW,AW)}$，$e_{(TW,TP)}$，$e_{(GDP,TP)}$以及$e_{(GDP,AAV)}$分别为农业用水的脱钩弹性、农业节水弹性、人口用水弹性、经济发展弹性和农业结构弹性。其中，所涉及的变量包括农业用水量、农业增加值、地区生产总值、总人口和总用水量等指标,对应数据来自《中国环境统计年鉴》(2000—2017 年)、中国及各省份统计年鉴(2000—2017 年)和中华人民共和国国家统计局等,农业增加值和地区生产总值根据对应农业增加值指数和地区生产总值指数均平减为 1999 年不变价。

首先,将本书考察期 1999—2016 年分为三个研究子期间(1999—2004 年为第一研究阶段,2005—2010 年为第二研究阶段,2011—2016 年为第三研究阶段),分别计算这三个阶段根据 Tapio 因果链分解出的四个弹性指标(农业节水弹性、人口用水弹性、经济发展弹性和农业结构弹性)的大小,并进一步得出农业用水与农业发展之间的脱钩弹性,从而判断出三个研究子期间的脱钩状态。

表 1-1　　　　　　中国农业用水与农业发展的脱钩分析

指标	1999—2004 年	2005—2010 年	2011—2016 年
农业节水弹性	0.7657	-1.1110	0.8632
人口用水弹性	0.6565	2.4694	0.1022
经济发展弹性	14.1760	21.8463	15.1260
农业结构弹性	3.2161	2.6031	1.9417
脱钩弹性	0.1945	-0.2649	0.0152
脱钩类型	弱脱钩	强脱钩	弱脱钩

从表 1-1 来看,1999—2016 年农业用水与农业发展之间的脱钩状态显现为弱脱钩—强脱钩—弱脱钩的发展特征。第一研究阶段和第三研究阶段均表现为弱脱钩状态,说明农业用水量与农业发展同步增长,但农业节水量的增幅小于农业发展的增幅,表明节约农业用水工作取得初步成效。第二研究阶段表现出强脱钩状态,表示农业发展的同时伴随着农业用水量的下降,这是最理想化的状态。就中间变量弹性而言,由于第一研究阶段和第三研究阶段农业节水弹性、人口用水弹性、经济发展弹性和农业结构弹性四个弹性指标为正,则脱钩弹性指标也为正,且脱钩弹性指标值处于0—0.8,从而表现为弱脱钩状态。第二研究阶段农业节水弹性为负,其余三个弹性指标均为正,因而农业用水与农业发展之间的关系表现出强脱钩状态。

前述的农业是指广义上的范围,包括种植业、林业、畜牧业、渔业、副业五种产业形式，狭义上的农业是指种植业，本书进一步研究种植业用水与种植业发展之间的脱钩弹性。

由表1-2可知，中国种植业用水与种植业发展之间的脱钩状态在三个研究阶段均呈现弱脱钩，表示种植业用水量与种植业发展同步增长，但种植业用水量的增幅小于种植业发展的增幅，也进一步说明节约种植业用水方面有了初步成效。从中间变量弹性来看，1999—2016年由于种植业用水弹性、人口用水弹性、经济发展弹性和种植业比重弹性四个弹性指标为正，则脱钩弹性指标也为正，同时脱钩弹性指标值处于0—0.8，从而种植业用水与种植业发展之间的关系表现出弱脱钩状态。

表1-2　　　　　中国种植业用水与种植业发展的脱钩分析

指标	1999—2004年	2005—2010年	2011—2016年
种植业节水弹性	0.4484	0.4703	1.5679
人口用水弹性	0.6565	2.4694	0.1022
经济发展弹性	14.1760	21.8463	15.1260
种植业结构弹性	0.8887	1.0066	0.1638
脱钩弹性	0.0918	0.2420	0.0007
脱钩类型	弱脱钩	弱脱钩	弱脱钩

二　区域农业发展与用水的协调性

本书采用Tapio脱钩模型研究了中国1999—2016年区域农业发展和农业用水之间的协调性（见表1-3）。

表1-3　　中国东部、中部、西部地区农业用水与农业发展的脱钩分析

地区	指标	1999—2004年	2005—2010年	2011—2016年
东部	农业节水弹性	0.5487	-0.1657	-37.6587
	人口用水弹性	-0.0192	0.3249	-0.9289
	经济发展弹性	11.2721	9.2998	12.6418
	农业结构弹性	2.8058	3.0470	2.5904
	脱钩弹性	-0.0087	-0.6426	0.0051
	脱钩类型	强脱钩	强脱钩	弱脱钩

续表

地区	指标	1999—2004 年	2005—2010 年	2011—2016 年
中部	农业节水弹性	−0.3543	1.2487	−3.9612
	人口用水弹性	2.2728	11.1817	2.8315
	经济发展弹性	16.2084	37.4168	29.9225
	农业结构弹性	3.9148	2.6603	2.2052
	脱钩弹性	−1.5495	0.6367	−0.0527
	脱钩类型	强脱钩	弱脱钩	强脱钩
西部	农业节水弹性	0.6042	4.4177	97.5421
	人口用水弹性	6.0868	−0.4951	0.9347
	经济发展弹性	62.9285	17.5661	18.9394
	农业结构弹性	2.4295	2.7169	2.1125
	脱钩弹性	0.3890	−0.0173	0.0011
	脱钩类型	弱脱钩	强脱钩	弱脱钩

由表 1-3 可以看出，东部地区三个研究期间分别为强脱钩、强脱钩和弱脱钩；中部地区第一研究阶段和第三研究阶段为强脱钩，第二研究阶段为弱脱钩；西部地区第二研究阶段为强脱钩，其余两个研究阶段均为弱脱钩。从中间变量弹性来看，东部地区经济发展弹性和农业结构弹性均为正，而农业节水弹性与人口用水弹性指标数值在不同研究阶段并不完全相同。由于中部地区人口用水弹性、经济发展弹性和农业结构弹性三个弹性指标为正，则脱钩弹性与农业节水弹性的符号相同，农业节水弹性为负时，脱钩弹性指标也为负，从而表现为强脱钩状态，农业节水弹性为正时脱钩弹性指标也为正，且脱钩弹性指标值在 0—0.8 时表现为弱脱钩。对于西部地区，农业节水弹性、经济发展弹性以及农业结构弹性均为正，因而脱钩弹性取决于人口用水弹性的符号。当人口用水弹性为正，且脱钩弹性指标值处在 0—0.8，则农业用水与农业发展之间的脱钩类型为弱脱钩；当人口用水弹性为负时，则农业用水与农业发展之间的脱钩类型表现为强脱钩。

考虑农业分区，根据全国六大分区种植模式一览表，将全国各地区分为北方高原地区、东北半湿润平原区、黄淮海半湿润平原区、南方山地丘陵区、南方湿润平原区和西北干旱半干旱地区。通过资料查询将中国 30 个省份按地理位置分别对应到六大区域中，若某些省份位于两个或两个以上区域中，则将其归为面积分布最大的那个区域中，所以 30 个省份对应的六大分区为：北方高原地区（山西、陕西、宁夏）、东北半湿润平原区（黑龙江、吉林、辽宁）、黄淮海半湿润平原区（河北、河南、山东、北京、天津）、南方山地丘陵区（江西、四川、湖南、浙江、福建、广东、广西、云南、贵州、重庆、海南）、南方湿润平原区（湖北、安徽、江苏、上海）和西北干旱半干旱地区（内蒙古、青海、新疆、甘肃）（李静和孙有珍，2015）。

表1-4给出了六大分区农业用水与农业发展之间的脱钩状态。

表1-4　　基于农业分区的中国农业用水与农业发展的脱钩分析

地区	指标	1999—2004 年	2005—2010 年	2011—2016 年
北方高原地区	农业节水弹性	0.8149	1.4242	14.4170
	人口用水弹性	2.2268	1.2929	2.3239
	经济发展弹性	20.5181	23.3233	19.8510
	农业结构弹性	6.8960	2.8646	1.8494
	脱钩弹性	0.9183	0.1115	0.0150
	脱钩类型	扩张连接	弱脱钩	弱脱钩
东北半湿润平原区	农业节水弹性	6.1535	1.0342	−11.8325
	人口用水弹性	12.7031	11.0552	22.4893
	经济发展弹性	58.8489	49.6577	113.6241
	农业结构弹性	0.5455	2.6028	1.7259
	脱钩弹性	0.0191	0.5603	−0.0289
	脱钩类型	弱脱钩	弱脱钩	强脱钩
黄淮海半湿润平原区	农业节水弹性	3.6148	1.0806	−23.7559
	人口用水弹性	−0.4053	0.8418	−0.2055
	经济发展弹性	16.2527	7.7927	13.2424
	农业结构弹性	2.5736	2.8519	2.3521
	脱钩弹性	−0.0178	0.2851	0.0015
	脱钩类型	强脱钩	弱脱钩	弱脱钩
南方山地丘陵区	农业节水弹性	1.2102	0.2590	−3.9179
	人口用水弹性	0.7342	0.4256	−0.2617
	经济发展弹性	17.2569	11.7486	15.7816
	农业结构弹性	2.6700	2.8529	2.3242
	脱钩弹性	0.0939	0.3990	0.0098
	脱钩类型	弱脱钩	弱脱钩	弱脱钩

续表

地区	指标	1999—2004 年	2005—2010 年	2011—2016 年
南方湿润 平原区	农业节水弹性	0.1612	0.1357	-10.8988
	人口用水弹性	0.6923	1.9653	-0.2305
	经济发展弹性	10.7561	-1.0476	19.2767
	农业结构弹性	-4.5799	3.2312	2.6281
	脱钩弹性	-1.8288	-44.6718	0.0029
	脱钩类型	强脱钩	强脱钩	弱脱钩
西北干旱半 干旱地区	农业节水弹性	1.8594	-4.1976	943.4642
	人口用水弹性	1.2056	1.2487	0.9891
	经济发展弹性	18.0591	19.0271	14.7718
	农业结构弹性	2.4682	2.7355	1.8299
	脱钩弹性	0.0886	-0.0428	0.0001
	脱钩类型	弱脱钩	强脱钩	弱脱钩

由表 1-4 可知，北方高原地区在三个研究阶段表现为扩张连接—弱脱钩—弱脱钩的发展特征；东北半湿润平原区在第一研究阶段和第二研究阶段均为弱脱钩，第三研究阶段表现为强脱钩；黄淮海半湿润平原区第一研究阶段为强脱钩，其余两个研究阶段表现为弱脱钩；南方山地丘陵区在三个研究阶段均表现为弱脱钩；南方湿润平原区在第一研究阶段和第二研究阶段均为强脱钩，第三研究阶段为弱脱钩；西北干旱半干旱地区第一研究阶段和第三研究阶段为弱脱钩，第二研究阶段为强脱钩。就中间变量弹性而言，北方高原地区农业节水弹性、人口用水弹性、经济发展弹性以及农业比重弹性四个弹性指标为正，则脱钩弹性指标也为正，且脱钩弹性指标值处于 0—0.8 时为弱脱钩，处于 0.8—1.2 时为扩张连接。东北半湿润平原区人口用水弹性、经济发展弹性以及农业结构弹性三个弹性指标为正，因而脱钩弹性取决于农业节水弹性的符号，农业节水弹性为负时，脱钩弹性指标也为负，因而为强脱钩，农业节水弹性为正时，脱钩弹性指标也为正，且脱钩弹性指标值处于 0—0.8 时表现为弱脱钩。黄淮海半湿润平原区经济发展弹性和农业结构弹性均为正，但农业节水弹性与人口用水弹性指标数值在三个研究阶段存在明显差异。南方山地丘陵区的中间变量弹性指标仅在第三研究阶段农业节水弹性与人口用水弹性为负，其余指标均为正，且脱钩弹性指标值均在 0—0.8，因而均呈现弱脱钩。南方湿润平原区农业节

水弹性、人口用水弹性、经济发展弹性以及农业结构弹性四个弹性指标在
不同研究阶段并不完全相同。西北干旱半干旱地区人口用水弹性、经济发
展弹性以及农业结构弹性三个弹性指标为正，则脱钩弹性与农业节水弹性
的符号一致，其为负时，脱钩弹性指标也为负，因而为强脱钩状态，其为
正时脱钩弹性指标也为正，且脱钩弹性指标值处于0—0.8时呈现弱脱钩
状态。

就水资源分区而言，按照各省份年平均降水量的大小可分为四类地
区：湿润区（上海、江苏、浙江、安徽、福建、江西、湖北、湖南、广
东、广西、海南、重庆、四川、贵州、云南）、半湿润区（北京、天津、
河北、山西、辽宁、吉林、黑龙江、山东、河南、陕西）、半干旱区（内
蒙古、甘肃、青海、宁夏）和干旱区（新疆）。表1-5呈现出四大分区中
国农业用水与农业发展之间的脱钩状态。

表1-5　　基于水资源分区的中国农业用水与农业发展的脱钩分析

地区	指标	1999—2004 年	2005—2010 年	2011—2016 年
湿润区	农业节水弹性	0.3553	0.5152	-12.1612
	人口用水弹性	1.3222	1.2007	-0.2396
	经济发展弹性	16.0000	12.5945	16.4173
	农业结构弹性	3.0838	2.8986	2.3736
	脱钩弹性	0.7173	0.5364	0.0028
	脱钩类型	弱脱钩	弱脱钩	弱脱钩
半湿润区	农业节水弹性	-1.5135	-0.5937	-10.7760
	人口用水弹性	1.6906	1.1814	1.0595
	经济发展弹性	20.3150	6.1046	18.0213
	农业结构弹性	2.4885	2.7249	2.1095
	脱钩弹性	-0.1368	-0.8882	-0.0115
	脱钩类型	强脱钩	强脱钩	强脱钩
半干旱区	农业节水弹性	-1.0264	-0.5574	-21.5588
	人口用水弹性	-4.6160	0.8197	-0.2287
	经济发展弹性	-379.5805	34.4250	22.1037
	农业结构弹性	3.2196	3.0806	1.9848
	脱钩弹性	-0.0381	-0.1316	0.0010
	脱钩类型	强脱钩	强脱钩	弱脱钩

续表

地区	指标	1999—2004 年	2005—2010 年	2011—2016 年
干旱区	农业节水弹性	1.9622	0.6335	−238.2920
	人口用水弹性	0.7701	0.6748	1.2044
	经济发展弹性	5.6423	6.1677	7.4191
	农业结构弹性	1.9780	1.8666	1.6076
	脱钩弹性	0.1376	0.3224	−0.0011
	脱钩类型	弱脱钩	弱脱钩	强脱钩

从表 1-5 来看，1999—2016 年湿润区三个研究阶段均为弱脱钩；半湿润区三个研究阶段均为强脱钩；半干旱区第一研究阶段和第二研究阶段为强脱钩，第三研究阶段为弱脱钩；干旱区前两个研究阶段为弱脱钩，第三研究阶段为强脱钩。就中间变量弹性而言，湿润区第三研究阶段农业节水弹性与人口用水弹性指标为负，而其余研究阶段的弹性指标均为正，因而脱钩弹性指标也为正，在 0—0.8，表现为弱脱钩。半湿润区人口用水弹性、经济发展弹性和农业结构弹性三个弹性指标为正，而农业节水弹性指标为负，因而脱钩弹性指标为负，从而表现为强脱钩状态。半干旱区农业结构弹性指标为正，其余弹性指标在三个研究阶段并不完全相同。干旱区人口用水弹性、经济发展弹性和农业结构弹性三个弹性指标为正，则脱钩弹性取决于农业节水弹性，农业节水弹性为负时，脱钩弹性指标也为负，则为强脱钩，农业节水弹性为正时脱钩弹性指标也为正，且脱钩弹性指标值在 0—0.8 时为弱脱钩。

第三节　工业用水与工业发展的协调性

水资源短缺已经成为影响我国工业发展的重要瓶颈，工业水污染又反过来制约着工业水资源供给和工业发展，因此研究工业用水效率，必须同时考虑两者约束条件下的工业发展问题。在我国进入工业化中期阶段后，工业发展对水的依赖性逐步增大。"十二五"末期比"十五"初期工业用水量增长了 16.90%，年均增速达到 1.12%，用水占比也从

20.51%上升到21.87%；而同期我国供水总量年均增速不足1%。但同时，我国工业水污染问题仍然没有得到根本解决。为此，国务院于2012年1月发布的《关于实行最严格水资源管理制度的意见》指出：当前我国水资源面临的形势十分严峻，水资源短缺、水污染严重、水生态环境恶化等问题日益突出，已成为制约经济社会可持续发展的主要瓶颈。《意见》还提出了水资源"红线"：到2030年全国用水总量控制在7×10^{11}立方米以内；用水效率达到或接近世界先进水平；万元工业增加值用水量降低到40立方米以下。因此，可以认为，当前和今后一个时期我国工业发展面临着用水的双重约束，即一方面受制于工业供水总量的控制，另一方面又必须面对工业水污染治理的问题。在此背景下，科学高效地利用水资源，逐步提高工业用水效率是解决中长期工业发展的根本途径。协调工业用水与工业发展的关系对于推动经济和水资源的可持续性具有重要的意义。

工业用水与工业发展之间关系的研究只引起少数学者关注。朱启荣（2007）对各地区的工业用水效率进行了分析测算，发现中国工业用水效率差异的原因在于工业结构水平、外商投资规模和水资源禀赋等不同。钱文婧和贺灿飞（2011）利用投入导向DEA模型测算了1998—2008年我国用水效率，认为其随时间呈现先下降后上升的趋势，而空间上从高至低依次为东部、中部、西部，并指出产业结构、进出口需求和地区水资源禀赋对其均有显著的影响。岳立和赵海涛（2011）基于中国13个典型工业省份2003—2009年数据，运用非期望产出方向性环境距离函数（DEDF）方法测算工业用水效率，认为其在不同地区间存在差异，在时间上呈递增趋势；并利用Malmquist-Luenberger（ML）指数分解法，得出其提高的主要驱动因素是效率变化率，而技术进步对其作用并不明显的结论。许拯民等（2014）基于河南省2011年水利普查数据，认为河南省各地市工业用水效率的高低取决于不同的工业类型，依次为一般工业、高用水工业和火核电业。王莹（2014）运用DEA中的BCC模型对江苏省2002—2012年的工业用水效率进行实证分析，研究发现11年中DEA有效的年份占55%。买亚宗等（2014）基于DEA方法测算2000—2012年中国30个省份工业用水效率，认为各地区效率发展趋势不同，且区域间存在差异，南方地区存在较高的节水潜力，而西部地区工业水污染较为严重。程永毅和沈满洪（2014）认为，中国

2002—2011 年地区工业用水效率不断增长，但地区间差距较大，且大部分地区要素投入结构与要素禀赋不匹配。李静等（2014）利用 SBM 非期望产出模型和 Meta-frontier 模型分别分析了我国工业用水效率情况，发现各省份的工业用水效率存在较大差异。雷玉桃和黄丽萍（2015）选用 SFA 模型，对 13 个主要工业省份 1999—2013 年的工业用水效率进行实证研究，发现工业用水效率呈逐年上升趋势。胡彪和侯绍波（2016）运用 SBM 模型对京津冀地区 2004—2013 年的城市工业用水效率进行实证分析，结果表明，京津冀地区整体工业用水效率呈"N"字形的上升趋势，年平均增长率为 3%。李静和任继达（2018）利用最新 DEA 模型——MinDS 测算了中国 30 个省份 2005—2015 年工业的用水效率及其影响因素，指出东部、中部、西部地区的平均用水效率分别为0.79、0.70 和 0.77。同时，工业化比重对工业用水效率产生正向影响，而用水规模对其产生负向影响。

一　工业发展与用水的协调性：基于脱钩理论的研究

本书在运用 Tapio 脱钩模型研究 1999—2016 年工业发展与工业用水之间的脱钩关系时，首先将考察期 1999—2016 年分为三个研究子期间（同农业），分别计算出三个研究阶段工业节水弹性、人口用水弹性、经济发展弹性和工业结构弹性四种弹性指标的大小，并通过得出工业用水与工业发展之间的脱钩弹性判断出三个研究子期间的脱钩状态。

从表 1-6 可以看出，1999—2016 年工业用水与工业发展之间脱钩状态分别为强脱钩、强脱钩和弱脱钩。其中第一研究阶段和第二研究阶段均呈现强脱钩，表明工业增长的同时伴随着工业用水有所下降。第三研究阶段呈现了弱脱钩状态，说明工业用水量与工业发展同步增长，但工业发展的增幅大于工业用水量的增幅，表明节约工业用水方面有了初步成效。考虑中间变量弹性，可以发现由于第一研究阶段和第二研究阶段工业节水弹性为负，而人口用水弹性、经济发展弹性和工业结构弹性均表现为正，因而工业用水与工业发展之间呈现强脱钩状态。第三研究阶段四个弹性指标均为正，且脱钩弹性指标值在 0—0.8，从而工业用水与工业发展之间的脱钩状态最终表现为弱脱钩。

表 1-6 中国工业用水与工业发展的脱钩分析

指标	1999—2004 年	2005—2010 年	2011—2016 年
工业节水弹性	-4.0403	-0.8116	0.5316
人口用水弹性	0.6565	2.4694	0.1022
经济发展弹性	14.1760	21.8463	15.1260
工业结构弹性	0.8749	0.9608	1.0282
脱钩弹性	-0.0100	-0.1338	0.0131
脱钩类型	强脱钩	强脱钩	弱脱钩

二 区域工业发展与用水的协调性

分析了中国 1999—2016 年工业用水与工业发展之间的脱钩状态，再来比较不同区域三个研究阶段工业用水与工业发展之间的脱钩类型，以确保工业用水与工业发展之间的协调性与可持续性发展。

由表 1-7 可知，分地区来看，东部地区三个研究期间呈现为强脱钩—弱脱钩—强脱钩的发展特征；中部地区第二研究阶段和第三研究阶段为弱脱钩，第一研究阶段为扩张负脱钩；西部地区第一研究阶段为弱脱钩，其余两个研究阶段均为强脱钩。就中间变量弹性而言，东部地区工业节水弹性、经济发展弹性以及工业结构弹性均为正，因而脱钩弹性是由人口用水弹性的符号决定的。当人口用水弹性为正，且脱钩弹性指标值处于 0—0.8，则工业用水与工业发展之间的脱钩状态表现为弱脱钩；当人口用水弹性为负，则工业用水与工业发展之间表现为强脱钩状态。中部地区工业节水弹性、人口用水弹性、经济发展弹性和工业结构弹性均为正，因而脱钩弹性指标值在 0—0.8 时，则为弱脱钩；脱钩弹性指标值大于 1.2 时为扩张负脱钩。对于西部地区，经济发展弹性和工业结构弹性均为正，工业节水弹性、人口用水弹性在不同研究阶段的表现各不相同。其中：第一研究阶段工业节水弹性、人口用水弹性均为正，且脱钩弹性指标值处于 0—0.8，呈现弱脱钩；第二研究阶段工业节水弹性仍为正，人口用水弹性为负，表现为强脱钩；第三研究阶段人口用水弹性为正，而工业节水弹性为负，呈现强脱钩状态。

表 1-7　　　东部、中部、西部工业用水与工业发展的脱钩分析

地区	指标	1999—2004 年	2005—2010 年	2011—2016 年
东部	工业节水弹性	0.0864	0.2890	0.3822
	人口用水弹性	−0.0192	0.3249	−0.9289
	经济发展弹性	11.2721	9.2998	12.6418
	工业结构弹性	0.8454	0.9106	2.5941
	脱钩弹性	−0.0167	0.1101	−0.4987
	脱钩类型	强脱钩	弱脱钩	强脱钩
中部	工业节水弹性	0.0112	2.6795	0.1199
	人口用水弹性	2.2728	11.1817	2.8315
	经济发展弹性	16.2084	37.4168	29.9225
	工业结构弹性	0.8352	0.7972	0.0936
	脱钩弹性	10.4816	0.0889	0.0739
	脱钩类型	扩张负脱钩	弱脱钩	弱脱钩
西部	工业节水弹性	0.1792	0.2591	−0.3594
	人口用水弹性	6.0868	−0.4951	0.9347
	经济发展弹性	62.9285	17.5661	18.9394
	工业结构弹性	0.8672	0.7487	0.4528
	脱钩弹性	0.4680	−0.0814	−0.0622
	脱钩类型	弱脱钩	强脱钩	强脱钩

　　如表 1-8 所示，从水资源分区来看，1999—2016 年湿润区工业用水与工业发展之间呈现出扩张负连接—强脱钩—强脱钩的发展特征；半湿润区为扩张负连接—弱脱钩—弱脱钩的发展特征；半干旱区呈现强脱钩—弱脱钩—强脱钩的发展特征；干旱区为扩张连接—弱脱钩—强脱钩的发展特征。从中间变量弹性来看，湿润区第一研究阶段四个弹性指标为正，则脱钩弹性指标也为正，且脱钩弹性指标值大于 1.2，所以为扩张负连接；第二研究阶段工业节水弹性为负，人口用水弹性、经济发展弹性和工业结构弹性三个弹性指标为正，因而脱钩弹性指标为负，表现为强脱钩；第三研究阶段人口用水弹性为负，其余弹性指标为正，则脱钩弹性指标为负，呈强脱钩状态。半湿润区四个弹性指标均为正，则脱钩弹性指标也为正，且脱钩弹性指标值在 0—0.8 时表现为弱脱钩，大于 1.2 时呈扩张负连接。半干旱区工业结构弹性为正，其余指标在不同研究阶段表现有所不同。干

旱区人口用水弹性、经济发展弹性和工业结构弹性三个弹性指标为正，则脱钩弹性与工业节水弹性有关；工业节水弹性为负时，则脱钩弹性指标也为负，从而表现为强脱钩状态；工业节水弹性为正时脱钩弹性指标也为正，且脱钩弹性指标值在0—0.8时表现为弱脱钩，在0.8—1.2时为扩张连接。

表1-8　　基于水资源分区的中国工业用水与工业发展的脱钩分析

地区	指标	1999—2004年	2005—2010年	2011—2016年
湿润区	工业节水弹性	0.0436	-1.8407	0.3007
	人口用水弹性	1.3222	1.2007	-0.2396
	经济发展弹性	16.0000	12.5945	16.4173
	工业结构弹性	0.8276	0.8568	1.0236
	脱钩弹性	1.5670	-0.0444	-0.0497
	脱钩类型	扩张负连接	强脱钩	强脱钩
半湿润区	工业节水弹性	0.0336	1.5508	0.2903
	人口用水弹性	1.6906	1.1814	1.0595
	经济发展弹性	20.3150	6.1046	18.0213
	工业结构弹性	0.8525	0.8721	0.9664
	脱钩弹性	2.1123	0.1088	0.1957
	脱钩类型	扩张负连接	弱脱钩	弱脱钩
半干旱区	工业节水弹性	-2.6263	0.2423	0.3556
	人口用水弹性	-4.6160	0.8197	-0.2287
	经济发展弹性	-379.5805	34.4250	22.1037
	工业结构弹性	0.8824	0.7322	0.9141
	脱钩弹性	-0.0041	0.0720	-0.0266
	脱钩类型	强脱钩	弱脱钩	强脱钩
干旱区	工业节水弹性	0.1373	0.3110	-1.5567
	人口用水弹性	0.7701	0.6748	1.2044
	经济发展弹性	5.6423	6.1677	7.4191
	工业结构弹性	0.9820	0.8834	1.1674
	脱钩弹性	0.9760	0.3108	-0.1217
	脱钩类型	扩张连接	弱脱钩	强脱钩

第四节　工业行业发展与工业行业用水的协调性

近年来，随着水资源供给与工业经济发展矛盾日益凸显，学者逐渐开展了工业行业用水与工业行业发展协调性研究。郭磊和张士峰（2004）分析了20世纪90年代北京市主要耗水行业节水特点，定量计算了在不同时期工业结构调整对节水的贡献率，发现1990—2000年产业结构调整对北京市工业节水的贡献率呈上升趋势。左建兵和陈远生（2005）分析了北京市六个重点工业行业的用水情况，针对工业用水中存在的问题，提出了实行工业用水定额管理、调整工业产业结构等政策，以实现工业经济和水资源环境的可持续发展。段志刚等（2007）基于投入产出模型测算了2002年北京市23个工业部门的用水系数，其结果表明，北京市工业部门的平均万元增加值直接用水系数和完全用水系数分别为44.75立方米/万元、114.3立方米/万元。陈雯和王湘萍（2011）分别从技术进步与产业结构层面研究了我国工业行业用水定额及其变化，结果表明，1996—2006年技术效应是引起工业行业用水定额减少的主要因素，结构效应所导致的用水密集部门发展一定程度上抑制了工业用水定额下降。刘翀和柏明国（2012）以安徽省为例，利用LMDI方法分析了影响工业用水消耗变动的因素，指出工业行业经济规模对安徽省工业用水消耗增加起到正向作用，而工业行业用水定额和工业行业经济结构因素在一定程度上抑制了工业用水消耗增加。谢丛丛等（2015）通过构建工业行业用水状况评价指标体系，研究了中国工业行业中高用水行业的特点，指出电力、热力的生产和供应业，化学原料及化学制品业，黑色金属冶炼及压延加工业，造纸及纸制品业，纺织业，石油加工，炼焦及核燃料加工业可划分为高用水行业。车建明等（2015）以北京市为研究对象，分析了工业行业发展现状以及工业行业用水量情况，结果表明，为了缓解水资源短缺问题，北京市应该大力发展电子信息、新材料、生物医药等工业行业，而限制和转移黑色金属矿采选业、造纸、印刷等高消耗、重污染的产业。

本书除对工业用水与工业发展的整体脱钩状态进行分析之外，还对不同工业行业的脱钩状态进行比较（见表1-9）。其中，将其他采矿业、废弃资源和废旧材料回收加工业、工艺品及其他制造业四个行业合并成其他行业。

　　表 1-9 显示，1999—2016 年 37 个工业行业中，表现为扩张连接状态的有两个行业，分别为家具制造业和文教体育用品制造业；有两个行业处于扩张负脱钩状态，分别为非金属矿采选业和其他行业；有 12 个行业落在弱脱钩区域，分别为煤炭开采和洗选业，有色金属矿采选业，纺织业，纺织服装、鞋、帽制造业，医药制造业，橡胶和塑料制品业，黑色金属冶炼及压延加工业，有色金属冶炼及压延加工业，通用设备制造业，专用设备制造业，汽车制造业，燃气生产和供应业，占全部工业行业样本中的32.43%；其余 21 个行业表现为强脱钩，占工业行业样本的 56.76%。结果显示，不同工业行业的脱钩状态存在明显差距，弱脱钩表示工业行业增长与工业行业用水量同步增长，但工业行业用水量的增幅小于工业行业经济的增幅，而强脱钩状态表明工业行业得到较快发展的同时，工业行业用水量增速相对工业行业经济而言有减缓的趋势。

表 1-9　　　　　　37 个工业行业用水与工业行业发展的脱钩分析

行业	脱钩弹性	脱钩类型	行业	脱钩弹性	脱钩类型
煤炭开采和洗选业	0.1716	弱脱钩	医药制造业	0.3353	弱脱钩
石油和天然气开采业	-0.1126	强脱钩	化学纤维制造业	-0.0100	强脱钩
黑色金属矿采选业	-0.0199	强脱钩	橡胶和塑料制品业	0.0260	弱脱钩
有色金属矿采选业	0.0747	弱脱钩	非金属矿物制品业	-0.4520	强脱钩
非金属矿采选业	1.9617	扩张负脱钩	黑色金属冶炼及压延加工业	0.1143	弱脱钩
农副食品加工业	-0.2496	强脱钩	有色金属冶炼及压延加工业	0.0118	弱脱钩
食品制造业	-0.4079	强脱钩	金属制品业	-0.3442	强脱钩
饮料制造业	-0.1096	强脱钩	通用设备制造业	0.7824	弱脱钩
烟草制品业	-0.8929	强脱钩	专用设备制造业	0.0770	弱脱钩
纺织业	0.2538	弱脱钩	汽车制造业	0.2158	弱脱钩
纺织服装、鞋、帽制造业	0.4060	弱脱钩	铁路、船舶、航空航天和其他运输设备制造业	-0.6959	强脱钩
皮革、毛皮、羽毛（绒）及其制品业	-0.8367	强脱钩	电气机械及器材制造业	-0.5801	强脱钩
木材加工及木、竹、藤、棕、草制品业	-0.0374	强脱钩	通信设备、计算机及其他电子设备制造业	-0.4321	强脱钩
家具制造业	1.1381	扩张连接	仪器仪表及文化、办公用机械制造业	-0.2602	强脱钩

续表

行业	脱钩弹性	脱钩类型	行业	脱钩弹性	脱钩类型
造纸及纸制品业	-0.4176	强脱钩	电力、热力的生产和供应业	-0.1735	强脱钩
印刷业和记录媒介的复制	-0.1238	强脱钩	燃气生产和供应业	0.5658	弱脱钩
文教体育用品制造业	0.9888	扩张连接	水的生产和供应业	-10.9028	强脱钩
石油加工、炼焦及核燃料加工业	-0.4865	强脱钩	其他行业	2.1242	扩张负脱钩
化学原料及化学制品制造业	-0.7295	强脱钩	—	—	—

第五节　小结

本章首先通过分析 1999—2016 年中国和东部、中部、西部地区产业发展、产业用水量现状，比较东部、中部、西部地区产业用水量和产业增加值的比率大小，初步推断东部、中部、西部地区单位工业增加值耗水量的多少，从而预测产业用水效率值的高低。结果显示：中国三次产业增加值和用水量均呈现增加的趋势，且产业增加值由高至低分别为工业、第三产业和农业，而用水量由高至低依次为农业、工业和生活；中国和东部、中部、西部地区工业增加值都不断提高，东部工业增加值占地区生产总值的比重明显高于中部、西部地区。中国和东部、中部、西部地区工业用水量呈波动式上升，东部工业用水量最高，中部次之，西部最低。中国东部、中部、西部地区万元工业增加值耗水量呈下降趋势，1999—2016 年万元工业增加值耗水量由高至低依次为中部、西部和东部；东部、中部、西部地区农业增加值均不断增加，农业增加值占地区生产总值的比重由高至低依次为西部、中部、东部。中国和东部、中部、西部地区农业用水量在研究期间呈现波动式上升的趋势，西部农业用水量明显高于东部和中部。东部、中部、西部地区万元农业增加值的用水量均呈逐年下降趋势，西部万元农业增加值耗水量最高，中部次之，东部最低。

其次，根据 Tapio 脱钩弹性模型对 1999—2016 年农业用水与农业发展之间的协调关系进行研究。从总体来看，农业用水与农业发展之间的脱钩状态呈现为弱脱钩—强脱钩—弱脱钩的发展特征，中国种植业用水与种植业发展之间的脱钩状态在三个研究阶段均呈现弱脱钩。从不同区域来看，东部地区三个研究期间分别为强脱钩、强脱钩和弱脱钩；中部地区第一研究阶段和第三研究阶段为强脱钩，第二研究阶段为弱脱钩；西部地区第二研究阶段为强脱钩，其余两个研究阶段均为弱脱钩。考虑农业分区，南方湿润平原区表现最好，第一研究阶段和第二研究阶段均为强脱钩，第三研究阶段为弱脱钩，最差的是北方高原地区，在三个研究阶段表现为扩张连接—弱脱钩—弱脱钩的发展特征。就水资源分区而言，湿润区、半湿润区、半干旱区、干旱区四类区域的农业用水与农业发展之间均呈现强脱钩或弱脱钩状态，其中半湿润区在各研究期间均为强脱钩。

再次，从工业角度采用 Tapio 脱钩弹性模型来研究 1999—2016 年工业用水与工业发展的协调性，发现 1999—2016 年中国工业用水与工业发展之间的脱钩状态分别为强脱钩、强脱钩、弱脱钩。就区域而言，东部地区三个研究期间呈现为强脱钩—弱脱钩—强脱钩的发展特征；中部地区第二研究阶段和第三研究阶段为弱脱钩，第一研究阶段为扩张负脱钩；西部地区第一研究阶段为弱脱钩，其余两个研究阶段均为强脱钩。从水资源分区来看，1999—2016 年湿润区工业用水与工业发展之间呈现出扩张负连接—强脱钩—强脱钩的发展特征；半湿润区三个研究阶段呈现扩张负连接—弱脱钩—弱脱钩的发展特征；半干旱区呈现强脱钩—弱脱钩—强脱钩的发展特征；干旱区三个研究期间呈现扩张连接—弱脱钩—强脱钩的发展特征。

最后，利用 Tapio 脱钩弹性模型对 1999—2016 年工业行业用水与工业行业发展的协调性进行研究。通过比较不同行业的工业用水与工业发展之间的脱钩状态，可以发现 1999—2016 年中国工业行业存在一定的脱钩效应，且不同行业的脱钩指数存在较大差异性，其中强脱钩效应的行业占全部工业行业样本比重最高，说明中国在保证工业行业发展的同时，节约工业行业用水方面有了初步成效，但仍需进一步努力，争取做到各工业行业均呈现强脱钩的状态。

第二章

产业用水效率的度量方法

在各种用水效率的度量方法中，生产函数法和数据包络分析（DEA）方法的应用比较广泛。随机前沿分析（SFA）适合于超大样本的情况，目前使用较少。

生产函数法是测算用水效率的方法基础，其历史相对较长，发展比较完善，方法相对简单。生产函数法虽然获得了一定的发展，但不能识别多投入多产出的问题，以及需要给定具体的函数表达形式，这在一定程度上也限制了生产函数法的发展。

C—D 生产函数比较容易估计和进行数学处理，可以包含若干变量，超越对数生产函数的估计和计算过程比较复杂，一般只能容纳两个变量，最多三个变量，再多则计算极其复杂；同时 C—D 生产函数是唯一能使均方估计误差达到最小的生产函数，而其他生产函数如超越对数生产函数，都不具有这一性质；但 C—D 生产函数在性质上也有一定的局限性，对生产结构有一定的要求（如规模报酬为定值，替代弹性等同等）。超越对数函数对生产结构没有这些限制，但其数学形式比较复杂，而且还可能出现多重共线性等问题。

在许多情况下研究要素效率或技术进步时，假设技术进步为中性。但在实际经济系统中，各种投入对产出的影响不仅和该投入要素的变化有关，还与其他投入要素有关；同时各种投入要素的技术进步各不相同，假设中性技术进步不一定能全面反映要素投入间的相互作用及技术进步与投入要素间的相互影响。而超越对数生产函数模型作为一种易估计和包容性很强的变弹性生产函数模型，可以较好地研究生产函数中投入的相互影响、各种投入技术进步的差异及技术进步随时间的变化等，这是 C—D 生产函数所不能实现的。

生产函数法是用假定的函数关系式，对参数进行估计，但假定的生产函数不一定符合实际情况，难免可能"生搬硬套"。DEA 方法的理论基础是线性规划理论，常用来处理多产出的情况。当某些观察数据不易获取，或评价对象结构比较复杂时，DEA 方法优于生产函数法。DEA 方法无须假定输入输出之间的关系，仅仅依靠分析实际观测数据，对生产单元进行相对有效性评价，这是 DEA 方法的突出优点。当面对多投入多产出经济系统时，DEA 方法最合适；同时还能进行生产效率的分解；而且 DEA 方法还解决了非期望产出变量的处理问题，所以使用日益广泛。

本章主要梳理用水效率测算的参数和非参数模型，提出适合于产业用水效率的度量模型，特别是资源与环境双重约束下的非参数模型，通过具体实例测算、比较和分析模型间的差异及优势或劣势。

第一节 参数方法与非参数方法

一 参数方法：随机前沿分析法

本节参考 Battese 和 Coelli 所定义的随机前沿生产函数模型，建立产业用水效率的随机前沿生产函数，采用对数形式的 C—D 函数，具体模型如下：

$$\ln(Y_{it}) = \beta_0 + \beta_1 \ln(L_{it}) + \beta_2 \ln(W_{it}) + \beta_3 \ln(K_{it}) + (V_{it} - U_{it})$$
$$U_{it} \sim N(0, \sigma_\mu^2) \tag{2.1}$$

其中，Y_{it} 为第 i 个地区/行业在 t 时期的产出；L_{it} 为第 i 个地区/行业在 t 时期的劳动投入量；W_{it} 为第 i 个地区/行业在 t 时期的用水投入量；K_{it} 为第 i 个地区/行业在 t 时期的资本投入，用来反映生产中的资产存量状况。V_{it} 服从 $N(0, \sigma_v^2)$ 分布，反映不可控因素对产量的随机影响；U_{it} 服从 $N(0, \sigma_\mu^2)$ 分布，代表第 i 个地区/行业在 t 时期的生产技术非效率的非负随机变量，且与 V_{it} 相互独立。β_0、β_1、β_2、β_3、β_u、β_v 为待估参数。为了便于估计，通常定义 $\delta^2 = \sigma_v^2 + \sigma_u^2$ 和 $\gamma = \sigma_u^2/(\sigma_v^2 + \sigma_u^2)$，这样该模型的待估参数就包括 β、δ^2 和 γ，然后利用极大似然估计法得出。

技术效率（TE）是指实际产出与潜在产出之比，用来衡量实际生产和最优前沿之间的差距。技术效率的计算公式为：

$$TE_{it} = Y_{it}/\hat{Y}_{it} = e^{-U_{it}} \tag{2.2}$$

其中，$\hat{Y}_{it}$ 为第 i 个地区/行业在 t 时期的潜在总产出。如果 $U_{it} = 0$，则 $TE_{it} = 1$，该生产点位于生产前沿上；如果 $U_{it} \geqslant 0$，则 $0 \leqslant TE_{it} \leqslant 1$，存在技术无效率，此时该生产位于生产前沿下方。

基于式（2.1）和式（2.2），得出用水效率（WE）的计算公式为：

$$WE_{it} = e^{-U_{it}/\beta_2} \tag{2.3}$$

二　非参数方法：数据包络分析法

本书中所使用的非参数方法主要指数据包络方法（DEA）。DEA 方法是一种线性规划方法，是最常用的一种非参数前沿效率分析方法，它是数学、运筹学、数理经济学和管理学的一个新的交叉领域。DEA 方法是 1978 年美国著名运筹学家 Charnes 和 Cooper 等以相对有效性概念为基础发展起来的一种效果评价方法，是在数学规划的基础上建立起来的一种效率评价方法，可用来评价决策单元（DMU）的技术有效性。

投入角度的 CCR 模型为：

$$\begin{aligned}
&\min_{\theta,\,\lambda}\theta \\
\text{s. t.}\quad &-q_i + Q\lambda \geqslant 0 \\
&\theta x_i - X\lambda \geqslant 0 \\
&\lambda \geqslant 0
\end{aligned} \tag{2.4}$$

投入角度的 BCC 模型为：

$$\begin{aligned}
&\min_{\theta,\,\lambda}\theta \\
\text{s. t.}\quad &-q_i + Q\lambda \geqslant 0 \\
&\theta x_i - X\lambda \geqslant 0 \\
&I1'\lambda = 1 \\
&\lambda \geqslant 0
\end{aligned} \tag{2.5}$$

其中，Q 和 X 分别表示产出和投入变量集，q_i 和 x_i 分别指待评估的第 i 个 DMU 的产出和投入向量。θ 是待求的一组参数，即投入角度的 DEA 效率值。

如果从投入变量 X 中分离出工业用水量及其松弛变量，记作 X_w 和 S_w^-，用水效率则为 $TE_w = (X_w - S_w^-)/X_w$。

第二节 模型

一 方向距离函数的基本原理

方向距离函数（Directional Distance Function，DDF）起源于距离函数和度规函数（Gauge Function），是数据包络分析法的拓展，是目前经济学和管理学领域广泛运用的一种非参数研究方法。Chambers、Fare 等（1996）将 Shephard（1970）的距离函数进行改进，正式提出了方向距离函数的概念。研究者可以通过定义方向向量来指定投入和产出指标的改进方向。

方向距离函数模型是对径向 DEA 模型的推广（成刚等，2011），其线性规划方程定义如下（v 和 u 分别表示投入和产出方向向量）：

$$\max U$$
$$\text{s. t.} \quad X\lambda + U_v \leqslant x_0 \quad\quad (2.6)$$
$$Y\lambda - U_u \geqslant y_0$$
$$\lambda, \ v, \ u \geqslant 0$$

其中，X、Y 分别为投入和产出向量，U_v 和 U_u 为投入和产出向量的无效率程度。x_0、y_0 为待评估 DMU 的投入、产出变量。

在方向距离函数模型中，不同方向向量决定着无效率 DMU 的投入和产出指标不同的改进方向，进而获得不同的目标值（在前沿上得到不同的投影点），从而得出不同的效率值。方向向量的方向同时也反映了在效率测量中各项投入产出指标的相对重要程度。

在方向距离函数的实际应用中，通常取被评价 DMU 的投入和产出向量作为方向向量，这种情况下，方向距离函数模型与径向 DEA 模型等价，反映无效率程度的 β 值满足单位不变性的要求。当方向向量取其他数值时，β 值不满足单位不变性要求，目前国内外文献中还没有提出满足单位不变性要求的效率测量方法，这限制了方向距离函数的应用。

DEA 数据标准化为建立满足单位不变性要求的方向距离函数效率测量方法提供了条件。在此基础上，采用 DEA 标准化数据的方向距离函数模型效率值的测量方法定义如下：

$$\theta = \frac{1 - \dfrac{1}{m}\sum_{i=1}^{m} U_{v_i}}{1 + \dfrac{1}{q}\sum_{r=1}^{q} U_{u_r}} = \frac{1 - U\dfrac{1}{m}\sum_{i=1}^{m} v_i}{1 + U\dfrac{1}{q}\sum_{r=1}^{q} u_r}$$

$$\max U$$
$$\text{s. t. } X\lambda + U_v \leqslant x_0 \tag{2.7}$$
$$Y\lambda - U_u \geqslant y_0$$
$$\lambda, v, u \geqslant 0$$

在计算投入和产出的无效率值时，采用了其算术平均值。方向距离函数模型是径向模型的推广，在式中当投入方向向量 v 取被评价 DMU 的投入数值，即 $v = (1, 1, \cdots, 1)$，产出方向向量 u 取零向量时，方向距离函数模型等价于采用标准化数据的投入导向径向 DEA 模型，效率值 $\theta = 1 - U$；当投入方向向量 v 取零向量，产出方向向量 u 取被评价 DMU 的产出数值，即 $u = (1, 1, \cdots, 1)$，方向距离函数模型等价于采用标准化数据的产出导向径向 DEA 模型，效率值 $\theta = 1/(1 + U)$。

通常的方向距离函数的表达为：

$$\max \beta$$
$$\text{s. t. } X\lambda + \beta g_x \leqslant x_k$$
$$Y\lambda - \beta g_y \geqslant y_k \tag{2.8}$$
$$\lambda \geqslant 0$$
$$\sum \lambda = 1$$

其中，g_x 和 g_y 分别表示投入和好产出的方向向量，β 是无效率程度的测度，包括投入和产出两个层面的无效率，属于非角度的方向距离函数，是无量纲的；方向向量则是有单位的，和对应的投入产出变量一致。如果不加 $\sum \lambda = 1$ 约束，则为 CRS 模型；加入 $\sum \lambda = 1$ 约束，则为 VRS 模型。

存在如污染等非期望产出时，模型变为：

$$\max \beta$$
$$\text{s. t. } \quad X\lambda + \beta g_x \leqslant x_k$$
$$Y\lambda - \beta g_y \geqslant y_k \tag{2.9}$$
$$B\lambda - \beta g_b \geqslant b_k$$
$$\lambda \geqslant 0$$
$$\sum \lambda = 1$$

投入、好产出和坏产出的方向向量 $g_x \geq 0$，$g_y \geq 0$，$g_b \leq 0$，表示非有效的 DMU 要减少投入、增加好产出、减少坏产出。

但可证明强可处置性的方向距离函数模型存在逻辑的不合理性，即坏产出不可能无限增加。为避免这一问题，Chung（1997）提出了弱可处置性模型：

（1）弱处置性，要减少坏产出，好产出也必须减少；

（2）好产出的强处置性；

（3）坏产出为 0，则好产出也为 0。

弱可处置性模型的表达式为：

$$
\begin{aligned}
\max \ & \beta \\
\text{s. t.} \quad & X\lambda + \beta g_x \leq x_k \\
& Y\lambda - \beta g_y \geq y_k \\
& B\lambda - \beta g_b = b_k \\
& \lambda \geq 0 \\
& \sum \lambda = 1
\end{aligned}
\tag{2.10}
$$

二　不同方向向量方向距离函数的模型表达

弱可处置性下，三种方案可提高生产效率。

方案一：投入和坏产出不变，增加好产出提高效率。则投入、好产出和坏产出方向向量设定为（0，1，0）。表达式为：

$$
\begin{aligned}
\max \ & \beta \\
\text{s. t.} \quad & X\lambda \leq x_k \\
& Y\lambda - \beta \geq y_k \\
& Y_B\lambda \leq y_{bk} \\
& \lambda \geq 0 \\
& \sum \lambda = 1
\end{aligned}
\tag{2.11}
$$

方案二：投入不变，降低坏产出，增加好产出提高效率。假定好产出和坏产出增加之比为 2∶1，则投入、好产出和坏产出方向向量设定为（0，2，-1）。表达式为：

$$
\begin{aligned}
\max \ & \beta \\
\text{s. t.} \quad & X\lambda \leq x_k \\
& Y\lambda - 2\beta \geq y_k
\end{aligned}
\tag{2.12}
$$

$$Y_B\lambda + \beta \leqslant y_{bk}$$

$$\lambda \geqslant 0$$

$$\sum \lambda = 1$$

方案三：投入不变，降低坏产出，增加好产出提高效率。假定好产出和坏产出增加之比为 1 : 2，则投入、好产出和坏产出方向向量设定为 (0，1，-2)。表达式为：

$$\max \beta$$

$$\text{s. t. } X\lambda \leqslant x_k$$

$$Y\lambda - \beta \geqslant y_k$$

$$Y_B\lambda + 2\beta \leqslant y_{bk} \tag{2.13}$$

$$\lambda \geqslant 0$$

$$\sum \lambda = 1$$

但弱可处置性约束可能不合实际，如会出现增加坏产出时效率反而提高的结果；弱可处置性约束会丢失部分生产可能性集，可能导致无法做投影。我们采取的办法是取消对坏产出的弱处置性约束，即改为强可处置性更为科学合理。虽然弱处置性获得广泛认可，但却是一种说不清的处理办法；强处置虽生产可能性集（PPS）错误，逻辑上存在不合理性，但结果正确，并不影响其应用。

三　投入产出的实际值作方向向量的方向距离函数的模型表达

由于方向向量的选择具有一定的理论专业性，这给普通研究者选择方向向量带来一定的困难。应用中多数文献往往采用投入、产出变量的实际值作为方向向量，即用 (x_k，y_k，y_{bk}) 替换，则模型转换为式（2.14）：

$$\max \beta$$

$$\text{s. t. } \quad X\lambda + \beta x_k \leqslant x_k$$

$$Y\lambda - \beta y_k \geqslant y_k \tag{2.14}$$

$$Y_B\lambda + \beta y_{bk} = y_{bk}$$

$$\lambda \geqslant 0$$

也可写成：

$$\max \beta$$

$$\text{s. t. } \quad X\lambda \leqslant x_k(1 - \beta)$$

$$Y\lambda \geqslant y_k(1 + \beta) \tag{2.15}$$

$$Y_B \lambda \leqslant (1 - \beta) y_{bk}$$
$$\lambda \geqslant 0$$

即同比例增加好产出的同时，同比例减少坏产出，是一种比较理想的方向向量选择办法。

四　RDM 方法

RDM 模型是由 Rortela 等（2004）提出的采用被评价 DMU 最大可能改进值作为方向向量的一种方法。

采用 DEA 模型测算效率时，常用的处理负值数据的方法主要有固定值方向向量法、投入产出指标的平均值替代法或者将所有指标同时加上一个正常数，从而将负值数据转变为正值数据。这些方法的缺陷在于，固定值方向向量的选取具有主观任意性，平均值替代和统一加上一个正常数的处理方式则会使数据偏离真实性，难保测算结果的准确和稳健。比较而言，RDM 模型能克服这些问题，它无须对负值数据进行修正，所选用的方向向量也可以控制所寻求的改进，从而能促使目标值的实现。

$$g_{xk} = x_k - \min(x)$$
$$g_{yk} = \max(y) - y_k \qquad (2.16)$$
$$g_{bk} = \max(b) - y_{bk}$$

其中，g_{xk}、g_{yk}、g_{bk} 分别表示投入、好产出和坏产出的方向向量。

五　加权 SBM 方向距离函数方法

根据 Tone（2003）、Fukuyama 和 Webe（2009），定义考虑资源环境下的 SBM 方向距离函数为：

$$\vec{S}_V^t(x^{t,\,k'},\ y^{t,\,k'},\ b^{t,\,k'},\ g^x,\ g^y,\ g^b) =$$

$$\max_{s^x,\,s^y,\,s^b} \frac{\dfrac{1}{N}\sum_{n=1}^{N}\dfrac{S_n^x}{g_n^x} + \dfrac{1}{M+1}\left(\sum_{m=1}^{M}\dfrac{S_m^y}{g_m^y} + \sum_{i=1}^{I}\dfrac{S_i^b}{g_i^b}\right)}{2} \qquad (2.17)$$

$$\text{s. t.} \sum_{k=1}^{K} z_k^t x_{kn}^t + s_n^x = x_{k'n}^t,\ \forall n;\ \sum_{k=1}^{K} z_k^t y_{km}^t - s_m^y = y_{k'm}^t,$$

$$\forall m;\ \sum_{k=1}^{K} z_k^t b_{ki}^t + s_i^b = b_{ki}^t,\ \forall i;$$

$$\sum_{k=1}^{K} z_k^t = 1,\ z_k^t \geqslant 0,\ \forall k;\ s_n^x \geqslant 0,\ \forall n;\ s_m^y \geqslant 0,\ \forall m;\ s_i^b \geqslant 0,\ \forall i$$

其中，$x^{t,\ k'}$、$y^{t,\ k'}$、$b^{t,\ k'}$是 DMU k' 的投入、好产出和坏产出向量，g^x、g^y、g^b是表示好产出扩张、坏产出和投入压缩的取值为正的方向向量，s_n^x、s_m^y、s_i^b是表示各指标投入和产出的松弛向量。由于线性规划的约束条件为等式，以及松弛变量前的不同符号，当s_n^x、s_m^y、s_i^b均大于零时，表示实际的投入和污染大于边界的投入和产出，而实际产出小于边界的产出。因此，s_n^x、s_m^y、s_i^b表示投入过度使用、污染过度排放及好产出生产不足的量。当方向向量和松弛向量有相同的测度单位时，可以将标准化的松弛比率加起来。目标函数将投入无效率和产出无效率平均值的和最大化，王兵等（2010）曾使用此方法分解了中国城市的环境效率问题。

按照 Cooper 等（2007）的思路可以将无效率分解为：

投入无效率：

$$IE_x = \frac{1}{2N}\sum_{n=1}^{N}\frac{s_n^x}{g_n^x} \tag{2.18}$$

好产出无效率：

$$IE_y = \frac{1}{2(M+1)}\sum_{m=1}^{M}\frac{s_m^y}{g_m^y} \tag{2.19}$$

坏产出无效率：

$$IE_b = \frac{1}{2(M+1)}\sum_{i=1}^{I}\frac{s_i^b}{g_i^b} \tag{2.20}$$

第三节　技术与区域异质性的用水效率模型

一　SBM 模型

采用 DEA 模型测算效率时，如投入产出转置法、正向属性转换法以及方向距离函数法等，要么违背了生产的本质，要么有较大的局限性。如方向距离函数在处理非期望产出上仍然遵循径向改进的模式，正由于其是径向模型且有角度，其不能很好地处理松弛性问题；此外，该模型在方向向量选择上也有较大争论，由于使用者往往不具有较强的理论知识和能力，方向向量的设置要么使用变量本身，要么随意设定，给结果的应用和比较带来困难。

相对于传统 DEA 模型，采用一种非径向、非角度并考虑非期望产出的 SBM 模型求解产业用水效率问题是一种更好的选择，直接将投入产出松弛量引入目标函数中，解决了投入产出的松弛性和径向、角度选择的偏差等问题。其公式可写成：

$$\rho^* = \min \frac{1 - \dfrac{1}{m}\sum_{i=1}^{m} \dfrac{s_i^-}{x_{i0}}}{1 + \dfrac{1}{s_1 + s_2}\left(\sum_{r=1}^{s_1} \dfrac{s_r^g}{y_{r0}^g} + \sum_{r=1}^{s_2} \dfrac{s_r^b}{y_{r0}^b}\right)} \qquad (2.21)$$

$$\text{s.t.} \quad x_0 = X\phi + s^-$$
$$y_0^g = Y^g\phi - s^g$$
$$y_0^b = Y^b\phi + s^b$$
$$s^- \geqslant 0, \ s^g \geqslant 0, \ s^b \geqslant 0, \ \phi \geqslant 0$$

其中，ρ^* 为目标函数值，即效率值，s_1 为好产出指标数，s_2 为坏产出指标数，y_{r0}^g、y_{r0}^b 分别为待评估 DMU 的好产出、坏产出。

二　多重约束的 SBM 非期望产出模型

采用 SBM 非期望产出模型，兼顾水资源约束和污染问题，重新估计我国产业用水效率。对上述 SBM 模型中投入变量产业用水量（x^w）进行约束，以增强研究结果的可靠性。将 W_L 作为 x^w 的下界，将 W_U 作为其上界。有约束的 SBM 模型如下：

$$\rho^* = \min \frac{1 - \dfrac{1}{m}\sum_{i=1}^{m} \dfrac{s_i^-}{x_{i0}}}{1 + \dfrac{1}{s_1 + s_2}\left(\sum_{r=1}^{s_1} \dfrac{s_r^g}{y_{r0}^g} + \sum_{r=1}^{s_2} \dfrac{s_r^b}{y_{r0}^b}\right)}$$

$$\text{s.t.} \quad x_0 = X\phi + s^-$$
$$y_0^g = Y^g\phi - s^g \qquad (2.22)$$
$$y_0^b = Y^b\phi + s^b$$
$$W_L \leqslant x^w \leqslant W_U$$
$$s^- \geqslant 0, \ s^g \geqslant 0, \ s^b \geqslant 0, \ \phi \geqslant 0$$

三　SBM 非期望产出+Meta frontier 方法

用 DEA 方法度量不同省份的工业技术效率时，其潜在假设为被评价决策单元（DMU）具有相同或类似的技术水平，以便探究技术无效率背后的技术差距和管理水平。不过，由于我国各省份间工业发展水平和技术存在较大差距，另外，在产业结构、资源禀赋、城市化水平等方面也存在较大差别，不同省份所面对的生产前沿事实上有较大出入；此时，如果不考虑这些差异，继续采用总体样本进行工业用水效率的评价，将无法准确地衡量各省份真实的工业发展效率和工业用水效率。针对此问题，Battese 等依据某一标准将 DMU 划分为不同群组，用随机前沿法（SFA）界定出不同群组前沿和共同前沿，并估计不同群组前沿和共同前沿的技术效率，进而得出技术落差比（Technology Gap Ratio，TGR）。SFA 的假设是所有 DMU 均有潜力达到相同的技术前沿，可能导致共同前沿无法包络群组前沿，SFA 也不能针对多投入多产出的情况。据此，Battese 等使用 DEA 方法扩展了这一研究，解决了上述问题。

（一）共同前沿与群组前沿

共同前沿模型中涉及的共同前沿指所有 DMU 的潜在技术水平，而群组前沿指每组 DMU 的实际技术水平，主要区别在于各自所参照的技术集合不同。比如，可以将我国 31 个省份根据发展的同质性分为东部、中部、西部三大群组。三大地区的划分虽然较为粗糙，但一直是我国区域经济和梯度发展划分的主要依据；而且 DEA 对变量和 DMU 数量关系的经验法则也要求区域的划分宜宽泛而不宜过于细化。此外，经细致考察发现，三大地区内部人均水资源占有量、自然资源、城市化水平、产业结构、工业化程度等指标均呈现出梯度发展的态势，且区域内部差异性小于整体。因此，将研究对象划分为不同的群组探讨各自群组前沿与共同前沿下的用水效率是必要的，亦是合理的。因而，基于单一投入单一产出 Meta-frontier 模型，以群组为研究对象，共同前沿与群组前沿大致如图 2-1 所示。

依据 Battese 等共同前沿模型，考虑非期望产出的共同技术集合（T^m）为：

$$T^m = \{(x, y^g, y^b): x \geq 0, y^g \geq 0, y^b \geq 0; x \text{ 能够生产出}(y^g, y^b)\}$$

$$(2.23)$$

其中，x 为投入向量，y^g 为期望产出向量，y^b 为非期望产出向量，即要想得到一定产出 $P^m(y^g, y^b)$ 需要的投入（x）在技术（T^m）下所满足的条件。其对应的生产可能性集（共同边界）为：

$$P^m(x) = \{(y^g, y^b): (x, y^g, y^b) \in T^m\} \qquad (2.24)$$

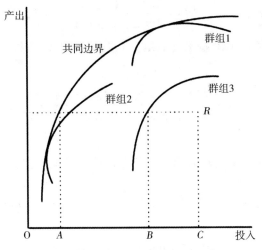

图 2-1　共同前沿与群组前沿示意

因此，共同技术效率的共同距离函数可以表示为：

$$D^m(x,\ y^g,\ y^b) = \sup_\lambda \{\lambda > 0\colon (x/\lambda) \in P^m(y^g,\ y^b)\} \quad (2.25)$$

依据中国省份发展水平不同划分为东部、中部、西部三大群组（$i = 1,\ 2,\ 3$），其群组技术集合为：

$$T^i = \begin{cases} (x_i,\ y_i^g,\ y_i^b)\colon x_i \geq 0,\ y_i^g \geq 0, \\ y_i^b \geq 0;\ x \to (y_i^g,\ y_i^b) \end{cases},\ i = 1,\ 2,\ 3 \quad (2.26)$$

群组对应的生产可能性集为：

$$P^i(x_i) = \{(y_i^g,\ y_i^b)\colon (x_i,\ y_i^g,\ y_i^b) \in T^i\},\ i = 1,\ 2,\ 3 \quad (2.27)$$

此时，群组技术效率的群组距离函数则为：

$$D^i(x_i,\ y_i^g,\ y_i^b) = \sup_\lambda \{\lambda > 0\colon (x_i/\lambda) \in P^i(y_i^g,\ y_i^b)\},\ i = 1,\ 2,\ 3$$

$$(2.28)$$

其中，$D^i(x_i,\ y_i^g,\ y_i^b)$ 表示在群组技术水平（T^i）下的投入距离函数。如果投入向量 x_i 在集合 $P^i(y_i^g,\ y_i^b)$ 外部时，$D^i(x_i,\ y_i^g,\ y_i^b) > 1$；如果 x_i 在集合 $P^i(y_i^g,\ y_i^b)$ 边界上时，$D^i(x_i,\ y_i^g,\ y_i^b) = 1$。

由于共同前沿技术是群组前沿技术的包络曲线，因此满足式 $T^m = \{T^1 \cup T^2 \cup T^3\}$。

（二）技术落差比

投入产出组合为 $(x_i,\ y_i^g,\ y_i^b)$ 时，群组（$i = 1,\ 2,\ 3$）投入角度的技术效率可以表示为：

$$TE^i(x_i, y_i^g, y_i^b) = \frac{1}{D^i(x_i, y_i^g, y_i^b)}, \quad i = 1, 2, 3 \quad (2.29)$$

投入角度的技术落差比（TGR）可用共同距离函数和群组距离函数表示为：

$$TGR^i(x_i, y_i^g, y_i^b) = \frac{D^i(x_i, y_i^g, y_i^b)}{D^m(x, y^g, y^b)} = \frac{TE^m(x, y^g, y^b)}{TE^i(x_i, y_i^g, y_i^b)}, \quad i = 1, 2, 3$$

$$(2.30)$$

例如，省份 R，其对应的技术落差比计算过程为：

$$TE^m(R) = \frac{OA}{OC}; \quad TE^i(R) = \frac{OB}{OC}; \quad TGR^i(R) = \frac{TE^m}{TE^i} = \frac{OA/OC}{OB/OC} = \frac{OA}{OB}$$

$$(2.31)$$

TGR 将共同前沿和群组前沿连接起来，衡量同一 DMU 不同边界下的技术效率差异，其值越高，则表示实际生产效率越接近潜在生产效率。它可以用来判断划分不同群组的必要性，当 TGR 均值越小于 1 时，即可认为群组的划分是恰当和必要的；反之则相反。

四　不可分性的 SBM 非期望产出模型

生产过程或经济活动中，非期望产出往往与期望产出相伴而生，即它们是不可分的。减少非期望产出不可避免地会损害期望产出的生产。

进一步地，有些非期望产出还和某种生产投入密不可分，比如 CO_2，它一方面和经济产出不可分，另一方面还和投入，如能源使用不可分［这与方向距离函数（DDF）方法中的弱可处置性条件非常相似］。

方向距离函数同样考虑了这个问题，所以在约束项中加入了弱可处置性条件，即处理污染是有代价的。但方向距离函数没有考虑到非期望产出与投入间不可分离的关系。

不可分的 SBM 非期望产出模型是处理这些情况的。

$$\rho^* = \min \frac{1 - \frac{1}{m}\sum_{i=1}^{m_1}\frac{s_i^{S-}}{x_{i0}^S} - \frac{1}{m}\sum_{i=1}^{m_2}\frac{s_i^{NS-}}{x_{i0}^{NS}} - \frac{m_2}{m}(1-\alpha)}{1 + \frac{1}{s}\left(\sum_{r=1}^{s_{11}}\frac{s_r^{Sg}}{y_{r0}^{Sg}} + \sum_{r=1}^{s_{22}}\frac{s_r^{NSb}}{y_{r0}^{NSb}} + (s_{21}+s_{22})(1-\alpha)\right)}$$

$$\text{s. t. } x_0^S = X^S\lambda + s^{S-}$$

$$\alpha x_0^{NS} = X^{NS}\lambda + s^{NS-}$$

$$y_0^{Sg} = Y^{Sg} - s^{Sg}$$

$$\alpha y_0^{NSg} \leqslant Y^{NSg}\lambda$$

$$\alpha y_0^{NSb} = Y^{NSb}\lambda + s^{NSb}$$

$$\sum_{r=1}^{s_{11}} (y_{r0}^{Sg} + s_r^{Sg}) + \alpha \sum_{r=1}^{s_{21}} y_{r0}^{NSg} = \sum_{r=1}^{s_{11}} y_{r0}^{Sg} + \sum_{r=1}^{s_{21}} y_{r0}^{NSg}$$

$$\frac{s_r^{Sg}}{y_{r0}^{Sg}} \leqslant U(\forall r)$$

$$s^{S-},\ s^{NS-},\ s^{Sg},\ s^{NSb},\ \lambda \geqslant 0,\ 0 \leqslant \alpha \leqslant 1 \qquad (2.32)$$

其中, Y^{sg} 为可分的好产出, Y^{Nsg} 和 Y^{Nsb} 分别为不可分的好产出和坏产出, x^S 和 x^{NS} 分别为可分和不可分的投入变量。不可分的坏产出 y^{Nsb} 的缩减比例为 α ($0 \leqslant \alpha \leqslant 1$), 表明 y^{Nsb} 减少 α , 不可分的好产出 y^{Nsg} 和不可分的投入 x^{NS} 都要减少 α 。

S_{11} 、 S_{21} 、 S_{22} 分别指 sg 、 Nsg 、 Nsb 的数量, 满足 $S = S_{11} + S_{21} + S_{22}$ 。 $m = m_1 + m_2$, m_1 是可分投入变量个数, m_2 是不可分投入变量个数。U 是变量上界, 需要自行设定。

第四节　MinDS 模型

传统的 DEA 模型多是径向模型, 比如 CCR 模型或 BCC 模型, 它们的特点是投入缩减或产出增加都是同比例变化的, 存在一些无法改变的松弛性问题。Tone 提出的 SBM 模型能最大限度地纠正径向模型可能存在的松弛性问题, 得到的技术效率最大限度地识别了径向模型可能存在的松弛测度问题。但传统的 SBM 模型采用强有效前沿上最远的投影点的做法存在明显的不合理之处, 使多数无效的 DMU 无法在短期之内达到或追赶上前沿有效的单元, 现实中也"挫伤"了它们追赶的积极性, 不利于整体 DMU 技术进步或生产效率的改善。MinDS 模型则采用与前沿面最小距离来衡量 DMU 的效率, 不会存在"挫伤"追赶的积极性这种情况, 弥补了 SBM 模型的缺点, 有利于整体 DMU 技术进步或生产效率的改善。

鉴于 MinDS 的优势, 本书采用其作为用水效率的测算方法。求解 MinDS 模型的方法大致有两种:

方法 1: 找到前沿的所有支撑面 (以线性函数表示), 分别计算无效

DMU 至各个支撑面的最小距离，最后确定其中最小的距离。Tone 以非导向模型为例介绍了 MinDS 模型的计算方法：

（1）假设有 n 个 DMU，其中经 SBM 模型判定为有效的 k 个 DMU 的集合记为 $E = \{j \mid \rho_j = 1\}$（这 k 个 DMU 是前沿所有支撑面的顶点）。

（2）罗列出集合 E 的所有非空子集。用一个子集中的所有 DMU 通过线性组合构建出一个新的 DMU（线性组合系数 $\lambda > 0$）。例如，如果子集 $E = \{A，B\}$，则新的 DMU 可以为 $0.5A + 0.5B$。将这个新的 DMU 放入原数据中，并用 SBM 模型检验是否为有效 DMU。如果这个新的 DMU 有效，则称该子集为集合 E 的一个有效子集。有效子集内的 DMU 位于前沿的同一支撑面上。重复上述过程找出集合 E 的所有有效子集。

（3）用集合 E 的一个有效子集 E_z 作为参考集，求解模型式（2.33），获得效率值 ρ_z。

$$\max \rho = \frac{1 - \dfrac{1}{m} \displaystyle\sum_{i=1}^{m} \dfrac{s_i^-}{x_{ik}}}{1 + \dfrac{1}{q} \displaystyle\sum_{r=1}^{q} \dfrac{s_r^+}{y_{rk}} - \dfrac{1}{n} \displaystyle\sum_{t=1}^{n} \dfrac{s_t^-}{z_{tk}}}$$

$$\text{s. t.} \quad \sum_{j \in E_z} \lambda_j x_{ij} + s_i^- = X_{ik}$$

$$\sum_{j \in E_z} \lambda_j y_{rj} - s_r^+ = y_{rk}$$

$$\sum_{j \in E_z} \lambda_j Z_{tj} + s_t^- = Z_{tk}$$

$$\lambda_j，s_i^-，s_r^+，s_t^- \geqslant 0 \tag{2.33}$$

重复这一过程，遍历所有有效子集，MinDS 模型的效率值为：

$$\rho^{\max} = \max\{\rho_z\}，z = 1，2，\cdots \tag{2.34}$$

当有效 DMU 数量很多时，通过这种方法求解最小距离的计算过程会非常繁复。因而这种方法仅适用于有效 DMU 数量较少的情况。

方法 2：相对于 Tone 的方法，Aparicio 等（2007）设计的方法不需要确定所有前沿的超平面，而是通过增加约束条件，将被评价 DMU 的参考标杆限制在同一超平面内。在通过 SBM 模型确定有效 DMU 之后，无论有效 DMU 数量是多少，Aparicio 提出的方法都只需一个规划模型，即可求解 MinDS 模型。Aparicio 的方法如下：

（1）假设有 n 个 DMU，其中经 SBM 模型判定为有效的 DMU 的集合为 E。

（2）求解以下混合整数线性规划，获得 MinDS 效率值。

$$\max \rho_k = \frac{\dfrac{1}{m} \sum_{i=1}^{m} (1 - \dfrac{s_i^-}{x_{ik}})}{\dfrac{1}{q} \sum_{r=1}^{q} (1 + \dfrac{s_r^+}{y_{rk}}) + \dfrac{1}{n} \sum_{t=1}^{n} (1 + \dfrac{s_t^-}{y_{tk}^b})}$$

$$\text{s. t. } \sum_{j \in E_z} x_{ij} \lambda_j + s_i^- = X_{ik}, \ i = 1, \ 2, \ \cdots, \ m$$

$$\sum_{j \in E_z} y_{rj} \lambda_j - s_r^+ = y_{rk}, \ r = 1, \ 2, \ \cdots, \ q$$

$$\sum_{j \in E_z} y_{tj}^b \lambda_j + s_t^- = y_{tk}^b, \ t = 1, \ 2, \ \cdots, \ n$$

$$s_i^- \geqslant 0, \ i = 1, \ 2, \ \cdots, \ m$$

$$s_r^+ \geqslant 0, \ r = 1, \ 2, \ \cdots, \ q$$

$$s_t^- \geqslant 0, \ t = 1, \ 2, \ \cdots, \ n$$

$$\lambda \geqslant 0, \ j \in E$$

$$-\sum_{i=1}^{m} v_i x_{ij} + \sum_{r=1}^{q} \mu_r y_{rj} - \sum_{t=1}^{n} \beta_t y_{tj}^b + d = 0, \ j \in E \qquad (2.35)$$

$$v_i \geqslant 1, \ i = 1, \ 2, \ \cdots, \ m$$

$$\mu_r \geqslant 1, \ r = 1, \ 2, \ \cdots, \ q$$

$$\beta_t \geqslant 1, \ t = 1, \ 2, \ \cdots, \ n$$

$$d_j \leqslant M b_j, \ j \in E$$

$$\lambda_j \leqslant M(1 - b_j), \ j \in E$$

$$b_j \in \{0, \ 1\}, \ j \in E$$

$$d_i \geqslant 0, \ j \in E$$

其中，ρ_k 为目标函数值；y，y^b 分别为好产出、坏产出；k 指待评估 DMU 的标记；m 为投入变量个数；q 为好产出个数；n 为坏产出个数；S_i^- 为投入的松弛变量；S_r^+ 为好产出的松弛变量；S_t^- 为坏产出的松弛变量；v、v 和 β 为投入、好产出、坏产出的投影权重；$0 \leqslant b_j \leqslant 1$ 的权数。

其中 M 是一个足够大的整数，而且只有松弛变量都为 0，那些被评价的 DMU 才会最优。最重要的是 MinDS 模型可以对非期望产出指标进行分析且使投入产出指标能以最小的代价达到最有效率的期望目标。利用 MinDS 模型计算的最优用水量，即各年度相对于生产前沿用水的最优使用量 W^*，其与实际用水量 W 的比值 W^*/W 即各 DMU 工业用水效率。与 CCR 模型和 BCC 模型类似，MinDS 模型也可以用于规模报酬不变 CRS 和可变 VRS 的求解，前者求解的用水效率是总体用水效率 W_C，后者为纯技术用水效率 W_V，两者的差别为用水规模效率 W_S，它们的关系表示为 $W_C = W_V \cdot W_S$。

第五节　全要素用水效率模型

借鉴宋马林和王舒鸿（2013）所提出的分解方法，将动态 Malmquist 指数有效地分解为两部分：一部分是由于技术进步因素导致的全要素用水效率的变化，另一部分是由于纯用水效率变化导致的全要素用水效率的变化。

宋马林和王舒鸿（2013）设计了一种搜索算法进行计算。具体步骤是，在原生产可能集中（T 年 DMU 生产集）加入一个新的 DMU（T+1 年某一 DMU）的投入指标，新的 DMU 的产出指标的测算从 0 开始逐渐累加，步长为 1，每累加一次进行一次效率评价，直到计算出的效率评价值与期望达到的效率评价值偏差落在某一个允许范围内时为止，此时的产出值即所需要求得的产出值。允许范围越小，得到的结果将越精确，在此模型中我们将允许范围定为（0，0.01），以增加精确程度。

第六节　小结

在诸多产业用水效率的度量方法中，总体上分为参数法和非参数法两类。参数法以随机前沿分析法（SFA）为代表，它的主要特点是设置一个明确的生产函数，把用水量作为一个投入变量，通过与其他生产单元比较给出一个最优的用水量，再与实际用水量进行比较就可以计算出相应的用水效率。这类方法的优势是可以明确参数的设置，求解较为方便，而且最主要的优势是可以进行多方面的统计检验。其也存在无法解决的问题：不能处理多产出的问题，且不能纳入环境约束问题。

非参数法主要以数据包络分析（DEA）为主，而以能否纳入非期望产出以及处理非期望产出的合理性而言，又可分为传统 DEA 模型（CCR 和 BCC）、方向距离函数（DDF）、SBM 模型以及其他最新发展的模型。具体而言，传统 DEA 模型虽然解决了多投入多产出的问题，对于不包含非期望产出的资源效率问题也能够求解其效率，但对于非期望产出的处理要么是错误处置要么是无能为力，DDF 模型应运而生。DDF 模型主要的特点是形式简单，求解方便，而且经济学含义较强，能很好地解释期望产出增长的同时，也能指出如何更好地减少非期望产出，这对于研究环境技术经济学者具有更强的"诱惑力"，但其弱点也暴露无疑：方向的设置科学性不足，随意性较强；弱处置性的条件不符合生产实际，理论上可能导致丢失部分生产可能性集。SBM 模型为了避免方向向量设置的主观性，把非期望产出及松弛变量放入目标函数中，同时解决了 DDF 模型径向改进不足的问题，也能够兼顾资源约束和环境约束，但其也存在着模型求解较困难以及经济含义不足等问题（见表 2-1）。

表 2-1　　　　　　　　主要研究方法的比较

主要方法	分类方法	方法形式	径向或非径向	对坏产出的处置性	对坏产出的处理方式	具体优势	主要问题
SFA	—	参数	—	—	不包含	表达式明确，求解方便，统计性质优良	无法解决多产出问题
传统 DEA	CCR/BCC	非参数	径向	—	不包含	线性规划简单易解，经济含义明确	不能处理非期望产出（坏产出）
方向距离函数（DDF）	方向向量固定	非参数	径向	弱处置性	作产出	有较强的经济学意义，求解简便	方向向量设定随意性较强，弱处置性不符合实际，丢失生产可能集
	方向向量为实际值	非参数	径向	弱处置性	作产出	有较强的经济学意义，易于求解	方向向量的选择主观性强，弱处置性不符合实际，丢失生产可能集
	RDM	非参数	非径向	弱处置性	作产出	有较强的经济学意义，易于求解	极差法方向向量有可能偏离较大，弱处置性不符合实际，丢失生产可能集
	WDDF	非参数	非径向	弱处置性	作产出	DDF 方法与 SBM 方法的结合，解决 DDF 松弛性问题	方向向量设置随意性；非线性规划，求解困难；弱处置性不符合实际，丢失生产可能集

续表

主要方法	分类方法	方法形式	径向或非径向	对坏产出的处置性	对坏产出的处理方式	具体优势	主要问题
SBM	可分性	非参数	非径向	强处置性	作产出	解决 DDF 存在的松弛性问题，以及角度选择问题	非线性规划，求解困难；经济学含义不明确
	不可分性	非参数	非径向	强处置性	作产出	解决 SBM 模型投入产出变量间的关联性问题	非线性规划，求解困难；结果有时偏离实际
MinDS	—	非参数	非径向	强处置性	作产出	与生产前沿最近，易于改善生产积极性	非线性规划和整数规划，求解困难

　　我们还引用和改造了其他一些新式模型来解决上述问题，比如 MinDS 模型和 MinDW 模型等。此外，为了考察产业发展综合用水效率变化背后的影响机理，我们还利用全要素用水生产率模型，把其分解为用水效率的变化指数和技术进步指数，以此来反映产业全要素用水生产率变动的来源。

第三章

双重约束下的产业用水效率的评价与解析

随着经济社会的发展，产业用水需求不断扩大，水资源短缺逐渐成为制约经济社会发展的主要因素之一，提高农业水资源的利用效率是保障水安全和粮食安全的根本途径，实现工业水资源的高效利用对推进工业的绿色发展及水资源的可持续发展具有重要意义。本章基于共同前沿的 SBM 模型，测算了资源与环境双重约束下的农业用水效率及工业用水效率，根据所得结果，对我国产业用水效率的时间变化与空间分布特征进行细致、全面的分析。

第一节　双重约束下的区域农业用水效率解析

一　农业发展及用水数据

广义上的农业包括种植业、林业、畜牧业、渔业、副业五种产业形式，狭义上的农业是指种植业。本书研究的农业生产用水效率属于狭义上的农业（李静、孙有珍，2015）。本小节基于 2000—2016 年的相关数据测算了全国 31 个省份农业生产用水效率，研究过程中，借鉴全要素的思想建立指标体系，选取各省份乡村劳动力、农业资本存量估计值和农业用水量作为投入变量，农业总产值作为期望产出变量，农业生产过程中产生的总氮（TN）排放量和总磷（TP）排放量作为非期望产出变量。表 3-1 详细说明了指标选取情况及相关数据来源。

表 3-1　　　　　　　　　　　投入产出指标及数据来源

	指标	单位	数据来源
投入指标	农业资本存量	亿元	中国国家统计局年度地区数据
	乡村劳动力	万人	《中国农业统计年鉴》
	农业用水量	亿立方米	《中国统计年鉴》
产出指标	农业总产值	亿元	《中国统计年鉴》
	TN 排放量	万吨	参照李谷成计算农业污染排放量的方法
	TP 排放量	万吨	参照李谷成计算农业污染排放量的方法

　　由于数据不可得，本书对部分指标的数据进行合理估算。其中农业资本存量=第一产业资本存量估计值×α（α=农业总产值/农林牧副渔业总产值），农业生产过程中的总氮、总磷排放量则根据李谷成（2014）计算农业污染排放量的方法估算而来，有关数据从《中国农业统计年鉴》《新中国六十年农业统计资料》获取，相关系数来源于《污染源普查农业源系数手册》和赖斯芸等（2004）的文献。各变量的描述性统计如表 3-2所示。

表 3-2　　　　　　　　　　投入产出变量的描述性统计

		投入		期望产出		非期望产出	
		农业资本存量（亿元）	乡村劳动力（万人）	农业用水量（亿立方米）	农业总产值（亿元）	TN 排放量（万吨）	TP 排放量（万吨）
2001 年	平均值	456.12	1565.38	112.7	466.54	7.23	1.16
	标准差	378.6	1212.54	92.09	357.85	5.71	0.96
	最大值	1557.35	4690.91	449.1	1401.34	25.6	4.16
	最小值	22.28	103.5	11.7	27.61	0.67	0.08
2006 年	平均值	645.75	1659.22	118.21	695.14	8.2	1.34
	标准差	601.05	1259.83	94.6	533.17	6.44	1.11
	最大值	2690.17	4814.56	470	2221.4	30.65	4.97
	最小值	33.44	112.42	12	31.8	0.49	0.07
2011 年	平均值	1155.44	1737.35	125.17	1354.47	7.05	1.17
	标准差	1264.34	1305.89	111.01	993.83	5.21	0.91
	最大值	6124.1	4905	561.75	3843.6	24.06	3.79
	最小值	71.86	127.91	9.31	49.6	0.48	0.06

续表

		投入		期望产出		非期望产出	
		农业资本存量（亿元）	乡村劳动力（万人）	农业用水量（亿立方米）	农业总产值（亿元）	TN 排放量（万吨）	TP 排放量（万吨）
2016 年	平均值	1745.45	1730.15	128.67	2062.42	7.29	1.22
	标准差	2015.43	1332.7	118.67	1414.51	5.44	0.94
	最大值	10004.04	4912.54	594.47	5325.79	25.36	3.92
	最小值	50.61	144.3	7.18	71.14	0.42	0.06

二　农业用水效率演进及分布

表3-3 为共同前沿下 2000—2016 年我国 31 个省（市、自治区）农业用水效率的测算结果。结果显示，2000—2016 年我国农业用水效率基本稳定且整体水平偏低，约为 0.79，并且在研究期内未见明显的提升，造成此现象的原因主要是我国各省份间农业用水效率发展不均衡。海南、重庆、新疆、陕西、河南、山东、浙江、吉林、湖北、辽宁、四川、上海、北京等省份农业用水效率较高，年均用水效率在 0.9 以上，其中，海南、重庆和新疆 3 个省份的农业用水效率每一年均处于有效前沿面，西藏、宁夏、青海、江西、内蒙古等省份的农业用水效率最低，其数值依次为 0.15、0.24、0.28、0.51 和 0.59，表明我国部分省份农业用水效率的提升潜力巨大。

表 3-3　　　　2000—2016 年中国 31 个省份农业用水效率

省份	2000 年	2004 年	2008 年	2012 年	2016 年
北京	1.0000	1.0000	0.9453	0.8444	0.7239
天津	1.0000	0.7704	0.5964	0.9492	1.0000
河北	0.8506	0.7372	0.6999	1.0000	0.6513
山西	0.8904	0.7202	0.6238	0.8063	0.7790
内蒙古	0.4683	0.4007	0.7235	0.6860	0.5580
辽宁	1.0000	0.9900	0.9912	1.0000	1.0000
吉林	1.0000	1.0000	1.0000	1.0000	0.7979
黑龙江	0.3716	0.6310	1.0000	1.0000	1.0000
上海	1.0000	1.0000	1.0000	1.0000	0.5101

续表

省份	2000 年	2004 年	2008 年	2012 年	2016 年
江苏	1.0000	0.7562	0.6529	1.0000	0.7603
浙江	1.0000	0.8923	1.0000	1.0000	1.0000
安徽	0.9099	0.5988	0.4408	0.6105	0.8474
福建	1.0000	0.6868	0.9054	0.6236	0.6094
江西	0.7138	0.5478	0.5800	0.3791	0.3899
山东	1.0000	1.0000	1.0000	1.0000	0.9663
河南	1.0000	1.0000	1.0000	1.0000	1.0000
湖北	1.0000	0.9795	1.0000	1.0000	1.0000
湖南	0.7497	0.5952	0.7593	0.8361	0.7701
广东	0.6045	0.5771	1.0000	1.0000	1.0000
广西	0.5012	1.0000	1.0000	0.4787	0.5537
海南	1.0000	1.0000	1.0000	1.0000	1.0000
重庆	1.0000	1.0000	1.0000	1.0000	1.0000
四川	0.9828	1.0000	0.9795	1.0000	1.0000
贵州	0.8249	0.8360	0.6892	1.0000	1.0000
云南	0.5820	0.5555	0.5728	0.7926	1.0000
西藏	0.3057	0.1414	0.1192	0.1159	0.1406
陕西	1.0000	1.0000	1.0000	1.0000	1.0000
甘肃	0.4057	0.5274	0.6928	0.9234	1.0000
青海	0.2951	0.2143	0.2424	0.3062	0.4185
宁夏	0.2413	0.1570	0.2432	0.2108	0.2065
新疆	1.0000	1.0000	1.0000	1.0000	1.0000
全国平均	0.7967	0.7521	0.7890	0.8246	0.7962

注：东部、中部、西部采用传统划分办法，东部包括：北京、天津、河北、辽宁、上海、江苏、浙江、福建、山东、广东、广西、海南；中部包括：山西、吉林、黑龙江、安徽、江西、河南、湖北、湖南；其余为西部地区。

从时间变化规律上看，我国农业用水效率改善情况不容乐观。2000—2016 年，共计 10 个省份农业用水效率有所提升，黑龙江、甘肃农业用水效率改善效果显著，增长幅度均超过 100%，其中黑龙江省农业用水效率在 2000 年仅为 0.37，但在 2008 年达到并一直保持在有效前沿面水平，甘肃农业用水效率在 2000 年为 0.41，此后保持稳步上升的态势，并在 2016

年达到了前沿面水平；与此同时，有 12 个省份出现了农业用水效率下降
的情况，其中西藏、上海农业用水效率下降幅度最大，降幅均超过 45%；
其余 9 个省份农业用水效率基本保持不变。为从整体上改善农业用水效
率，促进农业可持续发展，必须实现各省份农业用水效率稳定均衡的
提升。

　　为进一步分析我国农业用水效率的时间变化与空间分布特征，本书分
别从地理位置分区（东部、中部、西部）、农业分区及水资源分区三个地
域划分维度对农业用水效率进行了评析。

　　（一）东部、中部、西部地区农业用水效率分析

　　图 3-1 表明，我国东部、中部、西部地区农业用水效率波动趋势不
同，整体而言，三大地区的农业用水效率逐渐收敛于全国平均水平。东部
地区农业用水效率在 2000—2016 年有轻微下降，从 2000 年的 0.95 下降
到 2016 年的 0.84。具体来看，东部地区农业用水效率在 2000—2012 年虽
有所波动，但基本保持在 0.90 左右，但 2012 年以来，呈显著下降的态
势；中部地区则在波动中保持平稳，其农业用水效率在 2000—2003 年有
所下降，在 2003—2005 年有所回升，此后基本维持在 0.82 左右；西部地
区则保持着稳中有升的良好态势，2000—2016 年，其农业用水效率增长
了 17%。

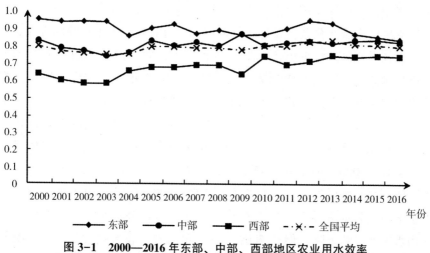

图 3-1　2000—2016 年东部、中部、西部地区农业用水效率

　　尽管东部地区农业用水效率呈下降趋势，但始终处于三大地区的最高
水平，其年均农业用水效率为 0.90，远高于全国平均值 0.80，这可能是

由于东部地区经济发展水平较高，农业生产技术处于全国先进水平，能够实现水的充分利用，同时，东部地区科技创新能力较强，能够最先引进最新农业生产技术并进行推广，节水技术水平较高。中部地区的变化曲线与全国平均值变化曲线基本一致，其年均农业用水效率为 0.81，接近全国平均水平。西部地区农业用水效率最低，年均值为 0.68，远低于全国平均水平，节水潜力巨大。

（二）各农业分区农业用水效率分析

由图 3-2 可知，西北干旱半干旱地区及北方高原地区农业用水效率处于全国平均水平之下，年均值分别为 0.55 和 0.67，显著低于全国平均水平 0.79。北方高原地区整体走势平稳，2000—2016 年增长了 10.5%，值得注意的是，在 2008—2011 年，其农业用水效率产生了大幅波动。通过进一步分析可知，2008—2009 年的大幅增长主要是由于山西农业用水效率的显著提升，2009—2010 年的增长则主要归因于宁夏农业用水效率的显著提升，而 2010—2011 年的大幅下降主要受宁夏农业用水效率降低的影响。西北干旱半干旱地区农业用水效率虽然处于全国最低水平但呈现稳步上升的态势，2000—2016 年增长了 10.5%，未来依旧存在较大的节水空间。南方山地丘陵区农业用水效率曲线与全国平均曲线大致相同，其年均农业用水效率为 0.82，略高于全国平均水平。南方湿润平原区、黄淮海半湿润平原区及东北半湿润平原区农业用水效率较高，原因可能是一方面平原区土壤水分条件较好，气候湿润，可有效减少水资源的投入；另一方面，平原区地势平坦，农业规模化程度较高，有利于先进生产技术及灌溉技术的推广。从变化趋势上看，2000—2003 年，南方湿润平原区农业用水效率处于全国先进水平，年均值达到 0.96；2004—2009 年持续下降，逐渐接近全国平均水平；2010—2016 年南方湿润平原区农业用水效率仅为 0.82。可见，南方湿润平原区用水效率发展趋势较差，整体呈现下降态势，2000—2016 年下降 12.9%。黄淮海半湿润平原区农业用水效率整体而言有轻微下降，降幅约为 5.7%，2000—2003 年其农业用水效率处于全国领先水平并有小幅增长，年均值高达 0.98；2003—2009 年其农业用水效率持续下降，但在 2009—2013 年出现了较大幅度的回升，继而又呈现下降状态，虽然波动较大，但黄淮海半湿润平原区的农业用水效率在 2003—2016 年始终保持在全国第二的水平。东北半湿润平原区的农业用水效率无论从绝对水平或是发展趋势上评价，都处于相对较好的状态。

2000—2003 年，其农业用水效率处于全国中等水平，但在 2003—2005 年，农业用水效率从 0.77 增长至 0.96，此后基本保持在 0.97 左右的水平，是全国农业用水效率最高的地区。经分析，东北半湿润平原区农业用水效率的飞跃主要受益于黑龙江农业用水效率的显著提升。

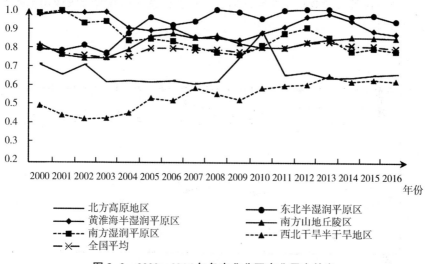

图3-2　2000—2016 年各农业分区农业用水效率

（三）水资源分区农业用水效率

图 3-3 表明，各水资源分区的农业用水效率层次明显，说明水资源禀赋对农业用水效率存在一定影响，但两者之间并不是简单的正相关关系，按照农业用水效率由高到低排列依次为干旱区、半湿润区、湿润区、半干旱区，前三大分区农业用水效率均大于全国平均水平，半干旱区农业用水效率最低，节水潜能巨大。干旱区农业用水效率最高，每一年都处于前沿水平，原因可能是受先天水资源的限制，干旱区省份的节水意识会更高，从而通过调整农作物结构、积极引进先进农业生产技术等方式提高效率。半湿润区农业用水效率处于全国第二，年均值约为 0.91，且在 2000—2016 年波动幅度较小，基本围绕 0.9 上下浮动。湿润区农业用水效率位列全国第三，年均值为 0.83，略高于全国平均水平，这可能是由于湿润区降水量丰富，农业生产节水意识不强，没有充分实现对自然水资源的充分利用，如当降水量增加时，农户可适当减少灌溉用水量，但部分农户因无法掌握减少的比例，继续按照之前的水量灌溉，从而造成了一部分水资源的浪费，因此，湿润区农业用水效率提升前景广阔。值得关注的

是，半干旱区农业用水效率过低，年均值仅为 0.39，极大地拉低了我国农业用水效率的平均水平，造成大量水资源的浪费，同时也不利于当地农业的可持续发展。在看到巨大节水潜力的同时，也要分析其背后的原因，这可能是由于半干旱区省份主要集中于西部地区，一方面经济水平相对落后，节水设备及灌溉技术相对落后，另一方面缺乏指导提升农业用水效率的宏观规划。

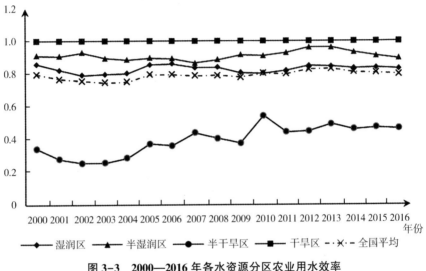

图 3-3　2000—2016 年各水资源分区农业用水效率

三　粮食作物用水效率状况

在中国，狭义上的农业通常指粮食、棉花、油料、糖料、麻类、烟叶、茶叶、蔬菜水果、中草药及其他作物的生产。根据《中国统计年鉴》，2000—2016 年粮食作物播种面积约占农作物总播种面积的 68%，粮食作物产量约占农作物总产量的 62%。由此可见，粮食作物是我国农业种植的最主要部分。李玲和周玉玺（2018）研究表明，中国粮食生产用水占整体用水的比重已从 1997 年的 51% 减少到 2016 年的 42%，挤占粮食生产用水是解决非农生产用水短缺的主要途径，却引发了粮食生产安全问题，因此研究粮食用水效率对农业用水效率的提升意义重大。

本小节基于 2000—2014 年的相关数据测算了全国 31 个省份粮食作物用水效率，与农业用水效率研究相似，选取各省份粮食生产劳动力、粮食生产资本存量估计值和粮食生产用水量作为投入变量，粮食总产量作为期望产出变量，粮食生产过程中产生的总氮排放量和总磷排放量作为非期望产出变量。表 3-4 详细说明了指标选取情况及数据处理方法。

表 3-4　　　　　　　　　　投入产出指标及处理方法

	指标	单位	处理方法
投入指标	粮食生产资本存量	亿元	第一产业资本存量估计值×α×β
	粮食生产劳动力	万人	农业劳动力人数×β
	粮食生产用水量	亿立方米	农业用水量×β
产出指标	粮食总产量	万吨	《中国统计年鉴》直接获取
	TN 排放量	万吨	参照李谷成计算农业污染排放量的方法
	TP 排放量	万吨	参照李谷成计算农业污染排放量的方法

关于投入指标数据的估算，本书参照闵锐（2012）的做法，设置 α、β 两个系数，其中 α = 农业总产值／农林牧副渔业总产值，β = 粮食播种面积／农作物播种总面积，在农业用水效率相关指标数据的基础上对粮食生产的相关指标进行估算。通过 SBM 模型运算可得 2000—2014 年我国各省份的粮食作物用水效率，详情如表 3-5 所示。

表 3-5　　　　　2000—2014 年中国 31 个省份粮食作物用水效率

省份	2000 年	2004 年	2008 年	2012 年	2014 年
北京	0.5746	0.2541	0.3358	0.3921	0.2878
天津	0.5378	0.4556	0.3734	0.4508	0.4717
河北	0.6961	0.5680	0.4801	0.9055	0.7685
山西	0.5329	1.0000	1.0000	1.0000	1.0000
内蒙古	0.5921	0.4307	0.6647	0.7785	0.8928
辽宁	0.6143	0.5980	0.5371	0.6508	0.5704
吉林	1.0000	1.0000	1.0000	1.0000	1.0000
黑龙江	1.0000	1.0000	1.0000	1.0000	1.0000
上海	0.6348	0.3802	0.5543	0.4279	0.3776
江苏	1.0000	1.0000	1.0000	1.0000	0.6882
浙江	1.0000	0.3776	0.2038	0.4958	0.4309
安徽	0.7006	0.6957	1.0000	1.0000	1.0000
福建	0.2564	0.2270	0.2584	0.2942	0.3040
江西	1.0000	0.4737	1.0000	1.0000	1.0000

续表

省份	2000 年	2004 年	2008 年	2012 年	2014 年
山东	1.0000	0.9132	0.6832	1.0000	1.0000
河南	1.0000	1.0000	1.0000	1.0000	1.0000
湖北	1.0000	0.7150	0.6246	0.7084	0.6921
湖南	0.7232	0.5035	0.5124	0.6095	0.5978
广东	0.4026	0.2319	0.2062	0.2457	0.2593
广西	0.4534	0.2808	0.2823	0.3052	0.3209
海南	0.3330	0.2045	0.2126	0.2462	0.2759
重庆	1.0000	1.0000	1.0000	1.0000	1.0000
四川	0.7938	0.8754	0.8697	0.7460	0.7855
贵州	0.5179	0.7965	0.7612	0.8440	0.8988
云南	0.6854	0.4534	0.4580	0.5825	1.0000
西藏	0.1850	0.1117	0.0830	0.1099	0.1140
陕西	1.0000	1.0000	1.0000	0.8922	0.7307
甘肃	0.1797	0.1798	0.1983	0.4987	0.5928
青海	0.2434	0.1827	0.1840	0.1961	0.2233
宁夏	0.3604	1.0000	1.0000	1.0000	0.4272
新疆	1.0000	1.0000	1.0000	0.2571	0.2908
全国平均	0.6780	0.6100	0.6285	0.6657	0.6452

总体而言，我国粮食作物用水效率较低，全国平均值基本在 0.6—0.7 波动。对比农业用水效率，可知粮食作物用水效率在所有农作物中处于中下水平。由表 3-5 可知，我国省份间粮食作物用水差异较大，其中，吉林、黑龙江、江苏、河南、重庆等省份粮食作物用水效率较高，在 2000—2014 年均处于前沿水平，西藏、青海、海南、广东、福建等省份粮食作物用水效率较低，均处于 0.3 以下，并且在研究期间，除少数省份粮食作物用水效率有所改善外，多数省份的用水效率值呈波动下降趋势，解决这些地区的粮食作物用水效率问题对于保障该地区粮食安全、提高我国农业用水效率、节约水资源具有重要意义。

与农业用水效率分析类似，本小节也将从地理位置分区（东部、中部、西部）、农业分区以及水资源分区三个维度分别分析我国粮食作物用水效率的时间变化与空间分布规律。

（一）东部、中部、西部地区粮食作物用水效率分析

由图 3-4 可知，我国粮食作物用水效率的地区差异与农业用水效率的地区差异呈现完全不同的规律。就粮食作物用水效率而言，中部地区效率值最高，年均值约为 0.87。从变化趋势上看，2000—2005 年有所下降，但在 2005—2006 年出现了大幅提升，这主要归因于安徽、山西两省粮食作物用水效率的显著提升，并且两者均在 2006 年达到了前沿水平，2006—2014 年中部地区粮食作物用水效率基本稳定在 0.91 左右。西部地区粮食作物用水效率年均值约为 0.63，接近全国平均水平，其效率值相对稳定，整体而言 2000—2014 年小幅上升了 8.4%。东部地区粮食作物用水效率处于全国最低水平，年均值约为 0.53，其粮食作物用水效率在 2000—2005 年呈逐渐下降的态势，虽然在 2007—2011 年有所回升，但 2011 年之后又恢复到下降的趋势，整体而言，东部地区粮食作物用水效率在 2000—2014 年下降了 17.9%。

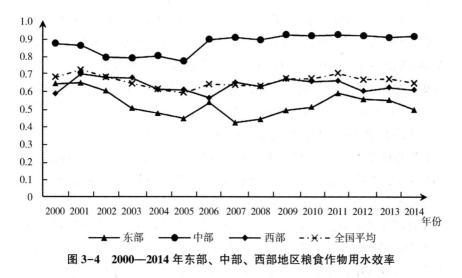

图 3-4　2000—2014 年东部、中部、西部地区粮食作物用水效率

我国粮食主产区包括辽宁、吉林、黑龙江、内蒙古、山东、湖北、湖南、河北、河南、江苏、安徽、江西、四川 13 个省份，中部地区共包含 8 个省份，其中有 7 个省份属于粮食主产区，分别是吉林、黑龙江、安徽、江西、河南、湖北、湖南。可以看出，中部地区是全中国粮食供应的主要来源，影响着全国粮食安全，掌控着民生命脉，因此势必会受到国家重视，包括国家农业政策的扶持以及相关资金、技术的支持，同时，主产区粮食种植规模较大、专业化程度较高，农业灌溉设施相对完备，可以在

一定程度上减少水资源的浪费。西部地区粮食作物用水效率处于全国平均水平，一方面，西部地区经济落后，难以及时引进先进的粮食生产技术和节水技术，不利于西部粮食用水效率的提升；另一方面，西部地区水资源匮乏，因此西部地区政府及农户的节水意识显著高于其他地区。自 20 世纪 90 年代以来，西部地区立足现状，不断推进节水农业，普及输水节水知识，大量引入地面灌水技术，并取得显著成效，此外，近年来国家针对西部实施了"区域性商品粮建设工程"，加大了对西部水利工程的建设投资，在新疆、甘肃等地区推广使用膜下滴灌、全膜双垄沟等节水农业技术，推动支持宁夏和内蒙古高效利用黄河水资源，对提升西部地区粮食用水效率有重大利好。总的来说，两方面综合作用，使得西部地区粮食作物用水效率能够具备全国中等水平。东部地区虽然经济较发达，粮食生产技术水平较高，但其粮食作物用水效率却处于全国最低水平，究其原因，主要在于以下几个方面：第一，东部地区水资源丰富，节水意识较弱；第二，东部地区主要以第二、第三产业为主，农业尤其是粮食生产得不到全面的关注；第三，中西部地区的粮食作物以玉米、小麦及谷物等为主，而东部地区的粮食作物以水稻为主，根据李静和马潇璨（2015）研究成果可知，水稻作为一种高耗水作物，用水效率要低于小麦和玉米。

（二）各农业分区粮食作物用水效率分析

不同农业分区的粮食作物用水效率也存在明显差异（见图 3-5）。北方高原地区及东北半湿润平原区粮食作物用水效率位于全国领先水平，2000—2014 年年均值分别为 0.90 和 0.87，其中，北方高原地区粮食作物用水效率波动较大，在 2000—2014 年约上升 14%。东北半湿润平原区粮食作物用水效率则相对稳定，在研究期间几乎没有变化。南方湿润平原区粮食作物用水效率位于全国中上等水平，年均值约为 0.76，从变动趋势上看，该分区粮食作物用水效率在 2000—2014 年下降了约 17.3%，在所有农业分区中降幅最大，应引起重视。黄淮海半湿润平原区粮食作物用水效率处于全国中等水平，年均值为 0.68，略高于全国平均值 0.66，从理论上说，黄淮海半湿润平原区适宜粮食作物的种植，且有部分地区属粮食主产区，粮食用水效率理应处于较高水平，但该分区内部省份粮食作物用水效率分化严重，如河南、山东两省接近前沿水平，而北京、天津的粮食作物用水效率在 0.5 以下。南方山地丘陵区粮食作物用水效率较低，年均值为 0.57，这主要是受福建、广东、广西等省份粮食作物用水效率低的影响。一般而言，山地丘陵区适合茶叶、蔬菜水果等作物的种植，部分地区可以开发梯田种植水稻，福建、广西则以种植果树、茶叶为主，粮食生产相对不受重视，因此节水技术相对落后，粮食作物用水效率较低。另外，沿海地区水资源丰富，农户节水意识不强，在灌溉过程中造成了很多不必要的浪费。西北干旱半干旱地区粮食作物用水效率处于全国最低水平，这主要是由于该地区经济落后，节水能力不足。

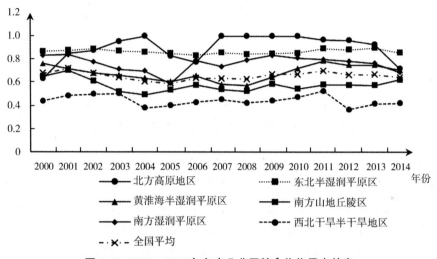

图3-5　2000—2014年各农业分区粮食作物用水效率

（三）各水资源分区粮食作物用水效率分析

不同水资源分区的粮食作物用水效率也存在着明显差异，整体而言，粮食作物用水效率从高到低依次为干旱区、半湿润区、湿润区和半干旱区（见图3-6）。其中，干旱区、半湿润区粮食作物用水效率高于全国平均水平，2000—2014年年均值分别为0.86和0.78；湿润区粮食作物用水效率年均值为0.63，略低于全国平均水平；半干旱区粮食作物用水效率处于全国最低水平，年均值约为0.45。通过以上分析，可以发现水资源禀赋与粮食作物用水效率之间并不存在严格的相关关系，表明水资源并不是粮食作物用水效率的唯一影响因素，还要综合考虑经济发展水平、粮食作物种类及结构、生产技术水平、节水意识等多方面因素的影响。

值得关注的是，干旱区粮食作物用水效率的波动稍显异常，2000—2011年，其粮食作物用水效率始终保持在前沿水平，但在2012年骤降至0.26，2012—2014年虽有小幅回升，但依旧停留在0.3以下，处于全国

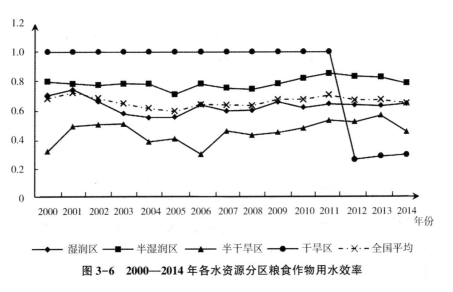

图 3-6　2000—2014 年各水资源分区粮食作物用水效率

最低水平。干旱区仅包含新疆一个省份，因此干旱区粮食作物用水效率的异常波动受新疆粮食作物用水效率异常变化的影响，而新疆的异常波动则可能归因于新疆在 2011 年创建棉粮油糖高产项目，为实现粮食产量目标而忽略了水资源的集约化使用，造成粮食用水效率的突然下降。半湿润区、湿润区粮食作物用水效率相对稳定，在 2000—2014 年分别提升了1.6% 和 8.3%。半干旱区粮食作物用水效率处于全国最低水平，但其发展趋势较好，虽然在 2003—2006 年有所下降，但整体而言呈上升趋势，2000—2016 年约提升 44.2%，并且未来依旧存在巨大的改善空间。

四　技术异质性下的农业用水效率

本节将全国 31 个省份划分为东部、中部、西部三大群组，运用 SBM 非期望产出和 Meta-frontier 模型分别测算各省份共同前沿及群组前沿下的农业用水效率及技术落差比，结果如表 3-6 所示。

表 3-6　　　　　　　2000—2016 年中国各省份不同前沿下年均
农业用水效率及技术落差比

东部				中部				西部			
省份	mee	gee	TGR	省份	mee	gee	TGR	省份	mee	gee	TGR
北京	0.9318	1.0000	0.9318	安徽	0.6366	1.0000	0.6366	甘肃	0.7531	0.9847	0.7648
福建	0.7928	0.8936	0.8872	河南	0.9101	1.0000	0.9101	贵州	0.6363	0.6772	0.9397

续表

东部				中部				西部			
省份	mee	gee	TGR	省份	mee	gee	TGR	省份	mee	gee	TGR
广东	0.8905	0.8906	0.9999	湖北	0.9715	1.0000	0.9715	内蒙古	0.5972	0.9149	0.6527
海南	1.0000	1.0000	1.0000	湖南	0.7019	0.7174	0.9783	宁夏	0.4961	0.6456	0.7684
河北	0.7265	0.7376	0.9849	吉林	0.9799	1.0000	0.9799	青海	0.3043	0.4303	0.7072
江苏	0.9005	0.9350	0.9631	江西	0.6020	0.7984	0.7539	陕西	0.9784	1.0000	0.9784
辽宁	0.9206	0.9680	0.9511	山西	0.6213	0.9832	0.6319	四川	0.8017	0.9498	0.8441
山东	0.9914	1.0000	0.9914	黑龙江	0.8325	1.0000	0.8325	西藏	0.2994	0.4697	0.6374
上海	0.9612	0.9776	0.9832	—	—	—	—	新疆	1.0000	1.0000	1.0000
天津	0.8230	0.8423	0.9770					云南	0.5745	0.6992	0.8217
浙江	0.9828	0.9828	1.0000					重庆	1.0000	1.0000	1.0000
—	—	—	—					广西	0.7808	0.9847	0.7930
平均值	0.9019	0.9298	0.9700	平均值	0.7820	0.9374	0.8368	平均值	0.6764	0.7974	0.8286

注：mee 表示共同前沿下的农业用水效率，gee 表示群组前沿下的农业用水效率，TGR 表示技术落差比。

可以看出，共同前沿下农业用水效率由东至西依次递减，表明较东部地区而言，中部、西部农业用水效率距离共同前沿更远；群组前沿下，2000—2016 年年均农业用水效率由高至低依次为中部、东部、西部，与共同前沿下的地区分布规律不同，这进一步说明了分区考察的必要性。对于各省份农业用水效率而言，海南、新疆、重庆的表现最好，这些省份共同前沿及群组前沿下的农业用水效率均为 1；共同前沿下，海南、新疆、重庆年均农业用水效率处于前沿水平，青海表现最差，效率值仅为0.3043，表明存在 69.57% 的效率改善空间；群组前沿下，共有 11 个省份农业用水效率达到前沿水平，分别是东部地区的北京、海南、山东，中部地区的安徽、河南、湖北、吉林、黑龙江，以及西部地区的陕西、新疆、重庆，依旧是青海表现最差，效率值为 0.4303，存在 56.97% 的效率改善空间。

通过对比东部、中部、西部地区的技术落差比可以发现：东部最高，为 0.9700，表明其技术水准达到共同前沿水平的 97%；中部及西部地区则分别达到共同前沿水平的 83.68% 和 82.86%。这可能是由于东部地区经济发展水平高于中西部，引进先进技术的能力较强。在各省份中，海南、浙江、新疆、重庆技术落差比为 1，表明这些省份农业用水技术处于共同前沿水平。安徽技术落差比最低，为 0.6366，表明其技术水平仅达到前沿水平的 63.66%，有较大的技术提升空间。

从共同前沿下农业用水效率变化趋势看（见图 3-7），东部地区农业用水效率最高，但有下降的趋势；中部地区农业用水效率处于全国平均水平，整体呈上升趋势，虽然在 2000—2003 年，中部地区农业用水效率有所下降，但在 2003—2005 年上升幅度较大，此后基本稳定在 0.81 左右；西部地区农业用水效率最低但整体上升幅度最大，除 2000—2003 年有所下降外，2003 年以后呈逐年上升态势，2003—2004 年上升幅度最大；综合来看，东部、中部、西部农业用水效率有逐渐趋同的趋势。群组前沿下（见图 3-8），东部、中部、西部地区农业用水效率均轻微下降。具体来看，中部与东部地区农业用水效率高于全国平均水平，两者曲线相互交错，2000—2009 年中部地区农业用水效率高于东部地区，2010 年东部地区反超中部，且 2010—2016 年始终保持在中部之上；西部地区农业用水效率始终处于最低水平，约为 0.81。

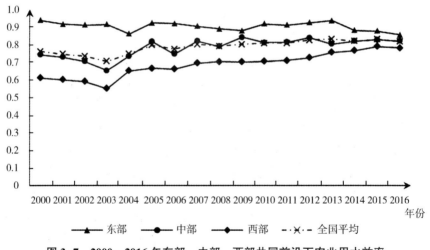

图 3-7　2000—2016 年东部、中部、西部共同前沿下农业用水效率

通过对比不同前沿下各地区的农业用水效率，可以发现中部地区变化较大，共同前沿下，中部地区农业用水效率仅有中等水平，而群组前沿下处于最高水平，原因可能在于中部地区基本都是农业大省，农业生产关乎国计民生，更易获得相关的政策支持。

由图 3-9 可知，东部地区技术落差比在 2000—2009 年接近于 1，说明这期间东部地区技术水平全国领先，而 2009 年之后，东部地区的技术

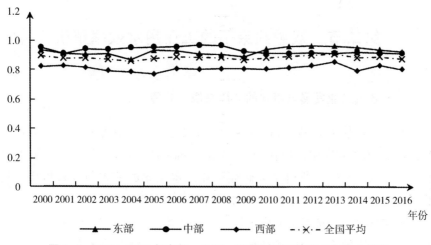

图 3-8　2000—2016 年东部、中部、西部群组前沿下农业用水效率

落差比逐渐下降，在 2014—2016 年甚至低于中部、西部地区，这主要是东部地区共同前沿下农业用水效率下降导致；中部、西部地区技术落差比基本接近，均处于全国较低水平，表明中部、西部地区存在较大的技术短板，2000—2003 年中部、西部地区技术落差比均有所下降，表明技术落差进一步扩大，但 2003 年以来，中部、西部地区技术水平均呈稳步提升的态势，逐渐接近共同前沿水平。

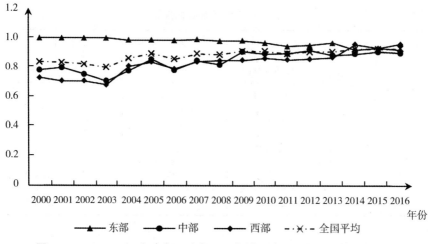

图 3-9　2000—2016 年东部、中部、西部地区农业用水效率技术落差比

第二节　双重约束下的工业用水效率解析

一　区域工业发展与用水的数据来源及处理

本小节将基于 1999—2015 年中国 30 个省份（不包括西藏）的面板数据，利用 SBM 非期望产出模型和 Meta-frontier 模型对各省份工业用水效率进行测算，并根据所得结果研究工业用水效率的演进与分布规律，其次，对区域技术异质性下的工业用水效率进行评析。

研究过程中，选取工业用水量、工业从业人数、工业净资产作为投入要素，工业增加值作为期望产出，工业废水中的 COD 和氨氮排放量作为非期望产出。其中工业用水量数据来自《中国环境统计年鉴》，工业从业人数通过简单运算得到（工业从业人数＝第二产业从业人数－建筑业从业人数），第二产业和建筑业从业人数的相关数据来自《中国统计年鉴》，工业净资产、工业增加值相关数据来自《中国统计年鉴》，其中工业增加值以 1999 年为基期做不变价处理，工业废水中的 COD 和氨氮排放量数据来自《中国环境统计年鉴》，指标选取及数据来源参见表 3-7，各变量的描述性统计参见表 3-8。

表 3-7　　　　　　　　　　投入产出指标及数据来源

	指标	单位	数据来源
投入指标	工业净资产	百亿元	《中国统计年鉴》
	工业从业人数	十万人	《中国统计年鉴》
	工业用水量	亿立方米	《中国环境统计年鉴》
产出指标	工业增加值	百亿元	《中国统计年鉴》
	COD 排放量	万吨	《中国环境统计年鉴》
	氨氮排放量	万吨	《中国环境统计年鉴》

表 3-8　　　　　　　　　　　投入产出变量的描述性统计

		投入		期望产出		非期望产出	
		工业净资产 （百亿元）	工业从 业人数 （十万人）	工业用 水量 （亿立方米）	工业增 加值 （百亿元）	COD 排放量 （万吨）	氨氮 排放量 （万吨）
2000 年	平均值	42.26	42.73	37.95	12.64	21.35	1.39
	标准差	32.80	32.39	32.90	11.15	16.33	1.28
	最大值	143.71	111.53	142.41	43.40	56.77	4.43
	最小值	4.22	2.59	3.7	0.70	1.70	0.03
2005 年	平均值	88.84	50.42	42.82	24.83	18.18	1.48
	标准差	77.58	46.01	43.28	23.27	14.14	1.29
	最大值	301.45	175.00	207.90	93.59	66.44	4.36
	最小值	8.54	3.27	3.17	1.50	1.10	0.06
2010 年	平均值	179.54	59.57	48.20	50.28	14.44	0.91
	标准差	153.38	53.57	44.24	44.46	10.70	0.59
	最大值	593.61	207.84	191.85	182.11	49.27	2.31
	最小值	14.41	4.13	3.26	3.33	0.69	0.04
2015 年	平均值	277.10	63.58	44.45	80.82	9.78	0.72
	标准差	233.32	59.13	47.32	68.41	5.33	0.42
	最大值	923.49	232.65	239.00	270.89	21.87	1.84
	最小值	19.93	5.34	2.90	5.11	0.47	0.03

二　工业用水效率的演进与分布

表 3-9 为 1999—2015 年共同前沿下中国 30 个省（市、自治区）工业用水效率的测算结果。结果表明，我国工业用水效率整体水平较低，1999—2015 年年均效率值约为 0.53，节水潜能巨大。更值得关注的是，我国工业用水效率发展趋势不容乐观。由表 3-9 可知，我国工业用水效率呈现持续下降的态势，1999—2015 年约下降了 49.1%。与此矛盾的是我国正面临水资源短缺的问题，随着工业化进程推进，工业用水需求不断扩大，一方面加剧了水资源负担，制约工业发展；另一方面工业用水对农业用水的挤占威胁到了粮食安全，不利于我国农业可持续发展。因此，探究我国工业用水效率低下的原因，提升工业用水效率意义重大。

表 3-9　　　　　　　1999—2015 年中国 30 个省份工业用水效率

省份	1999 年	2005 年	2010 年	2015 年	1999—2015 年均值
北京	1.0000	1.0000	1.0000	1.0000	1.0000
天津	1.0000	1.0000	1.0000	1.0000	1.0000
河北	1.0000	1.0000	0.6268	0.3559	0.7556
山西	0.9793	0.2945	0.2634	0.2080	0.3592
内蒙古	0.8129	0.7120	1.0000	0.2528	0.8076
辽宁	0.8774	0.4465	0.5572	0.3699	0.6558
吉林	0.5260	0.1622	0.2016	0.1401	0.2361
黑龙江	1.0000	1.0000	1.0000	1.0000	1.0000
上海	1.0000	1.0000	1.0000	1.0000	1.0000
江苏	1.0000	0.4468	0.0996	0.0755	0.4095
浙江	1.0000	0.2731	0.2117	0.2065	0.4583
安徽	0.4250	0.4985	0.4809	0.2267	0.3986
福建	1.0000	0.7412	1.0000	1.0000	0.9050
江西	0.2273	0.4830	0.5853	0.2997	0.4048
山东	1.0000	1.0000	1.0000	1.0000	0.9967
河南	0.8332	0.9530	0.8477	0.4715	0.7035
湖北	0.3022	0.5450	0.4661	0.0676	0.3835
湖南	0.3415	0.5160	0.5849	0.3096	0.4596
广东	1.0000	1.0000	1.0000	0.1758	0.8060
广西	0.2747	0.5394	0.5856	0.3111	0.4732
海南	0.4881	0.1269	0.1083	0.1167	0.2040
重庆	0.4873	0.0910	0.6184	0.1156	0.4061
四川	0.4392	0.1200	0.2509	0.1550	0.2421
贵州	0.4140	0.4255	0.0466	0.0572	0.2555
云南	1.0000	0.1623	0.1075	0.1199	0.3954
陕西	0.9602	0.4938	0.2774	0.2475	0.4179
甘肃	0.3787	0.1107	0.1109	0.1230	0.1596
青海	0.3930	0.0715	0.1393	0.1610	0.1537
宁夏	0.3082	0.1512	0.1202	0.1144	0.1623
新疆	0.7406	0.1929	0.1159	0.1055	0.2275
全国平均	0.7070	0.5186	0.5135	0.3595	0.5279

　　由表 3-9 可知，各省份的工业用水效率分化严重，30 个省份中，有 19 个省份工业用水效率低于 0.5，11 个省份高于 0.65，发展极不均衡。其中，北京、天津、黑龙江及上海的工业用水效率表现最好，每一年都处于前沿水平；青海、甘肃、宁夏工业用水效率最低，1999—2015 年年均值分别为 0.15、0.16 和 0.16，原因可能是这些省份地处西部，经济相对落后，工业节水技术老旧，政府对工业水污染的治理存在资金、技术上的短板。从发展趋势上看，1999—2015 年全国仅江西、广西两个省份实现了工业用水效率的提升，分别增长 31.9% 和 13.2%。北京、天津、黑龙江、上海、福建、山东等省份的工业用水效率整体而言没有变化，稳定在前沿水平，其余 22 个省份的工业用水效率均出现了不同程度的下降。其中，江苏降幅最大，下降了 92.5%，从 1999 年的前沿水平骤降至 2015 年的 0.08，原因可能是江苏水资源丰富，水资源价格较低，节水意识较弱，同时工业是江苏经济发展的重要产业，近年来江苏工业蓬勃发展，而节水技术未得到同步推进，从而导致江苏省工业用水效率急剧下滑。云南、贵州、新疆、广东等省份表现较差，降幅均超过了 80%。

　　考虑到我国经济发展不均衡，地区间工业化程度参差不齐，本书将基于东部、中部、西部的地域划分对我国工业用水效率演变及分布进行对比分析（见图 3-10）。

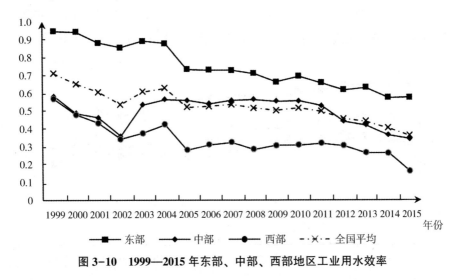

图 3-10　1999—2015 年东部、中部、西部地区工业用水效率

　　由图 3-10 可知，我国工业用水效率呈现由东至西依次递减的非均衡空间分布格局，地区间分化严重，1999—2015 年东部地区工业用水效率年均值为0.74，远高于全国平均水平，中部与西部地区年均效率值分别为0.49和0.34，均低于全国平均水平。此外，我国东部、中部、西部地区工业用水效率均呈下降态势，发展趋势表现较差。通过观察可以发现，1999—2002年东部、中部、西部地区工业用水效率均出现了较大幅度的下降，在此期间我国工业化进入了大发展时期，造成全国整体水平的下降。2002年后，东部地区则呈现逐年下降的态势，整体上下降了39.2%，这主要是由于江苏、广东、浙江、海南等省份用水效率大幅下降。中部、西部地区工业用水效率波动较大，1999—2002年中部、西部地区用水效率基本相同，且2002—2004年两者均有一定幅度的上升，但中部地区上升幅度显著大于西部地区，在此之后，中部地区工业用水效率始终保持在西部地区之上。此外，西部地区在2004—2005年出现了大幅下降，从而进一步拉大了与中部地区间的差距，这主要是重庆、云南、青海等省份的工业用水效率大幅下滑所致。总体而言，中部地区在1999—2015年共下降了41.2%，西部地区共下降了71.6%。

    东部、中部、西部地区工业用水效率之所以存在差异，最主要还是受经济发展水平及技术水平的影响，对比东部、中部、西部地区环境技术效率可以发现（见图3-11），我国环境技术效率的空间分布与时间变化趋势与工业用水效率大体相同，也呈现"东高西低"的阶梯状递减分布，表明东部地区资源利用率、污染减排率高于中西部地区，且三大地区的环境技术效率均逐年递减。这与李占风和张建（2018）的研究结果相同，表

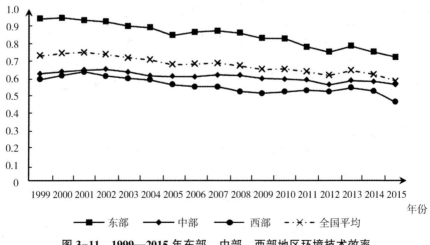

图3-11   1999—2015年东部、中部、西部地区环境技术效率

明我国传统粗放型的工业发展模式没有从根本上实现转变，还普遍存在以资源、环境为代价换取经济增长的现象，这也在一定程度上影响了我国工业用水效率。当然，除技术水平外，还要综合考虑水资源禀赋、水利设施、国家政策支持力度等多方面因素的影响。

三　区域技术异质性下的工业用水效率

本节将全国 31 个省份划分为东部、中部、西部三大地区，运用 SBM 非期望产出模型和 Meta-frontier 模型测算了各省份共同前沿及群组前沿下的工业用水效率及技术落差比，结果如表 3-10 所示。

表 3-10　　　　　1999—2015 年不同前沿下各省份工业用水效率及技术落差比平均值

东部				中部				西部			
省份	mee	gee	TGR	省份	mee	gee	TGR	省份	mee	gee	TGR
北京	1.0000	1.0000	1.0000	安徽	0.4531	0.6262	0.7236	甘肃	0.4409	0.7616	0.5789
福建	0.9165	0.9909	0.9249	河南	0.7297	0.9800	0.7446	贵州	0.4379	0.8642	0.5067
广东	0.8918	0.8922	0.9995	湖北	0.4582	0.4985	0.9193	内蒙古	0.9049	1.0000	0.9049
海南	0.4772	0.4795	0.9952	湖南	0.5561	0.6356	0.8748	宁夏	0.4079	0.5165	0.7897
河北	0.8301	0.8304	0.9996	吉林	0.6332	0.9196	0.6886	青海	0.3672	0.4677	0.7851
江苏	0.6857	0.7085	0.9678	江西	0.4927	0.5156	0.9556	陕西	0.6232	0.9923	0.6280
辽宁	0.8576	0.8885	0.9652	山西	0.5252	0.9751	0.5387	四川	0.5523	0.8653	0.6383
山东	0.9897	1.0000	0.9897	黑龙江	1.0000	1.0000	1.0000	新疆	0.5381	0.6819	0.7892
上海	1.0000	1.0000	1.0000	—	—	—	—	云南	0.6800	0.8910	0.7632
天津	1.0000	1.0000	1.0000	—	—	—	—	重庆	0.5765	0.8048	0.7164
浙江	0.6856	0.6865	0.9987	—	—	—	—	广西	0.5533	1.0000	0.5533
平均值	0.8486	0.8615	0.9855	平均值	0.6060	0.7688	0.8057	平均值	0.5529	0.8041	0.6958

注：mee 表示共同前沿下的工业用水效率，gee 表示群组前沿下的工业用水效率，TGR 表示技术落差比。

可以看出，共同前沿下工业用水效率由东至西依次递减且地区间差异较大，东部地区最高，为 0.8486，尚存在 15.14% 的效率改善空间，西部地区最低，为 0.5529，存在 44.71% 的效率改善空间，节水潜力巨大；群组前沿下，工业用水效率由高至低依次为东部、西部和中部，与共同前沿下的地区分布略有不同，这也是分区考察的意义所在。对于各省份工业用水效率而言，共同前沿下，仅北京、上海、天津、黑龙江 4 个省市工业用水效率处于前沿水平，有 8 个省份（主要集中在西部）工业用水效率在 0.5 以下，表明我国各地区工业用水效率发展不均衡，工业用水粗放、工业供水利用不充分的现象依旧普遍存在。这可能是由于工业节水技术落后、节水意识较差、产业结构不合理等一系列原因的影响，青海表现最差，效率值仅为 0.3672，效率改善空间广阔。群组前沿下，北京、山东、上海、天津、黑龙江、内蒙古及广西 7 个省份工业用水效率达到前沿水平，依旧是青海表现最差，效率值为 0.4677，存在 53.23% 的效率改善空间。

　　通过对比东部、中部、西部地区的技术落差比可以发现，东部最高，为 0.9855，表明其技术水准达到共同前沿水平的 98.55%，中部及西部地区则分别达到共同前沿水平的 80.57% 和 69.58%，表明我国地区间技术水平差异较大，尤其是西部地区，存在较大技术落差，阻碍了当地工业用水效率的提升。在各省份中，北京、上海、天津、黑龙江技术落差比为 1，表明这些省份农业用水技术处于共同前沿水平，贵州技术落差比最低，为 0.5067，表明其技术水平仅达到前沿水平的 50.67%，这可能与贵州经济落后、引进先进技术的能力较低有关。

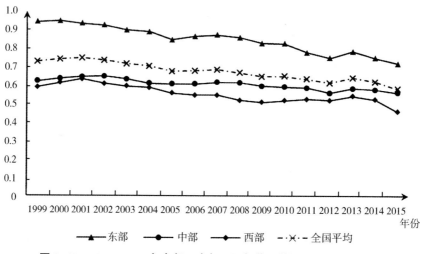

图 3-12　1999—2015 年东部、中部、西部共同前沿下工业用水效率

　　由图 3-12 可知，共同前沿下东部、中部、西部地区工业用水效率均呈下降趋势。这可能与我国工业化进程加快有关。1999—2015 年，东部

地区工业用水效率下降最快，下降 23.7%；中部地区波动相对较小，有
轻微下降；西部地区处于全国最低水平，且有进一步恶化的趋势，阻碍了
我国工业用水效率的提升，应引起足够重视。群组前沿下（见图 3-13），
东部、中部、西部地区农业用水效率均有不同程度的下降，其中东部地区
下降幅度最大，1999—2013 年东部工业用水效率全国最高，2013—2015
年降为全国最低水平；中部地区波动较大，1999—2013 年，中部地区工
业用水效率处于垫底水平，但 2014—2015 年处于最高水平，这主要是由
于中部地区用水效率在 2012—2014 年有了大幅改善。

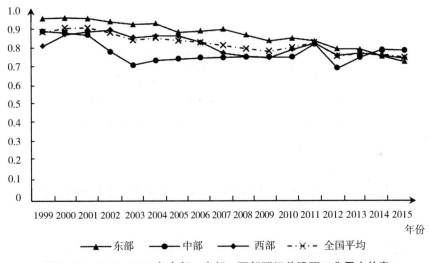

图 3-13　1999—2015 年东部、中部、西部群组前沿下工业用水效率

　　通过对比不同前沿下各地区的工业用水效率，可以发现，西部地区变
化较大。共同前沿下，西部地区 1999—2015 年工业用水效率年均值仅为
0.55，处于最低水平，而群组前沿下其工业用水效率年均值约为 0.80，
处于全国中等水平。这一方面可能由于西部先天水资源条件较差，节水意
识较强有关，另一方面可能与国家推行西部大开发政策有关。

　　由图 3-14 可知，东部地区技术落差比在 1999—2015 年基本稳定在 1
左右，说明这期间东部地区技术始终处于全国最高水平，起着示范作用；
中部地区技术落差比波动较大，1999—2001 年，与西部地区基本相同，
均处于全国较低水平，2001—2003 年实现较大增长，此后基本稳定在全
国平均水平，但 2012 年以来又呈现下降的趋势；西部地区技术落差比最
低且走势相对平稳，基本维持在 0.69 左右，表明西部地区技术缺陷较大，

且技术进步迟缓，制约了该地区工业用水效率的提升，这可能与西部地区经济水平偏低、工业化发达程度较差有关。

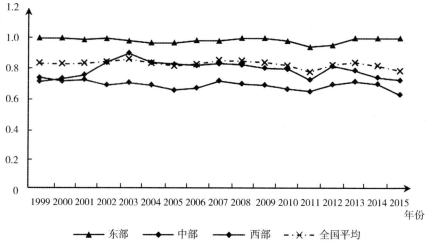

图 3-14　1999—2015 年东部、中部、西部地区工业用水效率技术落差比

第三节　双重约束下的工业行业用水效率解析

根据《中国统计年鉴》的工业行业分类，本书将工业分为 37 个行业，并基于 1997—2015 年 37 个工业行业的面板数据，利用 SBM 非期望产出模型对工业细分行业用水效率进行测算。所得结果如表 3-11 所示。

表 3-11　　　　　　　　　1997—2016 年工业行业用水效率

	1997 年		2007 年		2016 年		1997—2016 年平均	
	用水效率	环境技术效率	用水效率	环境技术效率	用水效率	环境技术效率	用水效率	环境技术效率
煤炭开采和洗选业	0.47	0.06	0.40	0.04	0.39	0.03	0.41	0.04
石油和天然气开采业	0.76	0.38	0.44	0.11	0.38	0.03	0.51	0.18
黑色金属矿采选业	0.36	0.03	0.36	0.02	0.35	0.02	0.36	0.02
有色金属矿采选业	0.38	0.04	0.36	0.03	0.36	0.02	0.37	0.03
非金属矿采选业	0.41	0.05	0.37	0.03	0.37	0.02	0.38	0.03
农副食品加工业	0.50	0.14	0.40	0.06	0.39	0.03	0.42	0.08

续表

	1997 年		2007 年		2016 年		1997—2016 年平均	
	用水效率	环境技术效率	用水效率	环境技术效率	用水效率	环境技术效率	用水效率	环境技术效率
食品制造业	0.48	0.10	0.39	0.06	0.39	0.04	0.41	0.06
饮料制造业	0.80	0.25	0.39	0.08	0.41	0.07	0.46	0.11
烟草制品业	1.00	1.00	1.00	1.00	1.00	1.00	1.00	1.00
纺织业	0.45	0.05	0.41	0.04	0.41	0.03	0.43	0.04
纺织服装、鞋、帽制造业	0.84	0.33	0.60	0.23	0.65	0.23	0.72	0.25
皮革、毛皮、羽毛（绒）及其制品业	1.00	1.00	0.44	0.13	0.46	0.11	0.53	0.26
木材加工及木、竹、藤、棕、草制品业	0.76	0.29	0.46	0.15	0.50	0.13	0.52	0.18
家具制造业	0.52	0.23	0.93	0.34	0.30	0.27	0.69	0.35
造纸及纸制品业	0.49	0.05	0.48	0.04	0.48	0.02	0.48	0.04
印刷业和记录媒介的复制	0.65	0.27	1.00	0.43	0.90	0.32	0.90	0.44
文教体育用品制造业	1.00	1.00	0.68	0.31	0.75	0.29	0.85	0.56
石油加工、炼焦及核燃料加工业	0.48	0.13	0.46	0.05	0.46	0.02	0.46	0.07
化学原料及化学制品制造业	0.46	0.04	0.46	0.04	0.46	0.03	0.46	0.04
医药制造业	0.52	0.10	0.50	0.09	0.51	0.06	0.51	0.09
化学纤维制造业	0.47	0.06	0.46	0.06	0.46	0.05	0.46	0.06
橡胶和塑料制品业	0.69	0.13	0.64	0.10	0.65	0.09	0.66	0.11
非金属矿物制品业	0.60	0.09	0.52	0.05	0.53	0.04	0.54	0.06
黑色金属冶炼及压延加工业	0.47	0.05	0.46	0.06	0.46	0.03	0.46	0.05
有色金属冶炼及压延加工业	0.48	0.06	0.48	0.07	0.50	0.05	0.49	0.06
金属制品业	1.00	0.76	0.66	0.11	0.69	0.10	0.77	0.18
通用设备制造业	0.86	0.18	0.80	0.16	0.91	0.18	0.85	0.17
专用设备制造业	0.86	0.18	0.74	0.14	0.84	0.16	0.78	0.15
汽车制造业	0.86	0.22	0.64	0.33	1.00	0.49	0.79	0.35
铁路、船舶、航空航天和其他运输设备制造业	0.79	0.46	0.49	0.28	0.59	0.25	0.66	0.40

续表

	1997 年		2007 年		2016 年		1997—2016 年平均	
	用水效率	环境技术效率	用水效率	环境技术效率	用水效率	环境技术效率	用水效率	环境技术效率
电气机械及器材制造业	0.40	0.24	1.00	1.00	1.00	1.00	0.84	0.75
通信设备、计算机及其他电子设备制造业	1.00	1.00	0.55	0.30	0.52	0.24	0.74	0.53
仪器仪表及文化、办公用机械制造业	0.40	0.21	0.45	0.12	0.50	0.11	0.47	0.14
电力、热力的生产和供应业	0.49	0.11	0.48	0.07	0.49	0.05	0.48	0.07
燃气生产和供应业	0.49	0.01	0.50	0.04	0.51	0.05	0.50	0.04
水的生产和供应业	0.65	0.10	0.50	0.02	0.50	0.01	0.52	0.03
其他行业	0.58	0.18	0.54	0.08	0.57	0.08	0.56	0.11
平均值	0.64	0.26	0.55	0.17	0.56	0.16	0.58	0.19

由表 3-11 可知，工业行业之间工业用水效率差异明显。1997—2016年我国工业细分行业用水效率平均值为 0.58，共有 24 个细分行业低于平均水平，仅有 13 个细分行业高于平均水平，表明我国工业行业用水效率情况整体较差且行业间差距较大。其中，烟草制品业工业用水效率最高，是我国唯一达到前沿水平的行业，原因可能是烟草制品业利润较高，企业经济实力较强，有能力率先投入先进生产技术或节水技术，从而保持前沿的用水效率。印刷业和记录媒介的复制、文教体育用品制造业、通用设备制造业、电气机械及器材制造业的用水效率较高，年均值均在 0.8 以上。与此相对，黑色金属矿采选业用水效率最低，年均值为 0.36。此外，有色金属矿采选业、非金属矿采选业、煤炭开采和洗选业、食品制造业、农副食品加工业及纺织业用水效率较低，均未超过 0.45。可以发现，采选业用水效率普遍偏低，这可能与行业性质有关，采选业生产过程中主要包括选矿生产用水及采矿生产用水，属于高耗水产业，因此提升用水效率难度较大，但采选生产技术的突破将带来极大的用水效率提升。对比环境技术效率的行业分布情况，基本与行业用水效率相一致，1997—2016 年工业细分行业环境技术效率平均值为 0.19。其中，烟草制品业为 1，处于全国最高水平，黑色金属矿采选业环境技术效率最低，仅为 0.02，表明烟草制品业已实现集约化生产而黑色金属矿采选业的工业模式依旧粗放。

从整体上看，我国工业用水效率及环境技术效率呈下降趋势，降幅为12.7%，1997 年有 5 个细分行业用水效率处于前沿水平，2016 年仅有 3 个细分行业处于前沿水平。虽然整体变化趋势较差，但各行业变化情况不尽相同，部分行业，如电气机械及器材制造业，印刷业和记录媒介的复制，仪器仪表及文化、办公用机械制造业，汽车制造业，通用设备制造业，有色金属冶炼及压延加工业，燃气生产和供应业等的工业用水效率则实现了逆势上涨，其中电气机械及器材制造业的用水效率涨幅最大，从0.40 上升至 1，实现了质的飞跃。关于环境技术效率，共有 7 个细分行业实现了效率提升，其中燃气生产和供应业、电气机械及器材制造业的涨幅最大。虽然燃气生产和供应业涨幅最大，但其绝对环境技术效率水平依旧处于低位，2016 年效率值仅为 0.05，而电气机械及器材制造业涨幅虽居第二位，但其环境技术效率值从 0.24 上升至 1，综合来看，电气机械及器材制造业经济发展模式较好，这也在一定程度上解释了该细分行业用水效率大幅提升的原因。

图 3-15 表明，环境技术效率与工业用水效率之间存在一定的正相关关系。一般而言，环境技术效率越高，表明该地区资源利用率越高，能源、环境与工业增长间的关系越协调，工业用水效率也相应较高；反之亦然。如烟草制品业的用水效率及环境技术效率均处于前沿水平，黑色金属矿采选业、有色金属采选业的用水效率及环境技术效率居列全国末位。当然，也存在部分行业的用水效率与环境技术效率相背离的现象，如印刷业

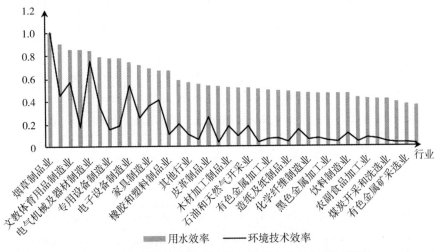

图 3-15　1997—2016 年各工业行业用水效率及环境技术效率

和记录媒介的复制、文教体育用品制造业、通用设备制造业以及专用设备制造业等行业环境技术效率较低，但工业用水效率较高，原因可能是该行业节水技术较先进，能源使用效率较低或污染排放强度较大。

第四节　区域农业全要素用水效率的分解与演化

一　区域农业全要素用水效率的分解及分析

为了观察我国 31 个省份农业用水效率在 2000—2016 年的动态变化，本书引入 Malmquist 模型，对各省份农业全要素用水效率进行分解，具体情况如表 3-12 所示。

表 3-12　　2000—2016 年中国 31 个省份农业全要素用水效率及其分解指标

省份	2000—2005 年			2005—2010 年			2010—2016 年			2000—2016 年		
	TFP	EFF	TECH	TFP	EFF	TECH	TFP	EFF	TECH	TFP	EFF	TECH
安徽	1.02	0.98	1.04	1.06	1.00	1.06	1.07	1.00	1.07	1.05	0.99	1.06
北京	1.02	1.00	1.02	1.05	1.00	1.05	1.06	0.96	1.10	1.04	0.99	1.06
福建	0.99	0.96	1.04	1.06	0.99	1.07	1.09	0.99	1.10	1.05	0.98	1.07
甘肃	1.07	1.05	1.02	1.11	1.05	1.06	1.12	1.03	1.09	1.10	1.04	1.06
广东	1.07	1.09	0.99	1.07	1.00	1.07	1.09	1.00	1.09	1.08	1.03	1.05
广西	1.07	1.12	0.96	1.05	0.95	1.10	1.04	0.98	1.06	1.05	1.01	1.04
贵州	1.04	0.99	1.05	1.11	1.03	1.08	1.16	1.10	1.06	1.11	1.04	1.06
海南	1.01	1.00	1.01	1.05	1.00	1.05	1.07	1.00	1.07	1.04	1.00	1.04
河北	1.06	1.02	1.04	1.10	1.02	1.08	1.04	0.97	1.06	1.06	1.00	1.06
河南	1.04	1.00	1.04	1.08	1.00	1.08	1.09	1.00	1.09	1.07	1.00	1.07
黑龙江	1.09	1.14	0.95	1.05	0.94	1.11	1.18	1.05	1.13	1.11	1.04	1.06
湖北	1.02	1.00	1.02	1.09	1.00	1.09	1.05	1.00	1.05	1.05	1.00	1.05
湖南	1.05	1.03	1.02	1.10	1.03	1.06	1.05	1.00	1.05	1.06	1.02	1.05
吉林	1.06	1.01	1.05	1.03	1.00	1.03	1.05	0.98	1.07	1.05	1.00	1.05
江苏	1.00	0.97	1.03	1.07	0.99	1.07	1.11	1.01	1.10	1.06	0.99	1.07
江西	1.02	1.01	1.02	1.05	0.96	1.10	1.05	1.01	1.04	1.04	0.99	1.05

续表

省份	2000—2005 年			2005—2010 年			2010—2016 年			2000—2016 年		
	TFP	EFF	TECH	TFP	EFF	TECH	TFP	EFF	TECH	TFP	EFF	TECH
辽宁	1.03	0.98	1.05	1.06	1.00	1.06	1.08	1.02	1.06	1.06	1.00	1.06
内蒙古	1.02	1.03	0.99	1.03	1.01	1.02	1.09	0.96	1.14	1.05	0.99	1.05
宁夏	1.04	1.03	1.01	1.11	1.06	1.05	1.10	1.01	1.10	1.09	1.03	1.05
青海	1.07	1.01	1.06	1.14	1.09	1.04	1.09	1.03	1.06	1.10	1.04	1.06
山东	1.05	1.00	1.05	1.08	1.00	1.08	1.04	0.99	1.06	1.06	0.99	1.06
山西	1.04	0.99	1.05	1.13	1.04	1.09	1.07	0.98	1.09	1.08	1.02	1.06
陕西	1.04	1.00	1.04	1.14	1.00	1.14	1.09	1.00	1.09	1.09	1.00	1.09
上海	1.04	1.00	1.04	1.08	1.00	1.08	1.03	0.94	1.09	1.05	0.98	1.07
四川	1.07	1.02	1.05	1.11	1.03	1.08	1.07	1.01	1.06	1.08	1.02	1.06
天津	1.05	0.97	1.08	1.06	0.99	1.07	1.05	0.98	1.07	1.05	0.98	1.07
西藏	0.96	0.93	1.03	1.00	0.98	1.02	1.01	0.96	1.06	0.99	0.96	1.04
新疆	1.05	1.00	1.05	1.11	1.00	1.11	1.07	1.01	1.05	1.07	1.01	1.07
云南	1.06	1.01	1.05	1.10	1.02	1.07	1.19	1.12	1.06	1.12	1.05	1.06
浙江	1.07	1.00	1.07	1.11	1.00	1.11	1.10	1.00	1.10	1.09	1.00	1.09
重庆	1.05	1.00	1.05	1.08	1.00	1.08	1.06	1.00	1.06	1.06	1.00	1.06
平均值	1.04	1.01	1.03	1.08	1.01	1.07	1.08	1.00	1.08	1.07	1.01	1.06

注：TFP 指农业全要素用水效率，EFF 指用水效率变化指数，TECH 指技术进步指数。

由表 3-12 可知，除西藏外，其余 30 个省份在 2000—2016 年年均农业全要素用水效率指数均大于 1，表明 2000 年以来，我国农业全要素用水效率整体呈上升趋势。根据用水效率变化指数及技术进步指数均值的大小可判断，技术进步是农业全要素用水效率提升的主要驱动因素，用水效率的贡献则相对较弱。在所有省份中，云南农业全要素用水效率提升最快，以年均 12% 的速度增长，西藏表现最差，是唯一农业全要素用水效率下降的省份。进一步分析可知，西藏年均技术进步指数大于 1，而用水效率变化指数为 0.96，表明西藏农业全要素用水效率的下降是由于该地区用水效率低下，存在广阔的提升空间。

通过对比不同时间段各省份农业全要素用水效率指数及其分解指标，可以发现：2000—2005 年，受技术进步影响，我国农业全要素用水效率有所提升。其中，福建、西藏农业全要素用水效率出现下降，主要是用水效率低下所致，其余省份农业全要素用水效率均有所提升，其中黑龙江上升最快，年均指数为 1.09，而黑龙江用水效率变化指数与技术进步指数分别为 1.14、0.95，表明该省技术水平下行，全要素用水效率的提升来自用水效率增加的贡献。在 2005—2010 年，全国平均农业全要素用水效率指数为 1.08，相比于 2000—2005 年，增长速度加快，除西藏农业全要素用水效率保持不变外，其余省份均有所提升，陕西、青海两省增长最快，农业全要素用水效率指数均为 1.14，究其原因，陕西受益于该地区技术进步，青海则主要受益于用水效率的提升。2010—2016 年，全国平均农业全要素用水效率以之前的速度稳定增长，且所有省份的农业全要素用水效率均实现了不同程度的提升，西藏提升最慢，年均增幅为 1%，其用水效率指数为 0.96，技术进步指数为 1.06，表明西藏技术进步较快，是其农业全要素用水效率的主要驱动因素，然而由于用水效率低下，整体拉低了其农业全要素用水效率，应有针对性地进行改善。陕西农业全要素用水效率增长最快，年均增长幅度为 19%，用水效率及技术进步都做出了一定贡献，但用水效率的提升更快，是该省农业全要素用水效率增长的主要源泉。

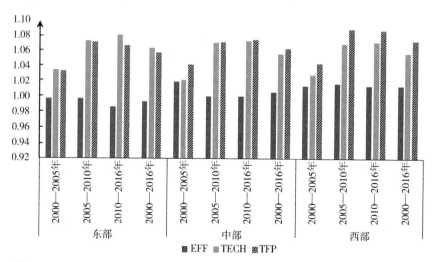

图 3-16　2000—2016 年东部、中部、西部地区农业全要素用水效率指数及其分解

　　由于现阶段我国依旧存在地区发展不均衡的问题，东部、中部、西部地区在经济发展速度上依旧存在较大差异，因此有必要进行分地区讨论。

图 3-16 直观展示了 2000—2005 年、2005—2010 年以及 2010—2016 年三个时间段以及 2000—2016 年整体的东部、中部、西部地区农业全要素用水效率指数、用水效率指数及技术进步指数的变化情况。由图 3-16 可知，2000—2016 年，农业全要素用水效率指数从大到小依次排列为西部、中部、东部，表明西部地区农业全要素用水效率提升最快而东部最慢。经分析：东部、中部、西部地区技术进步指数均大于 1，表明我国技术水平在全国范围内有所提升，中部和西部地区技术进步速度基本相同，东部地区技术进步显著快于中部、西部地区；用水效率指数呈现"西高东低"的分布规律，表明西部地区水资源利用率提升较快，值得注意的是，东部地区用水效率指数小于 1，表明东部地区在水资源利用效率上有所退步，这也是东部地区农业全要素用水效率在各地区中增长最慢的原因所在。通过对比各时间段地区发展状况可知：2000—2005 年，中部、西部地区农业全要素用水效率增长较快，西部地区增长主要受益于技术进步，中部地区则受用水效率提升及技术进步的共同影响，而东部地区虽然技术进步最快，但用水效率有所下降，因此农业全要素用水效率增长最慢；2005—2010 年，东部、中部、西部地区农业全要素用水效率指数均有了大幅提升，表明在此期间我国农业全要素用水效率增长速度明显加快，尤其是西部地区，年均增长速度接近 9%，这主要归因于技术水平的快速进步；2010—2016 年，西部地区农业全要素用水效率以之前的速度稳定增长，在各地区中增长最快，这主要来自西部地区技术进步的贡献，东部地区农业全要素用水效率指数最低，表明在此期间东部地区农业全要素用水效率增长最慢，且相比于 2005—2010 年，农业全要素用水效率增速进一步放缓。由图 3-10 可知，东部地区技术进步指数在各区中最高，但用水效率指数小于 1，且相比上一时间段有所降低，表明东部地区用水效率低下且有进一步恶化的趋势，解决东部地区用水效率退步的问题对提升东部地区农业全要素用水效率有重要意义。

二 区域粮食全要素用水效率的分解及分析

粮食生产是农业生产的最主要部分，粮食全要素用水效率的提升将有利于农业全要素用水效率的改善。为探寻粮食全要素用水效率变化的驱动因素，本部分基于 Malmquist 模型，对各省份粮食全要素用水效率进行分解，具体情况如表 3-13 所示。

表 3-13　　　2000—2014 年中国 31 个省份粮食全要素用水效率及其分解指标

省份	2000—2005 年			2005—2010 年			2010—2014 年			2000—2014 年		
	TFP	EFF	TECH	TFP	EFF	TECH	TFP	EFF	TECH	TFP	EFF	TECH
安徽	1.00	0.98	1.02	1.08	1.09	0.99	1.03	1.00	1.03	1.04	1.02	1.01
北京	0.92	0.86	1.07	1.01	1.04	0.97	0.94	0.96	0.98	0.96	0.95	1.01
福建	0.87	0.87	1.01	0.97	0.94	1.03	1.00	1.00	1.00	0.94	0.93	1.01
甘肃	1.00	0.97	1.03	1.02	1.03	0.99	1.09	1.03	1.06	1.03	1.01	1.03
广东	0.97	0.91	1.07	0.98	1.02	0.96	1.00	1.01	0.99	0.98	0.98	1.00
广西	0.97	0.92	1.05	0.95	0.99	0.96	0.98	0.98	1.00	0.97	0.96	1.00
贵州	1.01	0.95	1.07	0.99	1.02	0.97	1.02	1.03	0.99	1.01	1.00	1.01
海南	0.94	0.88	1.06	1.00	1.02	0.98	1.01	1.00	1.01	0.98	0.96	1.02
河北	1.00	0.91	1.10	1.01	1.06	0.94	1.06	0.99	1.08	1.02	0.99	1.03
河南	1.03	0.94	1.10	1.00	0.99	1.00	1.10	1.09	1.01	1.04	1.00	1.04
黑龙江	1.01	1.00	1.01	1.11	1.00	1.11	1.02	1.00	1.02	1.05	1.00	1.05
湖北	0.95	0.88	1.08	0.99	1.01	0.98	0.98	0.99	0.99	0.97	0.96	1.02
湖南	0.98	0.92	1.07	0.98	1.01	0.97	1.00	1.00	0.99	0.99	0.97	1.01
吉林	1.06	1.00	1.06	0.98	1.00	0.98	1.01	1.00	1.01	1.02	1.00	1.02
江苏	0.95	1.00	0.95	1.00	1.00	1.00	1.02	0.93	1.09	0.98	0.98	1.00
江西	0.96	1.00	0.96	1.00	1.00	1.00	0.98	1.00	0.98	0.98	1.00	0.98
辽宁	1.05	0.99	1.07	0.97	1.00	0.97	0.98	0.98	1.00	1.00	0.99	1.01
内蒙古	1.01	0.94	1.07	1.00	0.97	1.02	1.10	1.06	1.04	1.03	0.98	1.05
宁夏	0.96	1.07	0.90	1.03	1.00	1.03	1.02	0.93	1.10	1.00	1.00	1.00
青海	1.04	0.97	1.07	0.99	1.01	0.98	1.00	1.00	1.01	1.01	0.99	1.02
山东	0.99	0.89	1.11	1.04	1.07	0.98	1.00	0.97	1.03	1.01	0.97	1.04
山西	1.05	1.02	1.03	1.09	1.11	0.99	1.07	1.00	1.07	1.07	1.04	1.03
陕西	0.92	0.92	1.01	1.06	1.09	0.97	0.99	0.89	1.11	0.99	0.97	1.02
上海	0.92	0.88	1.04	1.03	1.03	0.99	0.99	0.93	1.06	0.98	0.95	1.03
四川	0.99	0.93	1.07	0.98	1.00	0.97	0.99	0.99	0.99	0.98	0.97	1.01
天津	1.03	0.94	1.10	0.99	1.00	0.99	0.99	0.99	1.00	1.01	0.98	1.03
西藏	0.97	0.93	1.05	0.92	0.91	1.00	0.99	0.97	1.01	0.96	0.95	1.01
新疆	0.97	1.00	0.97	1.05	1.04	1.01	1.01	0.90	1.13	1.01	0.97	1.04
云南	1.01	0.93	1.08	1.02	1.03	0.98	1.35	1.32	1.02	1.10	1.07	1.03
浙江	0.80	0.84	0.95	0.96	0.96	1.00	0.96	0.93	1.04	0.90	0.91	0.99
重庆	0.99	1.00	0.99	1.01	1.00	1.01	0.94	1.00	0.94	0.98	1.00	0.98
全国平均	0.98	0.94	1.04	1.00	1.02	0.99	1.02	0.99	1.03	1.00	0.98	1.02

注：TFP 指农业全要素用水效率，EFF 指用水效率变化指数，TECH 指技术进步指数。

　　由表 3-13 可知，我国粮食全要素用水效率整体表现不尽如人意。2000—2014 年全国平均粮食全要素用水效率指数为 1，表明我国粮食全要素用水效率几乎没有发生变化，这主要是由于用水效率的退步抵消了技术进步的正向效果。当然，我国各省份的粮食全要素用水效率发展情况表现不一。在此期间共 16 个省份粮食全要素用水效率指数大于 1，其中云南上升最快，原因主要是该省用水效率有了较大幅度的提升，同时也存在一定的技术进步。此外，有 15 个省份粮食全要素用水效率指数小于 1，其中浙江指数最小，表明浙江粮食全要素用水效率下降最快，这主要归因于该省用水效率退步，同时技术水平也有轻微的下降。

通过对比不同时间段各个省份粮食全要素用水效率指数的变化，可以发现，2000—2005 年我国平均粮食全要素用水效率有所下降，这主要是由于用水效率降低的负向作用大于技术进步的正向作用。在此期间，仅 13 个省份粮食全要素用水效率指数大于 1，其中吉林表现最好，其粮食全要素用水效率以年均 6%的速度增长，这主要来自该省技术进步的贡献。18 个省份出现了粮食全要素用水效率下降的情况，浙江表现最差，其粮食全要素用水效率指数仅为 0.8，原因是该省用水效率及技术水平均有所下降，且用水效率退步的负向作用更大。2005—2010 年，我国平均粮食全要素用水效率保持不变，这是由我国用水效率有所提升，但技术水平有所退步，两者效用相互抵消所致。在此期间，共 16 个省份粮食全要素用水效率指数大于 1，比上一时期有所进步，其中黑龙江表现最好，其粮食全要素用水效率以年均 11%的速度增长，且增长动力全部来源于技术进步；15 个省份粮食全要素用水效率下降，西藏表现最差，这是由于西藏的用水效率及技术水平都出现了较大幅度的下降。2010—2014 年，我国平均粮食全要素用水效率指数大于 1，表明我国粮食全要素用水效率有所提升，这主要归功于技术进步，在此期间 19 个省份粮食全要素用水效率指数大于 1，其中云南表现最好，其粮食全要素用水效率以年均 35%的速度高速增长，这主要归功于用水效率的快速提升以及技术水平的轻微进步；12 个省份粮食全要素用水效率有所下降，在省份数量上相比过去有所减少，其中北京粮食全要素用水效率指数为 0.94，在各省份中表现最差，这主要是由用水效率下降及技术退步共同导致。

图 3-17 呈现了 2000—2005 年、2005—2010 年以及 2010—2014 年三个时间段以及 2000—2014 年整体的东部、中部、西部地区粮食全要素用水效率指数、用水效率指数及技术进步指数的变化情况。2000—2016 年，各地区按粮食全要素用水效率指数从大到小排列依次为中部、西部和东

部，且东部地区粮食全要素用水效率指数小于 1，中部地区粮食全要素用水效率提升快于西部地区，而东部地区有所下降。进一步分析可知，东部、中部、西部地区技术进步指数均大于 1，表明各地区均实现了粮食生产方面的技术进步，且中部地区进步最快，这也是中部地区粮食全要素用水效率增长速度处于全国领先水平的主要动力。此外，各地区用水效率指数均小于 1，表明我国粮食生产用水效率在全国范围内有所下降，尤其是东部地区下降幅度较大，这可能与东部地区水资源丰裕，节水意识薄弱有关。

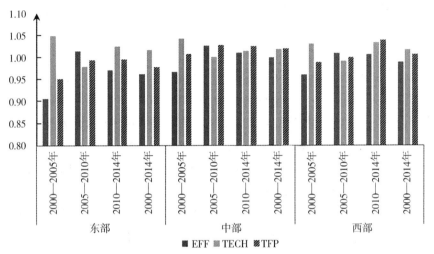

图 3-17 2000—2014 年东部、中部、西部地区粮食全要素用水效率指数及其分解

通过对比各时间段不同地区的发展状况，可以发现：2000—2005 年，中部地区粮食全要素用水效率指数略大于 1，西部与东部地区粮食全要素用水效率指数均小于 1，表明我国粮食全要素用水效率发展整体较差。经分析可知，在此期间东部、中部、西部地区用水效率均有所下降，技术水平均有所提升，但西部地区技术进步的正向效应大于用水效率降低的负向效应①，在两者综合作用下粮食全要素用水效率有轻微提升，但东部地区用水效率降幅较大，而中部地区技术进步较慢。综合而言，两者技术进步的正向效应均小于用水效率降低的负向效应，因此造成其粮食全要素用水效率的下降。2005—2010 年，东部、中部、西部地区粮食全要素用水效

---

① 正向效应指有利于降低水耗，负向效应指不利于降低水耗。

率指数变化不大，依旧呈现中部地区大于1，西部与东部地区小于1的分布规律，但中部地区年均增长速度有所提升，西部与东部地区的下降速度有所放缓。对比上一时期，粮食全要素用水效率变化的驱动因素发生了转变，在此期间，三大地区的用水效率指数均大于1，表明各地区用水效率有所提高，但东部与西部地区技术进步指数小于1，中部地区技术进步指数约等于1，表明我国整体的技术水平有所下降。因此，2005—2010年，中部地区粮食全要素用水效率的上升主要由用水效率提升驱动，东部与西部地区粮食全要素用水效率的下降则是受技术退步的影响。2010—2014年，西部与中部地区粮食全要素用水效率指数大于1，东部地区粮食全要素用水效率指数依旧小于1，表明西部地区在提升粮食全要素用水效率方面取得了显著成效。这主要是由于西部地区用水效率及技术水平均有所提升，其中技术进步带来的贡献更大，中部地区粮食全要素用水效率的增长是受用水效率及技术进步的共同驱动，中部地区虽然存在技术进步，但用水效率下降较快，因此在此期间粮食全要素用水效率有所退步。

第五节　工业全要素用水效率的 Malmquist 分解

一　工业全要素用水效率

为研究我国各省份工业全要素用水效率变化情况及其驱动因素，本节基于 Malmquist 模型，对各省份工业全要素用水效率进行分解，具体情况如表 3-14 所示。

表 3-14 1999—2015 年中国 30 个省份工业全要素用水效率及其分解指标

省份	1999—2005 年			2005—2010 年			2010—2015 年			1999—2015 年		
	TFP	EFF	TECH	TFP	EFF	TECH	TFP	EFF	TECH	TFP	EFF	TECH
安徽	1.01	0.97	1.04	1.06	1.00	1.06	1.07	1.01	1.06	1.04	0.99	1.05
北京	1.01	1.00	1.01	1.20	1.00	1.20	1.08	1.00	1.08	1.09	1.00	1.09
福建	1.00	0.95	1.05	1.06	1.06	1.00	1.16	1.00	1.16	1.07	1.00	1.07
甘肃	1.08	1.05	1.03	1.05	0.98	1.07	1.04	0.98	1.07	1.06	1.00	1.05
广东	1.05	1.00	1.05	1.04	1.00	1.04	1.02	0.87	1.18	1.04	0.96	1.08
广西	1.04	1.00	1.04	1.04	0.99	1.06	1.07	1.02	1.06	1.05	1.00	1.05

续表

省份	1999—2005 年			2005—2010 年			2010—2015 年			1999—2015 年		
	TFP	EFF	TECH	TFP	EFF	TECH	TFP	EFF	TECH	TFP	EFF	TECH
贵州	1.04	0.99	1.05	1.03	0.99	1.04	1.05	0.94	1.11	1.04	0.98	1.07
海南	1.07	0.98	1.10	1.08	1.01	1.06	1.02	0.96	1.07	1.06	0.98	1.08
河北	1.04	1.00	1.04	1.00	0.93	1.08	1.02	0.93	1.09	1.02	0.96	1.07
河南	1.05	1.02	1.02	1.04	0.97	1.07	1.05	0.96	1.09	1.05	0.99	1.06
黑龙江	1.11	1.00	1.11	1.08	1.00	1.08	1.05	1.00	1.05	1.08	1.00	1.08
湖北	1.04	1.01	1.03	1.06	0.99	1.08	1.06	1.01	1.05	1.05	1.00	1.05
湖南	1.03	1.00	1.03	1.06	1.01	1.05	1.06	1.01	1.05	1.05	1.01	1.04
吉林	1.07	0.99	1.08	1.08	1.02	1.06	1.04	0.96	1.08	1.06	0.99	1.07
江苏	1.01	0.92	1.10	1.05	0.98	1.07	1.05	0.97	1.08	1.04	0.96	1.08
江西	1.05	1.01	1.04	1.09	1.03	1.05	1.06	1.01	1.06	1.07	1.01	1.05
辽宁	1.06	0.99	1.07	1.07	1.01	1.06	1.03	0.94	1.10	1.05	0.98	1.08
内蒙古	1.07	1.03	1.04	1.08	1.02	1.06	1.04	0.93	1.12	1.07	1.00	1.07
宁夏	1.06	1.00	1.06	1.04	1.00	1.04	1.06	0.98	1.09	1.05	0.99	1.06
青海	1.07	0.99	1.08	1.05	0.98	1.06	1.06	0.98	1.08	1.06	0.99	1.07
山东	1.04	1.00	1.04	1.03	1.00	1.03	1.13	1.00	1.13	1.07	1.00	1.07
山西	1.03	0.96	1.07	0.99	0.93	1.06	1.03	0.95	1.08	1.02	0.95	1.07
陕西	1.05	0.97	1.08	1.03	0.94	1.10	1.11	1.04	1.07	1.06	0.98	1.08
上海	1.10	1.00	1.10	1.06	1.00	1.06	1.13	1.00	1.13	1.09	1.00	1.09
四川	1.05	1.02	1.03	1.08	1.00	1.07	1.05	0.98	1.07	1.06	1.01	1.05
天津	1.10	1.00	1.10	1.08	1.00	1.08	1.09	1.00	1.09	1.09	1.00	1.09
新疆	1.04	0.96	1.08	1.00	0.94	1.06	1.03	0.94	1.09	1.02	0.95	1.08
云南	1.00	0.92	1.08	1.03	0.97	1.07	1.05	0.99	1.07	1.03	0.96	1.07
浙江	0.99	0.94	1.05	1.01	0.95	1.06	1.04	0.97	1.07	1.01	0.95	1.06
重庆	1.03	0.99	1.03	1.07	1.00	1.08	1.06	0.99	1.07	1.05	0.99	1.06
全国平均	1.05	0.99	1.06	1.06	0.99	1.07	1.06	0.98	1.09	1.05	0.99	1.07

注：TFP 指农业全要素用水效率，EFF 指用水效率变化指数，TECH 指技术进步指数。

1999—2015 年我国年均工业全要素用水效率指数为 1.05，表明近年来我国工业全要素用水效率呈上升趋势，根据用水效率指数及技术进步指数的全国平均值可知，技术进步是我国工业全要素用水效率提升的主要动力，而用水效率的下降阻碍了工业全要素用水效率的进一步提升。仔细分析可知，所有省份（西藏除外）的工业全要素用水效率指数及技术进步指数均大于1，表明我国各省份均取得了技术进步，从而促进工业全要素用水效率实现全国范围的改善。上海年均增幅最大，其用水效率基本不变，增长动力全部来自技术进步。浙江表现最差，年均增幅仅为1%，原因主要是该省用水效率下降的负向效应大于技术进步的正向效应。

进一步分析可知，在1999—2005年、2005—2010年及2010—2015年三个时期内，我国年均工业全要素用水效率指数及技术进步指数均大于1，而用水效率指数始终小于1，表明：自1999年以来，我国工业全要素用水效率的提升主要来自技术进步的贡献，而用水效率不断降低，发展形势较差。1999—2005年，黑龙江工业全要素用水效率年均增幅最大，增长动力全部来自技术进步，浙江表现最差，是唯一工业全要素用水效率指数小于1的省份，这主要是由于该省用水效率降低的负向效应大于技术进步的正向效应。2005—2010年，北京表现最好，其工业全要素用水效率以年均20%的速度增长，且增长动力全部来自技术进步，山西表现最差，其工业全要素用水效率以年均1%的速度下降，这主要是受该省用水效率大幅下降的影响。2010—2015年，所有省份的工业全要素用水效率指数均大于1，福建工业全要素用水效率提升最快，这主要归功于该省技术水平的大幅进步，河北表现最差，仅以年均2%的速度增长，该省技术进步较快，但用水效率的大幅下降抵消了技术进步的正向效应，从而制约了工业全要素用水效率的提升。

图3-18呈现了1999—2005年、2005—2010年、2010—2015年三个时间段以及1999—2015年东部、中部、西部地区工业全要素用水效率指数和用水效率指数及技术进步指数的变化情况。经分析，各时期三大地区工业全要素用水效率指数及技术进步指数均大于1，而用水效率指数均小于1，表明近年来我国工业用水效率持续恶化，工业全要素用水效率的提升主要由技术进步驱动。由图3-18可知，1999—2015年，工业全要素用水效率指数由东至西依次递减，但地区间增速差异不大，表明我国工业全要素用水效率增长较为均衡；各地区技术进步指数均大于1，由大到小依次排列为东部、西部、中部；用水效率指数均小于1，由大到小依次为中部、西部、东部。可以看出，东部地区用水效率下降最快，其工业全要素用水效率的增长主要依靠技术进步，西部地区技术进步速度与用水效率下降的速度均较高，两者综合作用使得西部工业全要素用水效率的增长最

慢，中部地区虽然技术进步最慢，但用水效率下降幅度也最小，因此其工业全要素用水效率增长速度保持在中等水平。

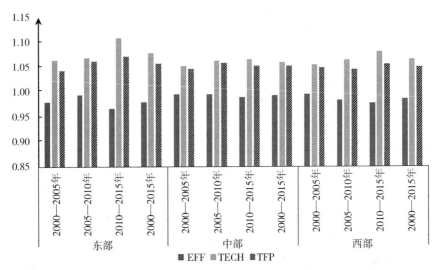

图3-18　2000—2015年东部、中部、西部地区工业全要素用水效率指数及其分解

通过对比各时间段不同地区的发展状况，可以发现，1999—2005年，各地区工业全要素用水效率指数均大于1且由西至东依次递减，表明在此期间西部地区工业全要素用水效率上升最快。这主要是由于西部地区技术进步的正向效应大于用水效率降低的负向效应，东部地区虽然技术进步指数最高，但其用水效率指数最低，在两者综合作用下，其工业全要素用水效率指数处于全国最低水平。2005—2010年，各地区工业全要素用水效率指数均大于1，与以往不同，呈现由东至西依次递减的规律，东部与中部地区的工业全要素用水效率指数有较大幅度上涨，表明在这一时期东部、中部地区工业全要素用水效率提升速度加快，这主要受益于技术的快速进步，而西部地区工业全要素用水效率指数有轻微下降，表明该地区工业全要素用水效率增速放缓，这主要是由用水效率下降幅度增大导致。相比于上一时期，2010—2015年，东部、中部、西部地区用水效率指数有所下降，而技术进步指数均有所提升，在两者综合作用下，东部与西部地区工业全要素用水效率指数有所增长，中部地区则基本不变。

二　工业行业全要素用水效率

由于工业内部各细分行业之间存在一定异质性，为分析各行业工业全

要素用水效率的变化情况并分析背后的驱动因素，本部分将利用
Malmquist 模型，对各细分行业的工业全要素用水效率进行分解，结果如
表 3-15 所示。

表 3-15　　1997—2016 年各细分行业的工业全要素用水效率及其分解指标

行业	1997—2003 年			2003—2009 年			2009—2016 年			1997—2016 年		
	TFP	EFF	TECH	TFP	EFF	TECH	TFP	EFF	TECH	TFP	EFF	TECH
石油和天然气开采业	1.04	0.89	1.16	1.00	0.87	1.16	0.98	0.89	1.11	1.01	0.88	1.14
黑色金属冶炼及压延加工业	1.13	1.03	1.10	1.12	0.98	1.14	1.03	0.93	1.10	1.09	0.98	1.11
有色金属冶炼及压延加工业	1.13	1.03	1.10	1.13	0.99	1.14	1.06	0.97	1.10	1.10	0.99	1.11
皮革、毛皮、羽毛（绒）及其制品业	0.94	0.80	1.17	1.00	0.90	1.12	1.07	0.97	1.10	1.00	0.89	1.13
造纸及纸制品业	1.03	0.97	1.07	1.09	0.96	1.13	1.03	0.95	1.09	1.05	0.96	1.10
纺织业	1.10	0.96	1.15	1.12	0.97	1.16	1.09	0.97	1.12	1.10	0.97	1.14
文教体育用品制造业	1.16	1.00	1.16	1.02	0.83	1.24	1.10	0.99	1.11	1.09	0.94	1.17
化学纤维制造业	1.10	0.99	1.11	1.16	1.01	1.15	1.08	0.98	1.10	1.11	0.99	1.12
化学原料及化学制品制造业	1.11	1.01	1.10	1.10	0.96	1.14	1.04	0.95	1.09	1.08	0.97	1.11
通信设备、计算机及其他电子设备制造业	1.24	1.00	1.24	1.10	0.81	1.35	1.08	0.98	1.11	1.13	0.93	1.22
电气机械及器材制造业	1.18	1.12	1.06	1.23	1.14	1.08	1.20	1.00	1.20	1.20	1.08	1.12
食品制造业	1.06	0.95	1.12	1.08	0.95	1.13	1.05	0.96	1.09	1.06	0.95	1.11
家具制造业	1.14	1.14	1.00	1.14	0.97	1.18	1.06	0.94	1.13	1.11	1.01	1.10
通用设备制造业	1.11	0.97	1.14	1.17	1.02	1.14	1.12	1.01	1.11	1.13	1.00	1.13
饮料制造业	0.98	0.86	1.15	1.09	0.97	1.13	1.07	0.98	1.09	1.05	0.94	1.12
仪器仪表及文化、办公用机械制造业	1.07	0.94	1.14	1.10	0.97	1.13	1.08	0.98	1.10	1.08	0.97	1.12

续表

行业	1997—2003 年			2003—2009 年			2009—2016 年			1997—2016 年		
	TFP	EFF	TECH	TFP	EFF	TECH	TFP	EFF	TECH	TFP	EFF	TECH
医药制造业	1.07	0.99	1.08	1.10	0.97	1.13	1.05	0.96	1.10	1.07	0.97	1.10
金属制品业	1.04	0.79	1.31	1.04	0.92	1.14	1.09	0.98	1.11	1.06	0.90	1.18
汽车制造业	1.18	1.05	1.12	1.18	1.03	1.14	1.16	1.05	1.11	1.17	1.04	1.12
非金属矿物制品业	1.04	0.93	1.12	1.10	0.97	1.13	1.09	0.99	1.10	1.08	0.97	1.12
铁路、船舶、航空航天和其他运输设备制造业	1.10	0.95	1.15	1.11	0.97	1.15	1.10	0.99	1.12	1.10	0.97	1.14
橡胶和塑料制品业	1.08	0.97	1.11	1.11	0.98	1.14	1.09	0.98	1.11	1.09	0.98	1.12
专用设备制造业	1.07	0.92	1.16	1.19	1.05	1.14	1.12	1.01	1.11	1.13	0.99	1.13
纺织服装、鞋、帽制造业	1.05	0.91	1.15	1.20	1.04	1.15	1.12	1.00	1.12	1.12	0.98	1.14
烟草制品业	1.10	1.00	1.10	1.14	1.00	1.14	1.10	1.00	1.10	1.11	1.00	1.11
非金属矿采选业	1.01	0.93	1.08	1.04	0.92	1.13	1.07	0.97	1.10	1.04	0.94	1.10
煤炭开采和洗选业	1.04	0.91	1.15	1.14	0.99	1.15	1.07	0.97	1.10	1.08	0.96	1.13
黑色金属矿采选业	1.06	0.96	1.11	1.13	0.99	1.13	1.06	0.98	1.09	1.09	0.98	1.11
有色金属矿采选业	1.03	0.93	1.11	1.11	0.97	1.14	1.05	0.96	1.09	1.06	0.96	1.11
其他行业	0.96	0.91	1.05	1.08	0.97	1.12	1.07	0.99	1.09	1.04	0.96	1.09
印刷业和记录媒介的复制	1.16	1.03	1.13	1.19	1.04	1.14	1.09	0.96	1.13	1.14	1.01	1.13
农副食品加工业	0.98	0.91	1.08	1.07	0.94	1.13	1.03	0.94	1.10	1.03	0.93	1.10
石油加工、炼焦及核燃料加工业	1.05	0.94	1.11	0.99	0.86	1.15	1.02	0.92	1.10	1.02	0.91	1.12
木材加工及木、竹、藤、棕、草制品业	1.01	0.90	1.13	1.11	0.99	1.12	1.08	0.98	1.10	1.07	0.96	1.11
燃气生产和供应业	1.33	1.17	1.14	1.25	1.08	1.15	1.12	1.01	1.11	1.22	1.08	1.13

行业	1997—2003 年			2003—2009 年			2009—2016 年			1997—2016 年		
	TFP	EFF	TECH	TFP	EFF	TECH	TFP	EFF	TECH	TFP	EFF	TECH
水的生产和供应业	0.92	0.79	1.16	1.10	0.95	1.15	1.07	0.97	1.11	1.03	0.90	1.14
电力、热力的生产和供应业	1.06	0.92	1.14	1.15	0.99	1.16	1.07	0.96	1.11	1.09	0.96	1.14
全行业平均	1.08	0.96	1.13	1.11	0.97	1.15	1.08	0.97	1.11	1.09	0.97	1.13

注：TFP 指农业全要素用水效率，EFF 指用水效率变化指数，TECH 指技术进步指数。

由表可知，1997—2016 年我国工业行业全要素用水效率指数与技术进步指数大于 1，而用水效率指数小于 1，表明我国工业全要素用水效率整体呈现上升趋势，这主要是由于技术进步的正向效应较大，不仅抵消了用水效率下降的负面效应，还促进了工业全要素用水效率的提升。进一步分析可知，虽然各细分行业的工业全要素用水效率均有所增长，但行业之间增长速度差异较大。燃气生产和供应业表现最好，工业全要素用水效率指数为 1.22，这是由该行业用水效率提升和技术进步共同驱动所致。皮革、毛皮、羽毛（绒）及其制品业表现最差，其工业全要素用水效率指数约为 1，原因是该行业用水效率降低的负向效应抵消了技术进步的正向效应。此外，各细分行业用水效率变化情况普遍较差，1997—2016 年仅 5 个行业用水效率指数大于 1，分别为燃气生产和供应业、电气机械及器材制造业、汽车制造业、家具制造业及印刷业和记录媒介的复制行业，但各细分行业技术进步情况普遍较好，所有细分行业（其他行业除外）的技术进步指数均大于 1.10，表明我国在工业技术突破上有显著成果，其中通信设备、计算机及其他电子设备制造业技术进步最快，技术进步指数为 1.22。

通过对各行业在 1997—2003 年、2003—2009 年和 2009—2016 年三个不同时期工业全要素用水效率变化情况进行对比分析，可以发现，在三个时期内，全行业平均工业全要素用水效率指数和技术进步指数均大于 1，用水效率指数均小于 1，表明我国工业行业用水效率始终处于下降状态，工业全要素用水效率提升主要依靠技术进步。在不同时期，各行业表现不尽相同。1997—2003 年，燃气生产和供应业工业全要素用水效率指数最高，原因是该行业用水效率及技术水平均有了较大幅度提升，在此期间共

5 个行业工业全要素用水效率指数小于 1，分别为饮料制造业，农副食品加工业，水的生产和供应业、皮革、毛皮、羽毛（绒）及其制品业和其他行业，原因主要是这些行业用水效率下降较快。2003—2009 年，燃气生产和供应业工业全要素用水效率指数有所下降但依旧处于全行业最高水平，表明该行业工业全要素用水效率增速最快但相比上一时期有所放缓。这主要由用水效率增速放缓导致，在此期间，仅石油加工、炼焦及核燃料加工业的工业全要素用水效率指数小于 1，这主要归因于该省用水效率下降较快。2009—2016 年，电气机械及器材制造业工业全要素用水效率指数最高，且增长动力全部来自技术进步，石油和天然气开采业表现最差，工业全要素用水效率指数为 0.98，是唯一工业全要素用水效率下降的行业，原因主要是其用水效率下降的负向效应大于技术进步的正向效应。

第六节　小结

首先，本章基于双重约束下的 SBM 非期望产出模型测算了各省份的产业用水效率，并分别对农业用水效率、粮食作物用水效率、区域工业用水效率及工业行业用水效率的时间变化和空间分布规律进行了细致分析，结论概括如下：

（1）我国农业用水效率整体水平偏低且在研究期内未见明显改善，在空间上存在明显的地区差异。从经济发展程度的划分维度看，农业用水效率呈现"东高西低"的不均衡分布，原因可能是各地区技术水平不同。从农业分区看，东北半湿润平原区农业用水效率最高，黄淮海半湿润平原区、南方湿润平原区、南方山地丘陵区的农业用水效率处于中上水平，西北干旱半干旱地区及北方高原地区的农业用水效率较低，原因可能是平原地带先天水资源条件及地势条件较好，有利于先进生产技术及节水技术的推广。从水资源分区看，干旱区农业用水效率最高，半湿润区与湿润区农业用水效率较高，半干旱区农业用水效率最低，原因可能包括水资源禀赋、水利设施、节水意识等多方面因素。

（2）我国粮食作物用水效率较低且在 2000—2014 年有所下降，在空间上也存在明显的地区差异。从经济发展程度的划分维度看，各地区粮食作物用水效率由高到低排列依次为中部、西部和东部，原因可能是粮食主产区主要集中在中部地区，政策环境、技术支持相对较好。从农业分区看，北方高原地区、东北半湿润平原区和南方湿润平原区的粮食作物用水效率较高，南方山地丘陵区及西北干旱半干旱地区的粮食作物用水效率较低。从水资源分区看，干旱区与半湿润区的粮食作物用水效率较高，半干旱区与湿润区的粮食作物用水效率较低。

（3）我国工业用水效率呈现由东至西依次递减的非均衡空间分布格局，原因可能是各地区经济发展水平不同，东部地区工业生产技术较先进而西部地区较落后。从发展趋势上看，各地区工业用水效率在1999—2015年均有所下降，这可能是由于我国工业化进程加快，工业生产技术未实现同步增长，从而造成用水效率的下降。

（4）我国工业各细分行业之间的用水效率整体水平较低且在1997—2016年有所下降，行业间差异明显。烟草制品业的工业用水效率最高，是我国唯一达到前沿水平的行业，原因可能是烟草制品业利润较高，企业经济实力较强，有能力率先投入先进生产技术或节水技术，黑色金属矿采选业用水效率最低，这可能与行业性质有关，采选业生产过程中主要包括选矿生产用水及采矿生产用水，属于高耗水产业，因此提升用水效率难度较大。从变化趋势上看，除电气机械及器材制造业、印刷业和记录媒介的复制、仪器仪表及文化办公用机械制造业、汽车制造业、通用设备制造业、有色金属冶炼及压延加工业和燃气生产和供应业的工业的用水效率有所提升外，其余行业均有所下降。

其次，本章基于Meta-Frontier分解模型，将全国31个省份划分为东部、中部、西部三个群组，分别对共同前沿及群组前沿下的农业用水效率及工业用水效率进行对比分析，结论如下：

（1）共同前沿下产业用水效率地区分布规律与群组前沿下有所不同，进行分区考察十分必要。

（2）就农业用水效率而言，共同前沿下，由东至西依次递减。东部地区农业用水效率最高，但有下降的趋势。中部地区农业用水效率处于全国平均水平，整体呈上升趋势。西部地区农业用水效率最低但整体上升幅度最大。整体来看，东部、中部、西部农业用水效率有趋同的趋势。群组前沿下，农业用水效率由高至低依次为中部、东部、西部，在2000—2016年均有轻微下降。通过对比不同前沿下各地区的农业用水效率，可以发现，中部地区变化较大，共同前沿下，中部地区农业用水效率仅有中等水平，而群组前沿下处于最高水平，表明中部地区技术水平相对落后，但由于我国农业大省基本集中在中部，农业生产的政策支持力度较大。

（3）就工业用水效率而言，共同前沿下，我国整体水平偏低，呈现由东至西依次递减的规律，且地区间差异较大，尤其是西部地区节水潜力巨大；群组前沿下，工业用水效率由高至低依次为东部、西部、中部。

（4）就技术落差比而言，无论是农业用水效率还是工业用水效率均存在较大的区域技术异质性，且技术落差比由东至西依次递减，表明东部地区技术水准较高，接近共同前沿水平，而中部、西部地区存在较大的技术落差，尤其是西部地区，技术水平距离共同前沿最远。

最后，本章利用 Malmquist 模型，对产业全要素用水效率的变化情况及其驱动因素进行分析，主要结论如下：

（1）2000 年以来，我国农业全要素用水效率指数、用水效率指数和技术进步指数均大于 1，表明我国农业全要素用水效率整体呈上升趋势，其中技术进步是最主要的驱动因素，用水效率的贡献相对较弱。此外，各地区农业全要素用水效率增长速度不同，具体表现为西部最快，中部次之，东部最慢。

（2）2000—2016 年，各地区按粮食全要素用水效率指数从大到小排列依次为中部、西部、东部。东部地区粮食全要素用水效率指数小于 1，表明中部地区粮食全要素用水效率提升快于西部地区，东部地区则有所下降。中部地区粮食全要素用水效率的提升来自技术进步的贡献，东部地区粮食全要素用水效率的下降主要归因于粮食生产用水效率的下降。

（3）1999—2015 年，东部地区工业全要素用水效率增长最快，中部次之，西部最慢，但地区间增速差异不大，表明我国工业全要素用水效率增长较为均衡。东部地区用水效率下降最快，其工业全要素用水效率的增长主要依靠技术进步。西部地区技术进步的正向效应小于用水效率下降的负向效应，从而使西部工业全要素用水效率的增长最慢。中部地区虽然技术进步最慢，但用水效率下降幅度也最小，因此其工业全要素用水效率增长速度保持在中等水平。

（4）1997—2016 年我国工业全要素用水效率整体呈现上升趋势。这主要是由于技术进步的正向效应较大，不仅抵消了用水效率下降的负面效应，还促进了工业全要素用水效率的提升。各细分行业的工业全要素用水效率均有所增长且增长速度差异较大。燃气生产和供应业表现最好，这是由该行业用水效率提升和技术进步共同驱动所致。皮革、毛皮、羽毛（绒）及其制品业表现最差，工业全要素用水效率几乎没有发生变化，原因是该行业用水效率降低的负向效应抵消了技术进步的正向效应。

第四章

绿色技术偏向与用水效率

第一节 技术偏向与要素投入偏向

新古典增长理论认为，技术进步可以带来经济的增长，并且新古典增长模型假设资本与劳动这两种投入要素之间的替代弹性为 1，即技术进步表现为中性。但该假设与事实存在较大差异，在现实生产过程中，技术进步对于要素的使用偏好往往不同，说明技术进步是存在方向的。偏向型技术进步与 Hicks（1932）《工资理论》中的"诱导性创新"思想相似，技术创新是为了节约更贵的生产要素（张俊和钟春平，2014）。因此，偏向型技术进步特指改变要素间的边际替代率，从而提高要素边际产量，实现稀缺资源的节约。早期国外学者在分析技术进步时，往往将其视为外生。但 Acemoglu（1998）等基于工业革命时期的一些例子证明技术进步并不只是原有技术的补充，更多的是替代。此外，Acemoglu（2010，2014）等对企业所做的一系列研究奠定了工业偏向型技术进步理论的微观基础，使其发展到如今，应用于环境经济学领域，激励环境友好型技术的进步，协助环境政策的制定以及为环境政策效应的评估提供理论基础和分析框架。

理论的提出往往源于现实中存在的问题。在希克斯时代，劳资关系不和谐，收入分配差距大，于是学者在研究工业技术进步的偏向性时，主要针对资本和劳动两种要素，目的是探究技术进步如何影响收入在劳动和资本之间的配置。发展到 Acemoglu 时期，则出现了新的有关技能劳动的工资溢价问题，因此 Acemoglu 提出了技能偏向型技术进步理论。但无论是哪种理论，技术进步偏向性的量化测度，都是非常关键的一步。较早估计工业偏向型技术进步的有 David（1965），他利用数据计算出美国 1899—1960 年的资本劳动替代弹性，发现技术进步有利于资本增加。Sato 和

Morita（2009）通过研究日本和美国年劳动力数量增长和劳动节约型创新对经济增长的相对贡献，得出两国的技术均偏向于资本这一结论。随后，标准化系统法作为一种较为成熟的测度技术进步偏向性的方法被发展应用。Klump 等（2007，2008）、陈晓玲和连玉君（2012）的研究就是采取此种方法。前者测算出美国 1953—1988 年和欧元区 1970—2005 年的总替代弹性，后者计算得到中国 1978—2008 年各省份的替代弹性和偏向型技术进步。结论表明，无论是美国、欧元区还是中国各省份，技术进步大都是偏向资本的。

为了反映出资源和环境施加给经济增长的双重压力，学者开始将能源要素纳入偏向型技术进步的研究范畴，并分别在理论层面和实证层面加以论述。Sanstad（2006）等根据美国、韩国和印度能源密集型行业的历史数据，预测了能源增强型技术进步的趋势。Otto 等（2007）利用可计算一般均衡模型（CGE）分析了技术进步的能源偏向性。Acemoglu 等（2010）在资源和环境的双重约束下将内生的偏向型技术进步纳入增长模型中，分析了不同环境政策下，清洁技术和污染技术分别的进步趋势，以及不同类型的技术进步如何对环境政策做出内生性反应。在国内，王班班、齐绍洲（2014，2015），何小钢、王自力（2015），陈晓玲等（2015）都分别针对偏向型技术进步对我国工业能源强度的影响进行了实证研究。王班班、齐绍洲（2015）还试图回答技术进步是否偏向节约能源这一问题。但是以上学者都没有考虑到"环境保护"这一产出偏向存在的可能性，此为不足之处。魏玮、周晓博（2016）在分析技术进步方向和工业生产节能减排的关系时提出了两种思路：提高能源有效投入，改善能源的利用效率和提高非能源要素生产率，替代生产中的能源投入。然而这两种思路也仅是基于要素投入方面的考量，并没有涉及产出偏向存在的可能性，所以文章只能获悉其工业节能情况，减排与否则不得而知。

在农业用水效率和偏向型技术进步研究方面，以往农业用水效率研究多为理论探讨或实验模拟，考察指标多为基于作物视角的农作物水分生产率、灌区水分生产率等。随着虚拟水贸易、水资源投入与排放、农业水足迹等概念在农业水资源利用和管理领域的应用研究，农业用水效率研究逐渐由微观或中观视角的农作物、农田或灌区水分生产率研究向整个农业生产过程方向展开，更关注水资源作为投入要素对整个农业生产过程的促进作用以及贡献程度。这一转变为技术进步对整个农业生产过程影响，特别是对农业用水效率作用提供了更为广阔的研究视角和思路。以往学者在研究技术进步对农业用水效率影响时，主要关注农业科学技术改进或农田水利基础设施的建设对农作物用水或农田、灌区用水效率影响；随着国家对用水效率红线制定，人们将注意力集中在农业生产过程中的产业结构、农业用水结构、农业种植结构和水权结构调整等对农业用水效率的影响，并且关注水价、产权制度、灌区管理制度及相关农业政策对农业水资源效率的促进效果。其中，前者属于以科技创新为主的技术变化，后者属于以管理创新、制度创新等为主的效率变化，两者影响的综合度量即为技术进步对农业全要素生产率的促进结果。佟金萍等（2014）基于农业用水效率宏观尺度的研究，全面分析技术进步对水资源参与农业生产过程的影响，从而揭示技术进步和效率进步对农业用水效率的贡献情况。目前关于农业用水效率以及技术进步方面的研究主要有 Kaneko 等（2004）采用 SFA 方法、Dhehibi 等（2007）使用超越对数 SFA 方法，以及 Speelman 等（2015）运用 DEA 方法。李静（2015）基于 1999—2013 年省际面板数据，利用 Meta-frontier 和 SBM 非期望产出模型研究了资源与环境约束下的粮食生产用水效率，并进一步运用随机效应的 Tobit 模型对粮食生产用水效率的影响因素进行分析。佟金萍等（2014）通过 Malmquist 指数法将农业技术进步分解为科技进步和技术效率，尝试去探讨广义技术进步能否促进农业用水效率的提高，并观察各部分技术进步指数对中国（全国平均）和不同农业用水量分区的农业用水效率影响程度。但是和工业技术进步一样，农业技术进步中存在的偏向性，以往研究却并未涉及。

综上，以往学者所做工业方面的研究极少涉及兼顾水资源和水环境双重约束下的技术进步偏向性问题，更少有学者考虑到产出偏向性的存在，而在农业层面，甚至少有文章涉及技术进步偏向的研究。并且，以往文献大都采用参数法测算工业技术进步偏向，由于经济体中生产技术存在多样性，参数法可能导致固定生产函数无法得到稳健结果。于是，根据以往研究成果与不足，本章利用基于方向性距离函数的 DEA 模型估算兼顾水资源和水环境的中国大陆工业、农业绿色全要素生产率增长率（即用水效率），并进一步分解其来源以得到产出、投入偏向和规模变化技术进步指数，据此判断中国工业、农业绿色技术进步的偏向性是水资源节约（水资源投入的相对减少、投入偏向）抑或水环境保护（污水排放的相对减少、产出偏向），以便更有目的性地诱导技术进步方向和优化工业、农业发展路径。

第二节　绿色偏向型技术进步的模型构建

现有研究对资源和环境双重压力下技术进步偏向性的处理方式主要分为两种：一种是利用参数法求解，即事先设定生产函数形式，再由给定的生产函数推算出最终结果；另一种是本章所采用的非参数数据包络法（DEA）。DEA方法可以处理多投入多产出的数据类型，不必给出具体生产函数形式，充分考虑到经济体中生产技术的多样性以及技术进步的偏向易被多种因素影响等特征，有效避免事先设定模型造成的不准确或结果不稳健情况。而之所以选择基于方向距离函数的DEA，一方面由于方向距离函数作为前沿生产函数的一种，经济学内涵丰富，能很好地描述期望产出和非期望产出同时存在情况下的生产技术，即可以捕捉到在期望产出增加的同时排放也减少的行为。另一方面Shephard距离函数是方向距离函数的一种特殊形式（Chung，Färe and Grosskopf，1995）。当Shephard距离函数为投入导向时，由两者所求效率值一致；当Shephard距离函数为产出导向时，两者结果是否存在差异取决于方向向量g的选取，但两者之间仍满足特定关系［当设定方向向量为$g=(y, -b)$时，Shephard距离函数是方向距离函数的特例］。因此，可以利用两者的关系随时进行转换，即用Shephard产出距离函数表示产出方向距离函数，对效率指数进行求解。并且，方向距离函数形式简明，求解也十分方便。

综上，本章利用可同时兼顾期望产出以及非期望产出的基于方向距离函数的DEA模型来估计工业全要素生产率，再对其进行分解，得出由效率变化和技术进步分别导致的增长率改变。其中技术效率变化指数（EC）衡量投入产出组合到生产前沿面之间距离的变化，技术变化指数（TC）衡量生产前沿面本身的变化。随后，借鉴Färe等（1997）使用的方法，将技术变化指数进一步分解得到产出偏向型技术进步指数（OBTC）、投入偏向型技术进步指数（IBTC）以及技术规模变化指数（MATC）。由于OBTC和IBTC本身只能表明其对全要素生产率增长率或不同产出的影响程度，并不能直接反映出技术进步对某种投入要素或产出的具体偏向性，所以本章参考Weber和Domazlicky（2004）的思想，将计算出的指数与要素投入比例或要素产出比例的跨时期变化对比结果进行组合分析，据此判断中国工业、农业用水绿色技术进步的具体要素偏向性。

Shephard 投入距离函数的倒数衡量的是，当产出恒定时最小要素投入量与实际要素投入量之比，同时该指标还可以作为对 Farrell 投入技术效率的度量。令 $x^t = (x_1^t, \cdots, x_N^t)$ 代表 t 期时一组 N 维非负投入向量，$(y_g^t, y_b^t) = (y_{g1}^t, \cdots, y_{gP}^t, y_{b1}^t, \cdots, y_{bQ}^t)$，$P + Q = M$ 代表 t 期时一组 M 维非负产出向量，并且产出包括 P 种期望产出 y_g 以及 Q 种非期望产出 y_b。生产 t 期产出所需投入的集合构成了可行投入组合 $L^t(y_g, y_b) = \{x: x$ 可以生产 y_g 和 $y_b\}$。投入需求集的等产量线定义为 ISOQ：$L^t(y_g, y_b) = \left\{x: \dfrac{x}{\lambda} \notin L^t(y_g, y_b), \lambda > 1\right\}$。则 Shephard 投入距离函数可以表示为 $D_i^t(y_g, y_b, x) = \sup\left\{\lambda: \dfrac{x}{\lambda} \in L^t(y_g, y_b)\right\}$。其中，Farrell 投入技术效率的倒数若满足 $D_i^t(y_g, y_b, x) = 1$，表示该 DMU 有效，若满足 $D_i^t(y_g, y_b, x) > 1$，说明该 DMU 技术无效率。

由于本书在此处采用的是 Shephard 投入距离函数，该模型下求出的 Malmquist 指数与由方向距离函数求出的结果一致，因此接下来本章可直接利用 DEA 线性规划模型计算投入距离函数下的效率值的倒数 $D_i^t(y_g, y_b, x)$。假设有 K 个 DMU，则满足规模报酬不变约束条件下的分段线性 DEA 的投入需求集可以定义为：

$$L^t(y_g, y_b) = \left\{x: \sum_{k=1}^K z_k^t x_{kn}^t \leqslant x_n, n = 1, 2, \cdots, N;\right.$$

$$\sum_{k=1}^K z_k^t y_{gpk}^t \geqslant y_{gp}, p = 1, 2, \cdots, P;$$

$$\left.\sum_{k=1}^K z_k^t y_{bqk}^t \geqslant y_{bq}, q = 1, 2, \cdots, Q, z_k^t \geqslant 0, k = 1, 2, \cdots, K\right\}$$

$$(4.1)$$

于是 DMU_0 的投入技术效率值可以通过求解下述线性规划问题得到：

$$\frac{1}{D_i^t(y_g, y_b, x)} = \max_{z, \lambda}\left\{\lambda^{-1}: \sum_{k=1}^K z_k^t x_{kn}^t \leqslant \lambda^{-1} x_{0n}^t, n = 1, 2, \cdots, N;\right.$$

$$\sum_{k=1}^K z_k^t y_{kgp}^t \geqslant y_{0gp}^t, p = 1, 2, \cdots, P;$$

$$\sum_{k=1}^K z_k^t y_{kbq}^t \geqslant y_{0bq}^t, q = 1, 2, \cdots, Q;$$

$$z_k^t \geqslant 0, \ k = 1, \ 2, \ \cdots, \ K\} \tag{4.2}$$

本书效仿 Färe 等（1997）、Weber 和 Domazlicky（2004）曾提出的思想，利用基于投入的 Malmquist 指数法来估计全要素生产率增长率。具体公式为：

$$MI = \sqrt{\frac{D_i^{t+1}(y_g^{t+1}, \ y_b^{t+1}, \ x^{t+1})}{D_i^{t+1}(y_g^t, \ y_b^t, \ x^t)} \times \frac{D_i^t(y_g^{t+1}, \ y_b^{t+1}, \ x^{t+1})}{D_i^t(y_g^t, \ y_b^t, \ x^t)}} \tag{4.3}$$

整理式（4.3）可得：

$$MI = \frac{D_i^{t+1}(y_g^{t+1}, \ y_b^{t+1}, \ x^{t+1})}{D_i^t(y_g^t, \ y_b^t, \ x^t)} \times \sqrt{\frac{D_i^t(y_g^t, \ y_b^t, \ x^t)}{D_i^{t+1}(y_g^t, \ y_b^t, \ x^t)} \times \frac{D_i^t(y_g^{t+1}, \ y_b^{t+1}, \ x^{t+1})}{D_i^{t+1}(y_g^{t+1}, \ y_b^{t+1}, \ x^{t+1})}} \tag{4.4}$$

在式（4.4）的分解结果中，技术效率变化指数就可以表示为 $EC = \dfrac{D_i^{t+1}(y_g^{t+1}, \ y_b^{t+1}, \ x^{t+1})}{D_i^t(y_g^t, \ y_b^t, \ x^t)}$，技术变化指数表示为：

$$TC = \sqrt{\frac{D_i^t(y_g^t, \ y_b^t, \ x^t)}{D_i^{t+1}(y_g^t, \ y_b^t, \ x^t)} \times \frac{D_i^t(y_g^{t+1}, \ y_b^{t+1}, \ x^{t+1})}{D_i^{t+1}(y_g^{t+1}, \ y_b^{t+1}, \ x^{t+1})}}$$

技术变化指数（TC）进一步分解得到的产出偏向型技术进步指数（$OBTC$）、投入偏向型技术进步指数（$IBTC$）和技术规模变化指数（$MATC$）分别可以表示为：

$$OBTC = \sqrt{\frac{D_i^t(y_g^{t+1}, \ y_b^{t+1}, \ x^{t+1})}{D_i^{t+1}(y_g^{t+1}, \ y_b^{t+1}, \ x^{t+1})} \times \frac{D_i^{t+1}(y_g^t, \ y_b^t, \ x^{t+1})}{D_i^t(y_g^t, \ y_b^t, \ x^{t+1})}} \tag{4.5}$$

$$IBTC = \sqrt{\frac{D_i^{t+1}(y_g^t, \ y_b^t, \ x^t)}{D_i^t(y_g^t, \ y_b^t, \ x^t)} \times \frac{D_i^t(y_g^t, \ y_b^t, \ x^{t+1})}{D_i^{t+1}(y_g^t, \ y_b^t, \ x^{t+1})}} \tag{4.6}$$

$$MATC = \frac{D_i^t(y_g^t, \ y_b^t, \ x^t)}{D_i^{t+1}(y_g^t, \ y_b^t, \ x^t)} \tag{4.7}$$

且三者满足：$TC = OBTC \times IBTC \times MATC$ \hfill （4.8）

其中，$MATC$ 反映了生产前沿面的平移，属于中性技术进步范畴。$OBTC$ 反映技术进步对多种产出不同比例的促进作用，并且当产出单一时 $OBTC$ 为 1。$IBTC$ 反映技术进步对各投入要素边际替代率的改变，当 $IBTC>1$ 时，表示投入偏向型技术进步使得 TFP 在投入要素等比例减少的情况下增加。此种分解方式是因为可以单独研究生产前沿面由于技术进步而发生的旋转效应而被广泛应用于环境效率评价、行业技术偏向分析等诸多领域。

图 4-1 展示了投入距离函数的构建和基于投入的 Malmquist 生产率指数组成成分。由图可知，时期 1 的投入需求集在 $L^1(y)$ 右上方，时期 2 的投入需求集在 $L^2(y)$ 右上方，且 1 期到 2 期等值线的移动是技术进步的结果。假设在时期 1，DMU 投入组合为 A，时期 2 投入组合为 E，那么不难看出，在产出恒定的情况下，投入要素总是过量，即该 DMU 处于技术无效率范畴。具体来看，时期 1 的投入距离函数可以表示为 $D_i^1(y_g, y_b, x^1) = \dfrac{OA}{OB}$，时期 2 表示为 $D_i^2(y_g, y_b, x^2) = \dfrac{OE}{OD}$。跨期投入距离函数可以分别表示为 $D_i^1(y_g, y_b, x^2) = \dfrac{OE}{OF}$ 和 $D_i^2(y_g, y_b, x^1) = \dfrac{OA}{OC}$。于是 Malmquist 指数 $(MI) = \sqrt{\dfrac{OE/OD}{OA/OC} \times \dfrac{OE/OF}{OA/OB}}$，其中，技术效率变化指数 $(EC) = \dfrac{OE/OD}{OA/OB}$，技术变化指数 $(TC) = \sqrt{\dfrac{OA/OB}{OA/OC} \times \dfrac{OE/OF}{OE/OD}} = \sqrt{\dfrac{OC}{OB} \times \dfrac{OD}{OF}}$。

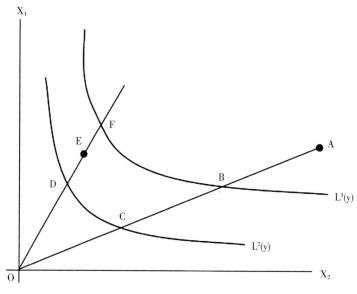

图 4-1　投入需求集和 Malmquist 生产率指数

图 4-2 展示了 IBTC 的构建以及投入技术进步偏向性的判断思想。同样，$L^1(y)$ 为时期 1 的等产量线。假设技术进步会导致等产量线不同方向的移动，即可能存在等产量线 $L^{21}(y)$ 和 $L^{22}(y)$。在投入组合不变的情况

下，若投入要素的边际替代率 MRS 不发生变化，则表示技术进步为希克斯中性。根据 Weber、Domazlicky（2004），若 MRS 增加［即时期 2 的等产量线变至 $L^{21}(y)$］，则表示技术进步偏向于节约 x_1、使用 x_2；若 MRS 减小［即时期 2 的等产量线变至 $L^{22}(y)$］，则表示技术进步偏向于使用 x_1、节约 x_2。举例说明，假设在时期 1 到时期 2 的过渡中两种投入要素发生变化即 $\left(\dfrac{x_1}{x_2}\right)^{t+1} > \left(\dfrac{x_1}{x_2}\right)^{t}$，表现在图 4-1 中是技术进步使等产量线从 $L^1(y)$ 移动到 $L^{21}(y)$ 的位置，那么投入偏向型技术进步指数（$IBTC$）= $\sqrt{\dfrac{OB}{OC} \times \dfrac{OD}{OF}} = \sqrt{\dfrac{OB/OC}{OF/OD}}$。又因为在已知条件 $OB/OC > OF/OD$ 下可得出 IBTC>1，进而能够判断出，此投入偏向技术进步倾向于节约 x_1 而使用 x_2。

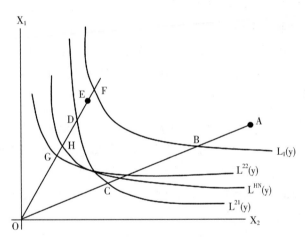

图 4-2　投入需求集和 IBTC

投入偏向型技术进步所有可能的要素偏向性总结如表 4-1 所示（以工业投入要素为例，其中 x_w 代表投入要素水资源，x_l 代表投入要素劳动力，x_c 代表工业企业资本存量）。

表 4-1　　　　　　　投入偏向型技术进步和投入组合的变化

投入组合	IBTC>1	IBTC<1
$\left(\dfrac{x_w}{x_l}\right)^{t+1} > \left(\dfrac{x_w}{x_l}\right)^{t}$	节约水资源、使用劳动力	使用水资源、节约劳动力
$\left(\dfrac{x_w}{x_l}\right)^{t+1} < \left(\dfrac{x_w}{x_l}\right)^{t}$	使用水资源、节约劳动力	节约水资源、使用劳动力

续表

投入组合	$IBTC>1$	$IBTC<1$
$\left(\dfrac{x_w}{x_k}\right)^{t+1} > \left(\dfrac{x_w}{x_k}\right)^{t}$	节约水资源、使用资本	使用水资源、节约资本
$\left(\dfrac{x_w}{x_k}\right)^{t+1} < \left(\dfrac{x_w}{x_k}\right)^{t}$	使用水资源、节约资本	节约水资源、使用资本

为了研究产出偏向型技术进步，我们在产出可能集 $P^t(x) = \{(y_g,$ $y_b)$ ： x 可以生产 $(y_g, y_b)\}$ 中反映技术的变化。则 Shephard 产出距离函数可以写成：

$$D_o^t(x, y_g^t, y_b^t) = \inf\{\theta: (y_g^t/\theta) \in P^t(x), (y_b^t/\theta) \in P^t(x)\} \quad (4.9)$$

Shephard 产出距离函数衡量期望产出以及非期望产出同时同向增加的值，但很多企业处于环境规制和资源总量的双重约束下，需要在增加好产出的同时减少坏产出。于是，为了达到研究目的，本章利用可同时兼顾期望产出以及非期望产出的产出方向性距离函数来描述生产技术变化。产出方向距离函数的一般形式可以表示为：

$$\vec{D}_o^t(x, y_g^t, y_b^t; g) = \sup\{\beta: (y_g^t, y_b^t) + \beta g \in P^t(x)\} \quad (4.10)$$

其中，g 是反映产出变化方向的一组向量。若令方向向量 $g = (y_g, -y_b)$，则表示在增加期望产出的同时还能减少非期望产出。根据 Chung、Färe 和 Grosskopf（1995），可以得到 Shephard 产出距离函数和产出方向距离函数之间满足特定关系：

$$\begin{aligned}
\vec{D}_o^t(x, y_g^t, y_b^t; y_g, -y_b) &= \sup\{\beta: D_o^t[x, (y_g^t, y_b^t) + \beta(y_g^t, y_b^t)] \leq 1\} \\
&= \sup\{\beta: (1+\beta)D_o^t(x, y_g^t, y_b^t) \leq 1\} \\
&= \sup\left\{\beta: \beta \leq \frac{1}{D_o^t(x, y_g^t, y_b^t)} - 1\right\} \\
&= 1/D_o^t(x, y_g^t, y_b^t) - 1 \quad (4.11)
\end{aligned}$$

综合式（4.5）和式（4.11），就可构建出产出偏向型技术进步指数计算公式：

$$OBTC = \sqrt{\frac{1 + \vec{D}_o^t(x^{t+1}, y_g^{t+1}, y_b^{t+1}; y_g^{t+1}, -y_b^{t+1})}{1 + \vec{D}_o^{t+1}(x^{t+1}, y_g^{t+1}, y_b^{t+1}; y_g^{t+1}, -y_b^{t+1})} \times \frac{1 + \vec{D}_o^{t+1}(x^{t+1}, y_g^t, y_b^t; y_g^t, -y_b^t)}{1 + \vec{D}_o^t(x^{t+1}, y_g^t, y_b^t; y_g^t, -y_b^t)}}$$

$$(4.12)$$

　　图 4-3 展示了 OBTC 的构造以及产出技术进步偏向性的判断思想，图中方向向量 g^1、g^2 分别表示时期 1 和时期 2 偏向型技术进步促使企业做出改进的方向，都是在减少非期望产出 y_b 的同时增加期望产出 y_g。已知时期 1 的产出可能集为 $P^1(x)$，在产出组合不变的情况下，如果两种产出之间的边际转换率恒定，则关于产出的技术进步为希克斯中性。在图上直观的表现就是生产可能集由 $P^1(x)$ 到 $P^{HN}(x)$ 的平移。若非期望产出 y_b 和期望产出 y_g 之间的边际转换率增加，即生产可能集由 $P^1(x)$ 移动到 $P^{21}(x)$ 的过程，根据 Weber、Domazlicky（2004），可以得出该产出偏向型技术进步倾向于促进 y_g 的生产。

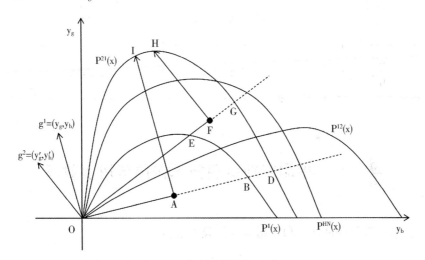

图 4-3　产出可能集和 OBTC

　　举例说明，假设在时期 1，DMU 的产出组合为无效点 A，则产出方向距离函数可以表示为 $\vec{D}_o^1(x, y_g^1, y_b^1; y_g^1, -y_b^1) = 1/D_o^1(x, y_g^1, y_b^1) - 1 = \dfrac{OB - OA}{OA} = \dfrac{AB}{OA}$。在时期 2，DMU 的产出组合为无效点 F，且生产可能集变为 $P^{21}(x)$，则产出距离函数可以表示为 $\vec{D}_o^2(x, y_g^2, y_b^2; y_g^2, -y_b^2) = 1/D_o^2(x, y_g^2, y_b^2) - 1 = \dfrac{OG - OF}{OF} = \dfrac{FG}{OF}$，于是得到产出偏向型技术进步指数 $(OBTC) = \sqrt{\dfrac{OE/OF}{OG/OF} \times \dfrac{OD/OA}{OB/OA}} = \sqrt{\dfrac{OE/OG}{OB/OD}} < 1$。由于产出偏向型技术

进步使生产可能集最终移动到了 $P^{21}(x)$ 的位置，说明跨期产出满足

$\dfrac{y_g^{t+1}}{y_b^{t+1}} > \dfrac{y_g^t}{y_b^t}$，则可以判断产出偏向型技术进步倾向于生产 y_g。

产出偏向型技术进步所有可能的产出要素偏向性总结如表 4-2 所示（以工业产出为例，其中 y_g 代表期望产出，即工业增加值，y_b 代表非期望产出，即污染物 COD 或者氨氮的排放）。

表 4-2　　　　　　　产出偏向型技术进步和产出组合的变化

产出组合	$OBTC>1$	$OBTC<1$
$\dfrac{y_b^{t+1}}{y_g^{t+1}} < \dfrac{y_b^t}{y_g^t}$	增加非期望产出	促进期望产出
$\dfrac{y_b^{t+1}}{y_g^{t+1}} > \dfrac{y_b^t}{y_g^t}$	促进期望产出	增加非期望产出

第三节　中国农业绿色技术偏向与用水效率

一　农业绿色投入和产出偏向型技术进步

水资源短缺和水污染严重早已是制约我国农业经济发展的重要因素，而农业用水一直以来都没有一个完善的价格和管理机制，导致农业生产过程中用水效率低下。农业生产用水效率，关系着国家农业发展、粮食安全等国计民生问题，具有重要意义。并且"十三五"规划提出了农业可持续发展工程：养殖场标准化改造、耕地保护与质量提升、区域规模化高效节水灌溉、化肥农药使用量零增长行动、农业废弃物资源化利用以及农业产品质量提升等。李静和孙有珍（2015）研究表明，资源节约和控制环境污染条件下提高农业生产用水效率已经成为国家推行农业可持续发展的重要任务。而技术进步是提高效率的有效途径，偏向型技术进步更是具有较强针对性，可以兼顾资源和环境的双重约束，因此具有重要的研究意义。

为了详细地了解 2001—2016 年中国 30 个省份农业绿色全要素生产率

的增长以及技术进步偏向性的动态演进特征，本章计算整理并分析了中国
2001—2016 年整体上、时间上和区域上分别以 GDP 作为权重所得的加权
平均绿色全要素生产率增长指数和偏向型技术进步指数。广义上的农业包
括种植业、林业、畜牧业、渔业、副业五种产业形式，狭义上的农业是指
种植业。本章研究的农业生产用水效率属于狭义上的农业。故本小节研究
农业生产用水效率问题，选取农业劳动力、农业资本存量估计值和农业用
水量作为投入变量，农业总产值作为期望产出变量，农业生产过程中造成
的总氮排放量和总磷排放量作为非期望产出变量。

　　由图 4-4 可以看出，全要素生产率增长率指数（MI）处于持续波动
的状态，在"十五"期间和"十一五"期间，MI 曾达到较高水平，但
"十二五"时期以来，MI 有向下波动的趋势。从图 4-4 中各指数的波动
轨迹还可以得出，技术变化指数（TC）与 MI 波动幅度同步的程度大于效
率变化指数 EC 与 MI 变化的同步程度。说明在 2001—2016 年，全要素生
产率的增长主要来自技术进步的贡献。另外，MI 虽持续处于波动状态，
并且在"十二五"时期以来还呈现下降趋势，但其数值始终大于 1，说明
农业全要素生产率处于不断增长的状态，只是增速有所放缓。

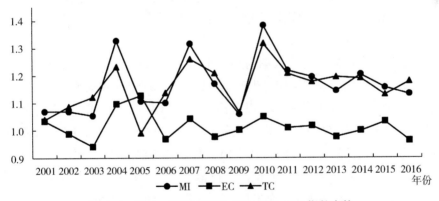

图 4-4　2001—2016 年农业 TC、EC、MI 指数走势

　　从图 4-5 可以看出，技术规模变化指数（MATC）的波动幅度远大于
投入偏向型技术进步指数（IBTC）和产出偏向型技术进步指数（OBTC）。
同全要素生产率增长指数（MI）相似，MATC 在"十五"期间和"十一
五"期间皆达到过较高水平，而后又转为下降趋势，也从"十二五"时
期以来，就开始呈现向下波动的态势，不同的是，MATC 在 2016 年有上
升趋势。相比之下，IBTC、OBTC 的波动就表现得较为平缓。

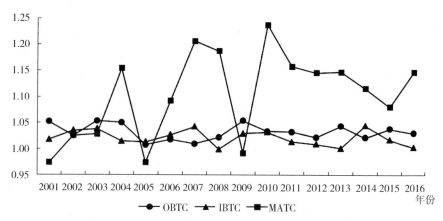

图 4-5　2001—2016 年 OBTC、IBTC、MATC 指数走势

　　由理论部分可知，投入偏向型技术进步指数若大于 1，则表示技术进步可以提高生产率。从表 4-3 可以看出，几乎所有省份的加权平均投入偏向型技术进步指数都大于 1；在 2001—2016 年的每一年中，各省份 IBTC 也基本全部大于 1，这说明投入偏向型技术进步促进了绝大部分省份农业绿色全要素生产率的提高或者至少维持生产率在当前水平。其中，云南以 21.2% 的增速积极促进着当地农业全要素生产率的提高。由分析可知，西部地区平均的投入偏向型技术进步指数最大，为 1.035，其次是东部地区，中部的平均投入偏向型技术进步指数最小，为 1.0099。但即使是最小，也同样表现为促进生产率的提高。对于产出偏向型技术进步指数（OBTC），从表 4-3 中也可以看出，几乎所有省份的 OBTC 都大于 1，2001—2016 年亦是如此，但由理论部分可知，OBTC>1 表示技术进步对多种产出不同比例的促进作用，其中包含对好产出以及坏产出分别的影响，OBTC>1 说明非期望产出同时增加。数据显示，新疆的加权平均 OBTC 最大，为 1.229，上海其次，为 1.093。东部地区的产出偏向型技术进步指数最大，说明东部各省平均拥有最多的产量，同时也排放了更多含有污染物的非期望产出。并且表 4-3 还显示，东部地区的上海，其投入偏向型技术进步指数和产出偏向型技术进步指数皆为最大，但是全要素生产率的增长率 MI 指数却不处于东部地区前列，这是由上海的技术规模变化指数较小所导致。总体来说，在 2001—2016 年，偏向型技术进步对中国各省份的农业生产率是促进的。

表 4-3　　　　　　　　　分地区农业产业偏向型技术进步指数对比

东部	MI	OBTC	IBTC	中部	MI	OBTC	IBTC	西部	MI	OBTC	IBTC
北京	1.116	1.008	1.015	山西	1.239	1.014	1.002	广西	1.071	1.010	1.001
天津	1.103	1.009	0.996	内蒙古	1.206	0.991	0.999	重庆	1.065	0.980	1.053
河北	1.118	1.010	1.005	吉林	1.165	1.018	1.000	四川	1.127	1.004	1.008
辽宁	1.197	0.996	0.998	黑龙江	1.294	1.038	1.011	贵州	1.253	1.028	1.005
上海	1.121	1.093	1.044	安徽	1.107	1.004	1.003	云南	1.588	1.034	1.212
江苏	1.153	1.026	1.019	江西	1.057	0.999	1.001	陕西	1.153	0.948	1.012
浙江	1.136	1.064	1.024	河南	1.554	1.013	1.059	甘肃	1.134	1.004	1.002
福建	1.171	1.043	1.005	湖北	1.107	1.028	1.016	青海	1.090	1.003	1.001
山东	1.166	1.084	1.024	湖南	1.087	1.007	0.998	宁夏	1.137	1.007	1.008
广东	1.156	1.047	1.008	—	—	—	—	新疆	1.350	1.229	1.048
海南	1.125	1.030	1.035	—	—	—	—	—	—	—	—
东部	1.142	1.037	1.016	中部	1.202	1.012	1.010	西部	1.197	1.025	1.035

二　绿色投入和产出偏向型技术进步对用水效率的影响

表 4-4 中数据显示,在"十五"时期向"十一五"时期、"十二五"时期过渡阶段,投入偏向型技术进步指数(IBTC)、技术变化指数(TC)和全要素生产率增长指数(MI)都经历了先增长后下降的变化,而产出偏向型技术进步指数(OBTC)的变化趋势正好相反,技术效率变化指数(EC)则处于持续下降的态势。由贡献率的数据可知,全要素生产率的增长主要来自技术进步的支持。并且在"十五"时期向"十一五"时期、"十二五"时期过渡阶段,TC 对 MI 的贡献率呈不断上升态势,EC 则正好相反,贡献率呈不断下降趋势。这说明技术进步确实促进了农业用水效率的提高。分析 OBTC、IBTC 对 MI 的贡献率数据可以得出,OBTC 和 IBTC 的贡献率都是处于逐年下降的趋势,说明两者不是推动农业全要素生产率增加的主要力量,农业用水效率的增加大都来自技术规模变化指数(MATC)。"十一五"期间,各省份以 GDP 加权平均得到的 IBTC 最大,为 1.026,"十二五"期间该指标值最小,只有 1.017。在分地区工业绿色用水效率研究方面也得出相似的结论,说明技术进步可能存在边际递减效应。"十一五"期间的 OBTC 较前几年是减少的,但在"十二五"期间有所回升。从总体来看,OBTC 和 IBTC 始终是大于 1 的,说明偏向型技术

进步对农业用水效率的影响始终是积极的。

其中，偏向型技术进步对农业全要素生产率增长的贡献率计算如下：若产出偏向型技术进步指数为 OBTC，则其贡献率计算公式为（OBTC-1）/（MI-1），表 4-4 中其他贡献率算法与此一致。指数计算结果保留三位小数，可能产生误差使得 OBTC、IBTC、MATC 贡献率之和与 TC 贡献率不完全相等，但此误差并不影响分析结果。

表 4-4　　　　　　　　农业偏向型技术进步指数及其贡献率

	OBTC	OBTC 贡献率（%）	IBTC	IBTC 贡献率（%）	TC	TC 贡献率（%）	EC	EC 贡献率（%）	MI
"十五"期间	1.038	30.110	1.024	19.228	1.093	74.772	1.036	29.294	1.125
"十一五"期间	1.027	13.431	1.026	12.750	1.197	96.439	1.006	2.837	1.205
"十二五"期间	1.032	17.221	1.017	9.412	1.180	98.174	1.005	2.856	1.183
总体均值	1.032	18.840	1.022	13.131	1.157	91.794	1.016	9.274	1.171

表 4-5　　　　　　　农业分地区偏向型技术进步贡献率　　　　　　单位：%

东部	OBTC	IBTC	中部	OBTC	IBTC	西部	OBTC	IBTC
北京	6.625	12.918	山西	6.051	0.651	广西	14.134	1.724
天津	8.476	-4.342	内蒙古	-4.458	-0.564	重庆	-31.643	81.883
河北	8.669	3.873	吉林	10.725	-0.019	四川	3.042	6.260
辽宁	-1.861	-0.820	黑龙江	13.042	3.684	贵州	11.185	1.911
上海	76.338	36.491	安徽	4.129	3.202	云南	5.696	35.956
江苏	17.080	12.591	江西	-2.619	1.289	陕西	-34.017	7.551
浙江	47.345	17.857	河南	2.311	10.704	甘肃	2.641	1.165
福建	25.437	3.073	湖北	25.909	15.201	青海	2.964	1.160
山东	50.354	14.699	湖南	8.011	-2.395	宁夏	5.302	6.015
广东	30.057	5.240	—	—	—	新疆	65.372	13.853
海南	23.839	27.872	—	—	—	—	—	—
东部	26.578	11.768	中部	7.011	3.528	西部	4.468	15.748

从表 4-5 可知，重庆的投入偏向型技术进步对农业全要素生产率（用水效率）的贡献最大，为 81.883%，其次是上海和云南，投入偏向型技术进步对农业用水效率的贡献分别为 36.491% 和 35.956%。说明重庆、

上海和云南的用水效率主要由投入偏向型技术进步影响，且该影响是积极的，表现为促进用水效率的提高。可以看出，西部地区的投入偏向型技术进步最大，为 15.748%；其次是东部；中部地区的 IBTC 贡献率最小，为 3.528%。但各区域投入偏向型技术进步对农业用水效率的影响都是正向的。整体来看，大部分省份的投入偏向型技术进步贡献率大于 0，说明这些省份的投入偏向型技术进步是偏向促进农业用水效率的提高。而各省份产出偏向型技术进步贡献率的波动相对较大，重庆的 OBTC 最小，为 −31.643%，最大的是上海，为 76.338%。

IBTC、OBTC 本身并不能反映偏向型技术进步在各投入要素、产出之间的偏向性，也就无法直接表示生产过程中究竟是节约抑或使用哪种要素。但是，结合不同时期的投入、产出比值进行分析就可以得出技术进步的具体要素偏向性。于是，接下来本书将就 IBTC 节约或使用哪种要素、OBTC 促进或减少生产何种产出进行判断。

首先是本章涉及的三种投入要素，包括各省份农业用水量、乡村劳动力以及农业资本存量估计值。分别将各省份农业用水量与乡村劳动力指标（W/L）、各省份农业用水量与农业资本存量估计值指标（W/K）进行两两对比分析，主要结果为：在 2001—2016，IBTC 略微偏向于使用水资源、节约劳动力和资本。这很大可能是由农业用水一直以来都没有一个完善的价格和管理机制，从而用过量水资源进行生产不会使成本大幅增加所导致的。具体来看：在 2001—2016 年，有 39.02% 和 34.9% 的 DMU，其技术进步是偏向于节约水资源、使用劳动力或节约水资源、使用资本的。农业大省中的山东，在 2001—2016 年，仅分别有四年和两年的技术进步是偏向于节约水资源、使用劳动力或节约水资源、使用资本的。第一产业增加值占 GDP 比重较高的海南，在 2001—2016 年，甚至不存在节约水资源、使用资本的年份，而节约水资源、使用劳动力的年份也仅有两年。由图 4-6可知，"十五"期间，技术进步偏向于节约水资源、使用劳动力的比例略微低于"十一五"期间以及"十二五"期间，但差异并不显著。而节约水资源、使用资本的比例却在"十五"期间最大，在"十一五"期间下降并在"十二五"期间出现反弹。由图 4-7 还可以看出，东部发达地区的水资源节约比例较中部和西部偏低，可能是因为东部地区发展程度高，资本边际成本和人力资源成本较大，水资源相对丰裕，所以东部地区更加偏向于使用水资源生产，从而对资本和劳动力进行一定程度的替代。

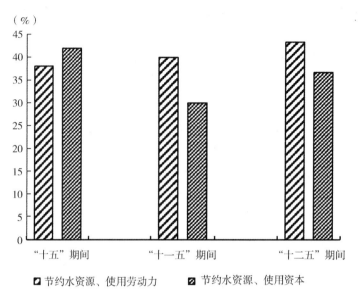

图 4-6　按时期分节约水资源的 DMU 所占比例

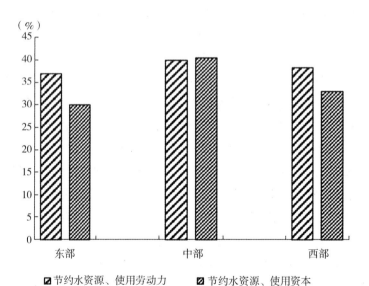

图 4-7　按地区分节约水资源的 DMU 所占比例

其次是本章涉及的三种产出要素，包括作为期望产出的农业总产值以及作为非期望产出的污染物指标 TN 和 TP 排放量。现分别将 TN 排放量与农业总产值指标（TN/Y）、TP 排放量与农业总产值指标（TP/Y）进行两两对比分析，主要结果为：在 2001—2016 年，OBTC 在 TN、TP 排放量和农业总产值之间，主要偏向于加重 TN 和 TP 的排放，并且局面在"十一五"期间乃至"十二五"期间没有被扭转。在"十五"期间技术进步更多的是偏向于增加农业总产值。到了"十一五"期间、"十二五"期间，技术进步的偏向性则更倾向于加剧污染指标 TN 和 TP 的排放。从表 4-6 中也可以直观地看出，产出偏向型技术进步的变化趋势，对 TN 和 TP 来说，基本都是由偏向促进农业总产值的技术进步转变为偏向增加污染排放的技术进步。另外，按照地区（东部、中部、西部）划分得出的结果显示，西部地区的技术进步更加偏向于促进农业总产值的提高，而中部和东部则倾向于排放更多的污染物。

表 4-6　　　　　　　技术进步偏向污染排放的 DMU 所占比例　　　　单位:%

	增加 TN 排放	增加 TP 排放
"十五"期间	53	53
"十一五"期间	59	59
"十二五"期间	61	58
东部	62	57
中部	63	65
西部	56	57

　　由于气候、自然资源和地理条件的地域性差异，我国农业生产布局明显有着地域性特点，并且不同省份的水资源情况和农业用水状况也存在显著的地区差异。因此，有必要针对我国农业用水量现状来划分用水量高、中、低区域，这样既可以真实反映不同地区农业用水情况和用水效率，也可以有针对性地考察技术进步对各类农业用水地区的影响。本书参考佟金萍等（2014）的方法对各省份农业用水情况进行划分，具体情况如表 4-7 所示。

表 4-7　　　　　　　　中国农业用水省份的聚类划分

不同农业用水区分类	地区
高农业用水量地区	新疆、江苏、广东、黑龙江、广西、湖南、内蒙古、湖北、河北、四川、河南、安徽、山东、重庆、江西
中农业用水量地区	福建、云南、浙江、甘肃、辽宁、贵州、陕西、吉林、宁夏
低农业用水量地区	山西、海南、青海、上海、北京、天津

从表4-8中可以看出，节约水资源、使用劳动力的比例在高农业用水地区中最大，其次是中农业用水地区，低农业用水地区占比最小。节约水资源、使用资本的占比排名情况也基本相同。而对于污染物的排放情况则稍有不同，可能是由于高农业用水地区拥有较大的农业规模，所以其污染物排放也相对较多。低农业用水地区中，技术进步偏向于增加污染物排放的比例高于中农业用水地区，抛开农业规模的影响，可能是因为低农业用水地区的技术进步并不总是朝着绿色生产的方向。

表4-8　　按不同农业用水类型分各技术进步偏向性的 DMU 所占比例 单位:%

	节约水资源、使用劳动力	节约水资源、使用资本	增加 TN 排放	增加 TP 排放
高农业用水地区	0.420	0.397	0.661	0.643
中农业用水地区	0.403	0.340	0.486	0.493
低农业用水地区	0.396	0.396	0.583	0.563

表4-9表示在"十五"期间、"十一五"期间以及"十二五"期间，各个省份分别有几年的绿色技术进步是偏向于"节约水资源、使用劳动力""节约水资源、使用资本""增加 TN 排放"或"增加 TP 排放"的。表4-9显示，从"十五"期间到"十二五"期间，高农业用水地区和中农业用水地区里，节约水资源、使用劳动力的 DMU 占比都是先下降后上升，且上升的幅度要大于前一阶段下降的幅度。低农业用水地区的情况表现为先上升后下降，但下降幅度低于前一阶段上升的幅度。总体来看，无论是高农业用水地区、中农业用水地区还是低农业用水地区，多数省份的技术进步都是偏向于节约水资源、使用劳动力的。对于节约水资源、使用资本的 DMU 来说，从"十五"期间到"十二五"期间，高农业用水地区和中农业用水地区的占比也是先下降后上升，但上升幅度表现为小于或者等于前一阶段的下降幅度。低农业用水地区中节约水资源、使用资本的 DMU 比例则表现为持续下降。

针对产出偏向型技术进步，从表4-9可以看出，无论是高农业用水地区、中农业用水地区还是低农业用水地区，其技术进步偏向于增加 TN 排放的比例都处于上升或者持平的状态，技术进步偏向于增加 TP 排放的比例也相似，只有高农业用水地区在"十一五"期间短暂上升之后又回落到"十五"期间的水平。说明技术进步在促进期望产出增加的同时也加剧了污染物的排放。

表 4-9　　　　　　　　各省份农业技术进步偏向性的分布　　　　单位：个

省份		节约水资源、使用劳动力			节约水资源、使用资本			增加 TN 排放			增加 TP 排放		
		"十五"	"十一五"	"十二五"	"十五"	"十一五"	"十二五"	"十五"	"十一五"	"十二五"	"十五"	"十一五"	"十二五"
高农业用水地区	新疆	0	0	2	0	1	1	2	5	4	2	5	5
	江苏	1	3	1	1	1	1	4	3	2	3	2	2
	广东	2	1	0	2	1	0	5	5	5	5	5	5
	黑龙江	2	3	4	3	2	0	5	3	4	5	3	4
	广西	4	2	4	4	1	5	2	4	5	2	4	5
	湖南	2	2	2	3	2	4	2	4	4	2	4	4
	内蒙古	5	1	3	4	3	2	2	3	1	2	4	1
	湖北	3	1	2	1	0	2	3	5	5	3	5	5
	河北	4	2	1	2	1	3	2	3	2	3	3	2
	四川	1	4	2	2	2	2	3	2	2	3	2	2
	河南	1	1	1	3	3	1	2	2	1	3	2	1
	安徽	3	2	1	4	3	3	4	1	2	4	1	2
	山东	1	1	1	0	0	1	3	2	2	3	2	2
	重庆	1	4	3	0	0	2	2	0	2	2	0	2
	江西	2	2	2	3	2	2	3	3	3	4	3	3
	平均	2.1	2.0	2.3	2.0	1.5	2.0	3.0	3.1	3.2	3.0	3.1	3.0
中农业用水地区	福建	3	2	2	2	0	1	3	5	1	3	5	1
	云南	2	1	2	3	1	0	2	5	5	2	5	5
	浙江	0	1	2	3	0	0	0	0	4	0	0	4
	甘肃	1	3	2	1	3	3	2	0	3	2	0	3
	辽宁	4	2	2	2	1	4	3	2	0	3	2	0
	贵州	3	2	2	2	2	4	3	4	5	3	4	5
	陕西	0	0	0	1	2	0	0	0	0	0	0	0
	吉林	1	3	2	2	1	3	3	4	3	3	4	3
	宁夏	2	1	2	2	2	1	2	3	2	3	3	2
	平均	1.8	1.7	2.2	2.0	1.3	1.8	2.0	2.6	2.6	2.1	2.6	2.6

续表

省份		节约水资源、使用劳动力			节约水资源、使用资本			增加 TN 排放			增加 TP 排放		
		"十五"	"十一五"	"十二五"	"十五"	"十一五"	"十二五"	"十五"	"十一五"	"十二五"	"十五"	"十一五"	"十二五"
低农业用水区	山西	3	4	0	3	3	0	3	1	2	3	1	2
	海南	0	1	1	0	0	0	2	5	5	2	5	5
	青海	1	2	2	1	2	2	2	3	4	2	3	4
	上海	4	4	3	4	1	1	4	3	3	4	3	3
	北京	0	1	2	0	1	3	3	3	3	3	3	3
	天津	1	3	3	4	4	3	2	3	3	1	3	2
	平均	1.5	2.5	1.8	2.5	1.8	1.5	2.7	3.0	3.3	2.5	3.0	3.2

第四节　区域工业绿色技术偏向与用水效率

一　区域工业绿色投入和产出偏向型技术进步

主要依托工业化促进增长发展的模式，目前正面临污染物排放总量远超环境容量，以及水量性缺水与水质性缺水并存的困扰。这表明改革开放以来，中国的要素禀赋已发生重大变化，且随着资源环境约束的加大，经济同环境之间的矛盾越发激烈，工业发展高消耗、高排放、偏重数量扩张的生产方式难以为继。为此，国务院总理李克强在 2015 年政府工作报告中提出了"增加研发投入，提高全要素生产率"的论述，这是全要素生产率首次出现在政府工作报告中，表明了我国提升经济增长质量并实现稳中求进的重要政策转向。2016 年中央财经领导小组第十二次会议、2017 年党的十九大开幕式讲话以及同年 10 月 30 日会见顾问委员会和企业家时，国家主席习近平也都提到有关"转换经济增长动力，提高全要素生产率"这一话题。增加研发投入和转换经济增长动力，其目的都是通过创新驱动技术进步，最终提高全要素生产率。而技术进步作为全要素生产率的来源之一，自然具有重要研究价值。并且考虑到当前我国面临的资源环境约束，探究纳入资源环境因素的绿色偏向型技术进步则显得更为必要。之所以聚焦于此，主要还有以下两方面原因：首先，Wan Ming（1998）研究表明，中国作为一个发展中大国，在可预测的未来还将继续发展工业，并且中国的工业体系较为全面，这就注定中国不可能像部分小国家一样快速转型，专注向清洁型工业结构发展。因此，中国需要以绿色技术进步作为实现可持续健康发展的主要手段。其次，技术进步的偏向直接影响生产过程对环境造成的结果。一项新技术可以偏向于减少污染排放、保护环境，也可以偏向于减少投入、节约资源。因此，识别投入或产出技术进步的具体要素偏向，对合理引导节能减排、优化资源配置具有相当重要的作用。

为了详细地了解 2000—2015 年中国分地区工业全要素生产率的增长以及技术进步偏向性的动态演进和区域分布特征，本章计算、整理并分析了中国 30 个省份 2000—2015 年整体上、时间上、区域上分别以 GDP 作为权重所得的加权平均全要素生产率增长指数，以及东部、中部、西部地区的加权平均全要素生产率增长指数和偏向型技术进步指数。

由图 4-8 可得，几乎每一年的 MI 都大于 1，说明工业全要素生产率整体处于逐年上升的趋势，但上升幅度不稳定；2008 年 MI 降至 1 以下，表明在全球化的今天，中国工业亦会受到全球金融危机的波及。从 TC、EC 和 MI 的变化走势来看，TC 与 MI 的趋势更加契合，说明工业全要素生产率的增长主要由技术进步而非效率改善驱动。"十一五"以及"十二五"期间，在环境规制制约作用、创新驱动技术进步促进作用等因素的综合影响下，MI、TC 均表现出显著波动趋势，如此波动也反映出全要素生产率对中性技术进步偏离的状态。在图 4-9 中还可以看出，IBTC、OBTC 的变化趋势相似，而 MATC 的波动幅度和速度则相对较大，说明规模变化在影响工业生产效率上起到了重要作用。事实上，早期的工业化大部分都是依靠企业规模扩张来实现产出的增加以及效率的提高，与图 4-9 反映的结论一致。

由模型介绍部分可知，投入偏向型技术进步指数若不小于 1，则表示工业技术进步至少不会降低生产率。根据表 4-10 所示结果，几乎全部省份的 IBTC 都大于 1。在 1999—2015 年的每一年中，各省份 IBTC 也基本大于 1，这说明投入偏向型技术进步促进了绝大部分省份工业生产率的提高或者至少维持生产率在当前水平。其中，山东作为工业大省以 6% 的增速积极影响着全要素生产率的提高。样本中还存在一部分归属于中性技术

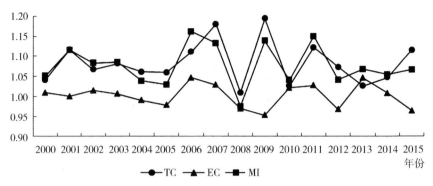

图 4-8　2000—2015 年工业产业 TC、EC、MI 走势

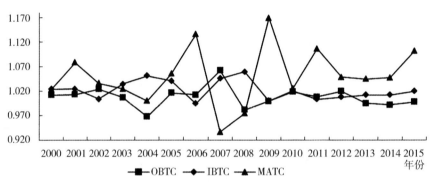

图 4-9　2000—2015 年工业产业 OBTC、IBTC、MATC 走势

进步范畴（OBTC×IBTC=1）的个体，但他们的投入偏向型技术进步仍然提高了生产率（IBTC>1）。针对产出要素层面来说，由于非期望产出这一特殊属性的存在，企业不能把产出偏向型技术进步指数大于 1 作为技术进步方向的片面追求。OBTC>1 表示技术进步对多种产出不同比例的促进作用，其中包含对好产出以及坏产出分别的影响。产出偏向型技术进步到底对企业施加的是正面抑或负面的影响，还需要结合不同时期产出比例分析得到技术进步具体偏向性后才可下定论。但总体来说，在 1999—2015 年，偏向型技术进步对中国各省份的工业生产率是促进的。

表 4-10　　　　　　分地区工业产业偏向型技术进步指数对比

东部	OBTC	IBTC	中部	OBTC	IBTC	西部	OBTC	IBTC
北京	1.029	1.041	山西	1.000	1.006	广西	1.020	1.032
天津	1.069	1.025	内蒙古	1.029	1.016	重庆	1.007	1.005

续表

东部	OBTC	IBTC	中部	OBTC	IBTC	西部	OBTC	IBTC
河北	0.999	1.022	吉林	1.010	1.011	四川	0.987	1.005
辽宁	0.999	1.015	黑龙江	1.005	1.057	贵州	1.000	1.002
上海	1.031	1.032	安徽	1.005	1.015	云南	0.984	1.023
江苏	0.995	1.000	江西	1.005	1.002	陕西	1.003	1.016
浙江	1.010	1.011	河南	1.022	0.996	甘肃	0.893	1.038
福建	0.978	1.010	湖北	0.999	1.002	青海	1.002	0.997
山东	0.981	1.060	湖南	1.023	1.032	宁夏	1.009	1.004
广东	1.008	1.020	—	—	—	新疆	1.205	1.024
海南	1.014	0.998	—	—	—	—	—	—
东部	1.009 9	1.021 1	中部	1.010 8	1.015 2	西部	1.008 6	1.014 6

二　绿色投入和产出偏向型技术进步对用水效率的影响

表4-11中数据显示，在"十五"时期向"十二五"时期过渡阶段，工业全要素生产率的增长速度在持续上升，说明工业生产效率呈现显著提高趋势，并且TFP的增长（MI）全部来自技术变化（TC）的支持。由技术进步贡献率［（TC-1）／（MI-1）］可知，技术变化还抵消了一部分效率退化对TFP增长率造成的负面影响。与此同时，投入偏向型技术进步指数IBTC是递减的，说明技术进步对生产率提高所贡献的力度在逐渐放缓。再结合技术规模指数的变化分析可以得出，工业全要素生产率增速的加快更多来自企业规模的扩张。在此期间的产出偏向型技术进步指数OBTC呈现波动状态，说明在权衡增加期望产出或减少非期望产出的政策目标时，不同时期内施行的环境规制或全面改革政策侧重点是在变化的。

（一）投入偏向型技术进步

"十五"期间各省份投入偏向型技术进步指数最大，为1.031，"十二五"期间该指标值最小，只有1.011。王班班、齐绍洲（2015）关于技术偏向是否节约能源的研究也得出了相似结论。说明技术进步存在边际递减效应，同时工业行业受到了国家"新常态"发展模式的影响，产业处于转型升级阶段，各方面生产流程需要整合、优化，企业尚处于调试期而没达到更完善的状态。"十一五"期间的产出偏向型技术进步指数是增加的，说明在该阶段，中国各省份的工业产出在不断增加，对应现实中的情况也是如此,中国当时已经达到工业化的中后期并仍以快速发展重化工业为持续着眼点。但是很多企业在提高期望产出的同时也加重了废水排放,造成对水环境不可逆转的破坏和对水资源的盲目滥用。"十二五"期间,国家出台《关于实行最严格水资源管理制度的意见》以改善现状,规定用水"红线"以及污染物排放范围,使政策目标侧重点从增加产量转换到保护环境方向上,因此降低了产出偏向型技术进步指数。

表 4-11　　　　　　　　工业产业偏向型技术进步指数及其贡献率

	OBTC	OBTC 贡献率(%)	IBTC	IBTC 贡献率(%)	MATC	MATC 贡献率(%)	TC	TC 贡献率(%)	MI
"十五"期间	1.006	9	1.031	48	1.039	61	1.07	109	1.064
"十一五"期间	1.015	23	1.024	36	1.045	68	1.078	118	1.066
"十二五"期间	1.003	4	1.011	14	1.07	87	1.081	101	1.080
总体均值	1.008	11	1.022	31	1.049	70	1.075	107	1.070

从表 4-12 可知,河北的投入偏向型技术进步对工业全要素生产率(用水效率)的贡献最大,为 884.2%,其次是甘肃,投入偏向型技术进步对用水效率的贡献为 830.4%。说明河北和甘肃两省的用水效率主要由投入偏向型技术进步影响,且该影响是积极的,表现为促进用水效率的提高。东部沿海发达地区的投入偏向型技术进步最大,说明东部地区的技术进步偏向于节约水资源的投入并提高用水效率。这与实际情况也是相符合的,得益于领先的技术水平和充足的高端人才供应,东部地区在全要素生产率方面始终优于中部和西部内陆区域。整体来看,几乎所有省份的投入偏向型技术进步贡献率都大于 0,说明几乎所有省份的投入偏向型技术进步都偏向促进用水效率的提高。而各省份产出偏向型技术进步贡献率的波动相对较大,甘肃的 OBTC 最小,为 -2335.2%,最大的是新疆,为 141.5%,说明在权衡增加期望产出或减少非期望产出的政策目标时,不同时期内施行的环境规制或全面改革政策侧重点可能是在变化的。

表 4-12　　　　　　　　工业产业分地区偏向型技术进步贡献率　　　　　　单位:%

东部	OBTC	IBTC	中部	OBTC	IBTC	西部	OBTC	IBTC
河北	-46.9	884.2	山西	-0.2	21.1	陕西	2.8	16.3
北京	34.8	49.9	河南	32.0	-5.9	四川	-9.2	3.3

续表

东部	OBTC	IBTC	中部	OBTC	IBTC	西部	OBTC	IBTC
天津	114.2	42.4	安徽	7.2	22.4	云南	-15.1	22.3
山东	-30.3	94.2	湖北	-1.4	3.3	贵州	-0.2	3.2
江苏	-4.5	-0.3	江西	5.3	1.7	广西	15.4	25.5
上海	76.2	78.5	湖南	44.9	63.5	甘肃	-2335.2	830.4
浙江	21.7	22.9	吉林	21.9	24.7	青海	2.9	-3.7
福建	-31.1	13.8	黑龙江	19.0	225.4	宁夏	17.0	7.4
广东	17.9	42.9	内蒙古	22.5	12.6	新疆	141.5	16.4
海南	15.9	-2.6	—	—	—	重庆	6.0	4.5
辽宁	-1.0	14.8	—	—	—	—	—	—
东部	15.2	112.8	中部	16.8	41.0	西部	-217.4	92.6

（二）分地区工业绿色技术进步偏向性

1. 投入角度

首先分析三种投入要素，即工业用水量、从业人员以及工业资本存量。将工业用水量与劳动力指标和资本存量指标进行对比分析，主要结论为：1999—2015 年，IBTC 主要偏向于使用水资源、节约劳动力和资本。这很大程度上是由于我国水资源定价市场不完善，利益驱使企业家扩大对丰富要素的使用规模来增加产量所导致。具体来看：1999—2015 年鲜有 DMU 的技术进步是偏向于节约水资源、使用劳动力，或节约水资源、使用资本的。工业大省中的山东、北京、湖南等地区也都是更倾向于使用水资源、节约劳动力。"十五"期间，技术进步偏向于节约水资源的比例略微低于"十一五"期间以及"十二五"期间，但差异并不显著。由图 4-10 还可以看出，东部地区的技术进步较之中部和西部，更加偏向于节约水资源。

在水资源环境日益恶化以及水资源总量日趋紧张的双重约束下，国家于"十一五"规划发展纲要中提出污染物减排要求，其中就包括水污染指标 COD。"十二五"期间，国家继续延伸上述目标，将导致水污染的另一排放物氨氮也纳入减排约束性指标。并且在 2012 年 1 月出台的《关于实行最严格水资源管理制度的意见》中设定用水"红线"，在 2014 年 4 月新修订的《环保法》中强调了地方政府负责所管辖行政区域内的环境质量，管理不善者应引咎辞职等。这可能就是技术进步偏向于节约水资源的比例在"十一五"时期、"十二五"时期提高的原因之一。但是尽管国家相继出台

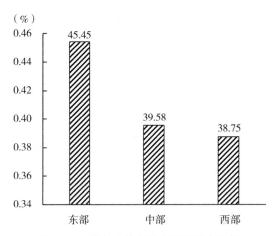

图 4-10　节约水资源的 DMU 所占比例

政策以缓解水资源面临的双重困境，效果却并不乐观。在每个政策的刚出台阶段，工业技术进步偏向性确实会向节约水资源的方向倾斜，表现较为明显的就是 2012 年《关于实行最严格水资源管理制度的意见》和 2014 年《中华人民共和国环境保护法》实施的第二年，即 2013 年和 2015 年，工业用水由使用水资源转向节约水资源，但是维持时间却不长。究其根本，节约水资源所造成的额外成本并不能够由遵守政策、规避惩罚给企业节省的资金来弥补，并且当前我国水价的收费不足以覆盖水的处理成本，更不能反映水资源的稀缺程度和重要性。长期如此，水资源势必枯竭。因此，依照全成本对工业用水进行定价以及强化惩罚力度迫在眉睫。

2. 产出角度

三种产出要素，即作为期望产出的工业增加值以及作为非期望产出的污染物指标 COD 和氨氮排放量。将工业 COD 排放量、氨氮排放量与工业增加值指标进行对比分析，主要结论为：1999—2015 年 OBTC 在 COD、氨氮排放量和工业增加值之间，略微偏向于加重 COD 和氨氮的排放，但局面在"十一五"期间乃至"十二五"期间逐渐被扭转。"十五"期间技术进步偏向于增加 COD 和氨氮的排放量，因为当时中国已经进入以重化工业为主导的经济增长期，重工业比重继续提高，煤电油运持续加强，工业企业生产规模快速扩大，这也就导致了污染物排放的与日俱增。直到在"十一五"规划中对污染物的排放进行约束之后，情况才得到缓解。于是，到了"十一五"期间，尤其是"十二五"期间，技术进步的偏向性已经更倾向于提高工业增加值的产量而不是加剧污染物指标 COD 和氨氮的排放。从表 4-13 中也可以直观地看出产出偏向型技术进步的变化趋势，对 COD 和氨氮来说，各有 20% 的样本将"十一五"期间作为过渡期，由偏向增加污染排放的技术进步转变为偏向促进工业增加值的技术步。将 30 个省份按照东部、中部、西部划分得出的结果如图 4-11 所示，可以看出，东部地区的技术进步更加偏向于促进工业增加值的提高，而中部和西部则倾向于排放更多的污染物。但是，随着技术的不断扩散、转移和创新持续驱动的发展，中部、西部也正逐渐向东部发达地区所靠拢。

表 4-13　　　　　　　　　不同时期技术进步偏向性情况　　　　　　单位:%

技术进步	要素偏向性	"十五"期间	"十一五"期间	"十二五"期间
IBTC	节约水资源	20	40	40
	节约劳动力	80	60	60
	节约水资源	0	20	0
	节约资本	100	80	100
OBTC	增加 COD 排放	80	60	40
	促进工业增加值	20	20	60
	中性	0	20	0
	增加氨氮排放	80	60	40
	促进工业增加值	20	20	60
	中性	0	20	0

3. 分年度地区工业技术偏向性

表 4-14 显示了分年度地区工业技术进步偏向性情况统计，是表 4-13 中各偏向性占比结果的详细展示。首先，从该表可以看出，使用水资源、节约劳动力的地区，也更倾向于使用水资源而节约资本，反之亦然。针对产出偏向型技术进步，此种情况更加明显。即若该地区的技术进步是偏向于增加 COD 排放的，那么该地区的技术进步同样更偏向于增加氨氮的排放。其次，由偏向于节约水资源的技术进步分布年份来看，在每一个五年计划的初始年份或者截止年份，投入偏向型技术进步会更倾向于节约水资源，转而使用其他生产要素进行替代。最后，针对技术进步在产出要素间的偏向分布来看，产出偏向型技术进步随着时间的增加，逐渐变得更加偏向于减少污染物的排放以及促进工业增加值的提高。但即便如此，总体来

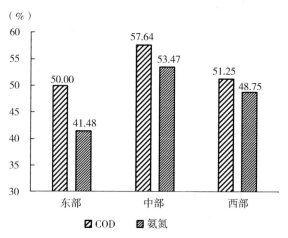

图 4-11　排放污染物的 DMU 所占比例

说，技术进步偏向于节约水资源和减少污染物排放的地区占比依然存在非常大的上升空间。

表 4-14　　　　　　　　　2001—2015 年工业技术进步偏向性的分布

年份	技术进步在投入要素间的偏向		技术进步在产出要素间的偏向	
2001	节约水资源、使用劳动力	使用水资源、节约资本	增加 COD 排放	增加氨氮排放
2002	使用水资源、节约劳动力	使用水资源、节约资本	增加 COD 排放	增加氨氮排放
2003	使用水资源、节约劳动力	使用水资源、节约资本	增加 COD 排放	增加氨氮排放
2004	使用水资源、节约劳动力	使用水资源、节约资本	促进工业增加值	促进工业增加值
2005	使用水资源、节约劳动力	使用水资源、节约资本	增加 COD 排放	增加氨氮排放
2006	节约水资源、使用劳动力	节约水资源、使用资本	增加 COD 排放	增加氨氮排放
2007	使用水资源、节约劳动力	使用水资源、节约资本	增加 COD 排放	增加氨氮排放
2008	使用水资源、节约劳动力	使用水资源、节约资本	促进工业增加值	促进工业增加值
2009	使用水资源、节约劳动力	使用水资源、节约资本	中性	中性
2010	节约水资源、使用劳动力	使用水资源、节约资本	增加 COD 排放	增加氨氮排放
2011	使用水资源、节约劳动力	使用水资源、节约资本	增加 COD 排放	增加氨氮排放
2012	使用水资源、节约劳动力	使用水资源、节约资本	增加 COD 排放	增加氨氮排放
2013	节约水资源、使用劳动力	使用水资源、节约资本	促进工业增加值	促进工业增加值
2014	使用水资源、节约劳动力	使用水资源、节约资本	促进工业增加值	促进工业增加值
2015	节约水资源、使用劳动力	使用水资源、节约资本	促进工业增加值	促进工业增加值

第五节　工业行业绿色技术偏向与用水效率

一　工业行业绿色投入和产出偏向型技术进步

中国经济高速增长奇迹的背后是沉重的资源和环境代价,推动中国经济实现绿色增长转型需要依赖技术进步。在中国,研究工业行业绿色技术进步的相关文章主要如下:何小钢、王自力(2015)通过构建基于超越对数成本函数与卡尔曼滤波(Kalman Filter)测度模型,测算了中国33个行业的能源偏向型技术进步,并对行业能源偏向型技术进步的动态演进特征与影响因素进行了评估。王班班、齐绍洲(2015)采用数据包络法从全要素生产率Malmquist指数中进一步分解出投入要素偏向技术进步指数(IBTC),用来度量生产前沿面的旋转效应。并在此基础上,判别了1999—2012年中国工业36个行业技术进步的要素偏向。杨振兵、邵帅、杨莉莉(2016)基于超越对数生产函数的随机前沿分析方法,测算了中国工业部门的要素产出弹性、环境全要素生产效率增长率、要素替代弹性与生产技术进步的要素偏向程度,并进一步揭示出当前工业生产活动中的要素关系与技术进步路径。景维民、张璐(2014)在Acemoglu等(2010)的偏向性技术进步框架下,构造出基于SBM模型的全局Luenberger指数,用以度量中国工业的绿色技术进步。他们考察了环境管制及对外开放影响绿色技术进步的机制,并运用2003—2010年中国33个工业行业的面板数据,采用可行广义最小二乘法和系统广义矩方法,对理论分析结果进行了检验。

但上述研究大都没有涉及产出偏向型技术进步方面,并且没有具体考察工业行业兼顾水资源投入和水污染排放的绿色全要素生产率。基于此,本章利用中国1997—2016年37个行业的面板数据,测量出工业分行业的绿色全要素生产率增长率,以及由其分解得出的投入要素偏向型技术进步指数和产出要素偏向型技术进步指数,并分别计算其提高用水效率的贡献率和判断技术进步在投入要素和产出方面的具体偏向性。

由图4-12可知,1998—2016年,分行业的MI几乎全都大于1,说明行业全要素生产率整体处于逐年上升的趋势;但增速不稳定,还有些年份出现了负增长现象,具体表现在"十二五"期间MI的走势略弱于"十一五"时期。从 TC、EC 和 MI 的变化走势来看，TC 与 MI 的趋势更加契合，说明行业全要素生产率的增长主要是技术进步（TC）而非效率改善（EC）的作用。"十五"期间、"十一五"期间以及"十二五"期间，MI、TC 均表现出显著波动趋势，技术效率变化指数相对平缓。

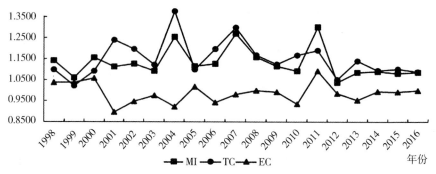

图 4-12　1998—2016 年行业 TC、EC、MI 走势

从图 4-13 中还可以看出，IBTC、OBTC 的变化趋势相似，而 MATC 的波动幅度和速度显著较大，并且与 MI、TC 的变化趋势更加契合，说明技术规模变化对技术进步产生了巨大影响。IBTC 和 OBTC 相对平缓，且一直保持在"1"上下波动的状态，同样也可以说明，行业的技术进步不由投入要素偏向型技术进步和产出偏向型技术进步决定，而是主要来自技术规模变化。

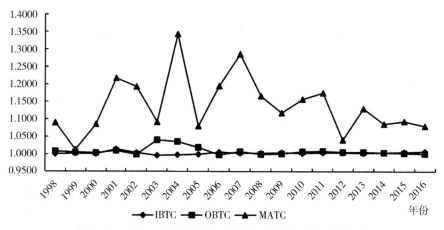

图 4-13　1998—2016 年行业 OBTC、IBTC、MATC 走势

图 4-14 将各行业绿色全要素生产率按照大小进行排序，同时呈现了按 MI 大小排序后得到的各行业考虑到水资源的技术变化指数。数据显

示，总体来看，几乎所有行业的全要素生产率均处于增长状态，可能是由于水资源供给约束以及行业发展过程中波动太大，比如投资在短期内扩张容易导致基础设施出现瓶颈，引发企业在投资过程中更多地投入节能型设备和技术以缓解生产要素供给不足形成的硬约束。从图 4-14 还可以看出，技术变化指数的变化和全要素生产率的变化趋势相似，说明效率的提高主要由技术进步导致。燃气生产和供应业，水的生产和供应业，电气机械及器材制造业，仪器仪表及文化、办公用机械制造业等行业的全要素生产率和技术变化指数相对较大。而金属矿采选业、食品饮料制造以及造纸等行业的全要素生产率和技术变化指数相对较小，因为这些行业普遍水资源消耗较大。

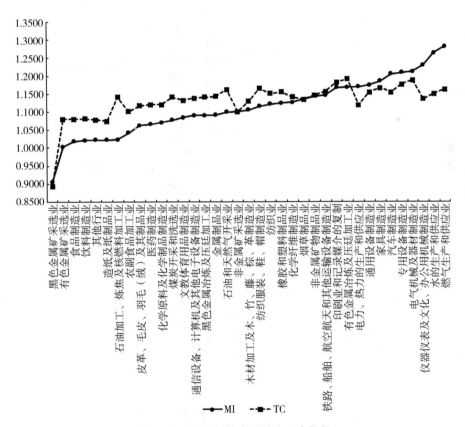

图 4-14　各行业偏向型技术进步指数

图 4-15 是 1998—2016 年各行业全要素生产率和技术进步走势。总体上，中国各行业全要素生产率和技术进步的波动次数及波动幅度都比较

大。中国要素市场发育不完全、政府干预比较频繁而深入，金融制度、国有企业制度以及市场开放制度等的改变都影响到了企业的生产行为和投入要素选择，进而影响了企业对研发、技术进步的投入方向（何小钢、王自力，2015）。

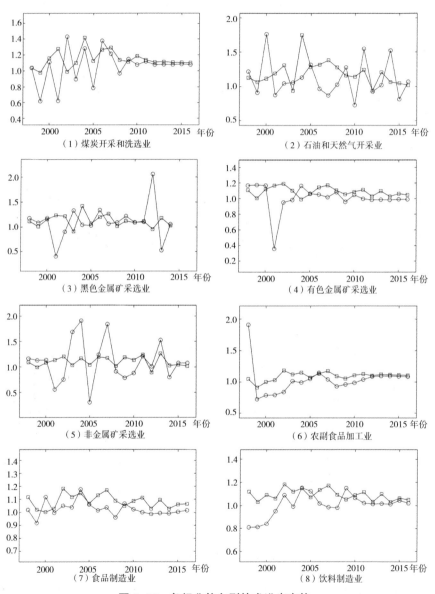

图 4-15　各行业偏向型技术进步走势

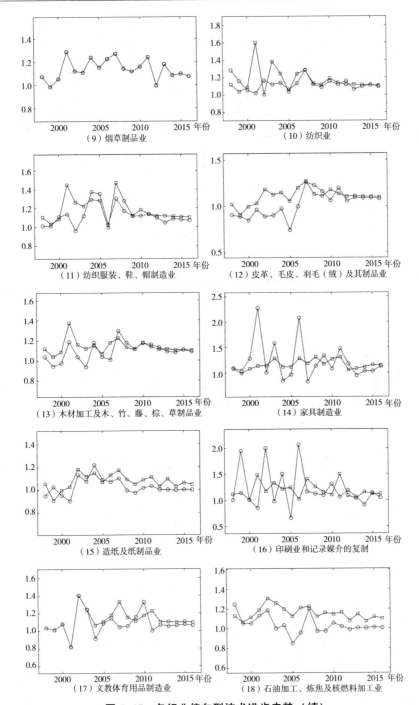

图 4-15　各行业偏向型技术进步走势（续）

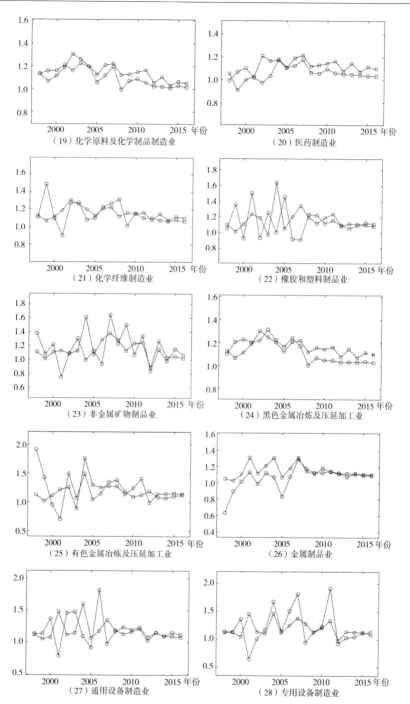

图 4-15　各行业偏向型技术进步走势（续）

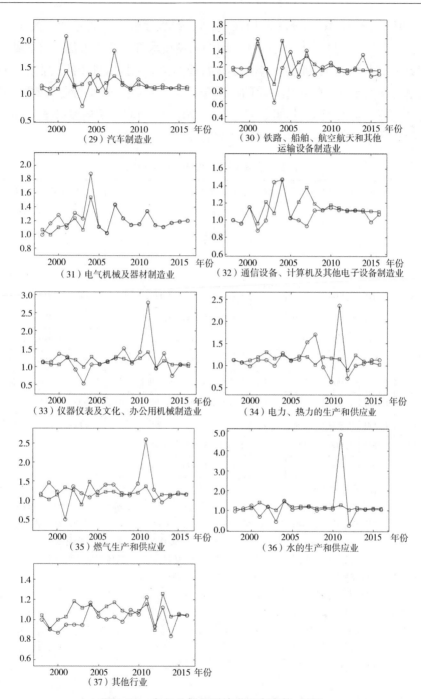

图 4-15 各行业偏向型技术进步走势（续）

注：○代表 MI，□代表 TC。

从 1998—2016 年分行业 IBTC 来看，绝大多数工业行业的年度 IBTC 都大于等于 1（见表 4-15），这说明偏向型技术进步在绝大部分行业的大多数年份至少不会降低生产率，不少行业的偏向型技术进步甚至能在中性技术进步的基础上带来生产率的进一步提高。各年度 37 个行业 IBTC 的几何平均值也均大于 1。因此，在 1998—2016 年期间，偏向型技术进步对中国分行业绿色全要素生产率的贡献总体而言是正面的。

表 4-15　　　　　　　　工业行业偏向型技术进步指数对比

行业	IBTC	OBTC	MATC	行业	IBTC	OBTC	MATC	行业	IBTC	OBTC	MATC
1	0.999	1.007	1.135	14	1.002	0.997	0.997	27	0.993	0.993	1.174
2	0.998	1.003	1.160	15	1.000	1.000	1.000	28	0.999	1.002	1.175
3	0.803	0.795	1.011	16	0.997	1.008	1.008	29	0.999	1.001	1.154
4	1.003	1.008	1.071	17	1.009	1.006	1.006	30	1.000	1.004	1.154
5	1.002	0.999	1.103	18	1.000	1.000	1.000	31	1.046	1.039	1.095
6	1.003	1.000	1.099	19	1.003	1.000	1.000	32	1.001	1.019	1.118
7	1.002	1.000	1.079	20	1.000	1.000	1.000	33	1.005	0.999	1.135
8	0.999	1.000	1.083	21	1.000	1.000	1.000	34	1.000	1.011	1.108
9	1.035	1.068	1.029	22	1.000	0.998	0.998	35	1.001	0.996	1.171
10	1.000	1.000	1.151	23	1.000	0.986	0.986	36	1.000	1.021	1.129
11	1.000	0.999	1.168	24	1.000	0.999	0.999	37	1.000	1.006	1.072
12	1.002	1.000	1.115	25	1.001	1.000	1.000	—	—	—	—
13	1.005	1.000	1.123	26	1.006	1.000	1.000	—	—	—	—

注：本书将产业划分为 37 个行业，分别对应编号如下：1. 煤炭开采和洗选业；2. 石油和天然气开采业；3. 黑色金属矿采选业；4. 有色金属矿采选业；5. 非金属矿采选业；6. 农副食品加工业；7. 食品制造业；8. 饮料制造业；9. 烟草制品业；10. 纺织业；11. 纺织服装、鞋、帽制造业；12. 皮革、毛皮、羽毛（绒）及其制品业；13. 木材加工及木、竹、藤、棕、草制品业；14. 家具制造业；15. 造纸及纸制品业；16. 印刷业和记录媒介的复制；17. 文教体育用品制造业；18. 石油加工、炼焦及核燃料加工业；19. 化学原料及化学制品制造业；20. 医药制造业；21. 化学纤维制造业；22. 橡胶和塑料制品业；23. 非金属矿物制品业；24. 黑色金属冶炼及压延加工业；25. 有色金属冶炼及压延加工业；26. 金属制品业；27. 通用设备制造业；28. 专用设备制造业；29. 汽车制造业；30. 铁路、船舶、航空航天和其他运输设备制造业；31. 电气机械及器材制造业；32. 通信设备、计算机及其他电子设备制造业；33. 仪器仪表及文化、办公用机械制造业；34. 电力、热力的生产和供应业；35. 燃气生产和供应业；36. 水的生产和供应业；37. 其他行业。

二　绿色投入和产出偏向型技术进步对用水效率的影响

从表 4-16 中可以看出，技术规模变化指数（MATC）对技术变化指数（TC）的贡献率最大，其次是投入偏向型技术进步指数（IBTC），而贡献最弱的为产出偏向型技术进步指数（OBTC）。另外，黑色金属矿采选业的 IBTC 和 OBTC 对 TC 的贡献都表现为最大，分别为 186.9% 和 194.1%，抵消了由于规模紧缩而对技术进步造成的部分负面影响。在编号处于 14—26 的这部分行业中，MATC 并不像其他大部分行业一样，呈现出对 TC 贡献率最大的状态。

表 4-16　　　　　　　工业行业偏向型技术进步指数及其贡献率　　　　　单位:%

行业	IBTC 贡献率	OBTC 贡献率	MATC 贡献率	行业	IBTC 贡献率	OBTC 贡献率	MATC 贡献率	行业	IBTC 贡献率	OBTC 贡献率	MATC 贡献率
1	-0.6	5.2	96.1	14	1.2	-1.9	-1.9	27	-4.7	-4.7	113.3
2	-1.3	1.9	99.1	15	0.0	0.0	0.0	28	-0.6	1.3	99.3
3	186.9	194.1	-10.8	16	-1.8	4.4	4.4	29	-0.4	0.8	100.0
4	3.8	9.7	88.8	17	7.0	4.7	4.7	30	-0.2	2.8	98.6
5	2.3	-0.8	103.4	18	0.0	0.0	0.0	31	24.4	20.8	50.7
6	2.7	0.0	97.0	19	2.5	0.0	0.0	32	0.6	13.9	85.1
7	2.1	0.0	97.8	20	4.7	0.0	0.0	33	3.4	-1.1	99.7
8	-1.0	0.0	101.0	21	0.0	0.0	0.0	34	-0.3	8.9	91.0
9	26.1	50.9	21.6	22	-0.1	-1.3	-1.3	35	0.4	-2.7	105.5
10	0.0	0.0	100.0	23	0.3	-9.6	-9.6	36	0.0	14.2	85.9
11	-0.2	-0.9	102.0	24	0.1	-0.4	-0.4	37	0.0	7.9	91.4
12	1.5	0.0	98.3	25	0.3	-0.2	-0.2	—	—	—	—
13	4.1	0.0	95.2	26	4.3	-0.3	-0.3	—	—	—	—

接下来是分行业工业企业的绿色技术进步具体偏向性的分析。首先分析三种投入要素，即工业行业用水量、工业行业从业人员以及工业行业资本存量的估计值。将工业行业用水量与工业行业劳动力指标（W/L）和工业行业资本存量估计值指标进行对比分析，得到表 4-17。主要结论为：1998—2016 年，当投入要素为工业行业用水量和工业行业从业人数时，IBTC 略微偏向于节约水资源、使用劳动力；当投入要素为工业行业用水量和工业行业资本存量时，IBTC 略微偏向于使用水资源而节约资本。具体来看：1998—2016 年，使用水资源、节约劳动力的 DMU 占 25.3%，节约水资源、使用劳动力的 DMU 占 26.4%，较前者略高一筹。同时，使用水资源、节约资本的 DMU 占 28.6%，节约水资源、使用资本的 DMU 占 23.2%，较前者略逊一筹。从"十五"期间至"十二五"期间，使用水

资源、节约劳动力和资本的比例在持续下降，说明对资源的滥用施加限制初见成效。

表 4-17 分时期工业行业技术进步偏向性占比 单位：%

	使用水资源、节约劳动力	使用水资源、节约资本	增加 COD 的排放量	增加氨氮 的排放量
"十五"期间	0.330	0.362	0.324	0.259
"十一五"期间	0.265	0.286	0.178	0.200
"十二五"期间	0.184	0.195	0.222	0.178
总体平均	0.253	0.286	0.225	0.190

其次分析三种产出要素，即作为期望产出的工业行业增加值以及作为非期望产出的污染物指标 COD 和氨氮排放量。将工业行业 COD 排放量指标、氨氮排放量指标与工业行业增加值指标进行对比分析，主要结论为：当产出要素为工业行业增加值和工业行业 COD 排放量时，OBTC 略微偏向于增加污染物 COD 的排放，不过，该情况在"十一五"期间以及"十二五"期间已得到改善，虽然"十二五"时期较之"十一五"时期有反弹趋势，但同"十五"时期相比，仍表现出显著的进步；当产出要素为工业行业增加值和工业行业氨氮排放量时，OBTC 略微偏向于促进工业行业增加值的产出。在"十五"期间技术进步更多是偏向于增加 COD 和氨氮的排放量。因为当时中国已经进入以重化工业为主导的经济增长期，重工业比重继续提高，煤、电、油、运持续加强，工业企业生产规模快速扩大，这也就导致了污染物排放的与日俱增。直到在"十一五"规划中对污染物的排放进行约束，情况才得到缓解。"十一五"期间、"十二五"期间，技术进步的偏向性已经更倾向于提高工业行业增加值的产量而不是加剧污染指标 COD 和氨氮的排放。从表 4-17 中也可以直观地看出产出偏向型技术进步的变化趋势。

表 4-18 表示在"十五"时期、"十一五"时期以及"十二五"期间，各行业分别有几年时间的绿色技术进步是偏向于节约水资源、使用劳动力，节约水资源、使用资本，增加 COD 排放以及增加氨氮排放的。并且此处把行业细分为重工业和轻工业两类进行了统计。数据显示，在从"十五"时期向"十二五"时期过渡的阶段中，重工业行业节约水资源、使用劳动力和节约水资源、使用资本的 DMU 占比都是持续下降的，但下降

幅度在降低。而轻工业行业节约水资源、使用劳动力和节约水资源、使用资本的 DMU 占比都是持续上升的,且上升幅度也在不断增加。说明重工业行业在节约水资源方面的力度弱于轻工业行业,并且差距有扩大趋势。

针对产出偏向型技术进步,从表 4-18 可以看出,轻工业行业中,无论是增加 COD 排放还是增加氨氮排放的行业 DMU,其占比情况都表现为先下降后上升的趋势,且上升幅度小于等于前一阶段下降的幅度,说明轻工业行业的污染物排放量呈现好转态势。重工业行业中,增加 COD 排放的 DMU 占比情况和轻工业相同,而增加氨氮排放的 DMU 占比处于不断下降的状态,说明重工业行业的污染物排放量同样呈现好转态势,且力度稍强于轻工业行业。这一转变可能归因于中国工业转型的影响。

表 4-18　　　　　　　　各工业行业技术进步偏向性的分布

行业		节约水资源、使用劳动力			节约水资源、使用资本			增加 COD 排放			增加氨氮排放		
		"十五"	"十一五"	"十二五"	"十五"	"十一五"	"十二五"	"十五"	"十一五"	"十二五"	"十五"	"十一五"	"十二五"
重工业	1	1	3	3	0	2	3	2	0	0	2	0	0
	2	1	1	0	1	1	0	1	2	2	0	3	1
	3	1	0	0	1	0	0	2	2	2	0	1	1
	4	2	2	0	2	2	0	3	0	0	2	1	0
	5	2	0	0	1	0	0	2	1	2	3	1	1
	16	2	0	1	2	0	1	0	3	4	2	3	1
	18	0	0	0	0	0	0	0	0	0	0	0	0
	19	0	1	0	0	0	0	0	0	0	0	0	0
	20	3	0	0	0	0	0	0	0	0	0	0	0
	21	0	0	0	0	0	0	0	0	0	0	0	0
	23	3	0	0	3	0	0	3	1	0	3	0	0
	24	1	0	0	1	0	0	0	0	0	0	0	0
	25	3	1	0	2	1	0	3	2	0	2	1	0
	26	3	1	4	1	1	4	4	0	0	2	0	0
	27	1	4	4	1	4	4	3	2	0	1	2	2
	28	3	4	4	3	4	4	3	2	0	4	3	0
	29	1	1	0	1	1	0	4	2	3	1	3	3
	30	0	0	0	0	0	0	1	0	2	0	0	2
	31	2	0	0	2	0	0	3	1	1	2	1	1
	34	2	0	0	2	0	0	3	0	1	2	0	1
	35	1	2	1	1	2	1	2	0	3	1	2	3
	36	1	2	2	3	2	2	3	2	3	3	1	2
	平均	1.5	1.0	0.9	1.2	0.9	0.9	1.8	0.9	1.1	1.4	1.0	0.7

续表

行业		节约水资源、使用劳动力			节约水资源、使用资本			增加 COD 排放			增加氨氮排放		
		"十五"	"十一五"	"十二五"	"十五"	"十一五"	"十二五"	"十五"	"十一五"	"十二五"	"十五"	"十一五"	"十二五"
轻工业	6	0	0	2	0	0	2	0	0	0	0	0	0
	7	0	0	0	0	0	0	0	0	0	0	0	0
	8	0	0	0	0	0	0	0	0	0	0	0	0
	9	1	1	3	1	0	0	4	5	4	3	5	4
	10	2	3	4	2	4	4	0	0	0	0	0	0
	11	3	2	4	2	2	4	2	0	0	3	0	0
	12	1	1	5	1	1	5	0	0	0	0	0	0
	13	1	2	5	1	1	5	0	0	0	0	0	0
	14	1	1	4	1	1	4	4	2	4	1	2	4
	15	0	0	0	0	0	0	0	0	0	0	0	0
	17	2	3	4	2	2	4	3	3	1	3	4	1
	22	3	1	3	2	1	3	2	2	2	2	1	3
	32	1	3	4	3	3	5	2	1	1	3	2	0
	33	2	0	0	2	0	0	3	1	3	2	1	3
	37	0	0	0	0	0	0	0	0	2	0	0	2
	平均	1.1	1.2	2.5	1.1	1.1	2.3	1.3	0.9	1.1	1.1	1.0	1.1

第六节　基于水资源的工业偏向型技术进步的影响因素

一　区域偏向型技术进步影响因素实证检验

由一般经济学规律可知，考虑到水资源的分地区工业偏向型技术进步可能受到以下几种因素影响：第一是该地区的水储量 W。这里利用考虑到人口因素的人均水资源量来衡量该地区的水资源丰裕程度。水资源越充足的地区水价会偏低，节水意识薄弱，从而技术进步更倾向于增加水资源投入，忽视用水效率的提高，于是初步判断，投入偏向型技术进步和人均水资源量呈负相关关系，产出偏向型技术进步反之。第二是该地区工业用水的定价（P），工业用水价格信息来自中国水网，各地区工业用水价格以该省份、地级市工业用水价格的平均值表示，地级市工业用水价格为工业用水单价与工业污水处理费用之和。价格作为一种有效的市场调节手段，在水资源配置中起到了非常重要的作用。价格越高的地区，其技术进步更有可能偏向于减少水资源的投入，即投入偏向型技术进步指数可能更大。第三是该地区的总体经济状况和工业发达程度。本书利用工业研发投入（R&D）、工业化程度（IND，即分地区工业增加值/分地区GDP）、工业从业人员平均受教育年限作为衡量指标［利用各省份总人口的平均受教育年限（EY）来代替工业从业人员平均受教育年限，计算公式为：（不识字及识少量字人数×0+小学人数×6+初中人数×9+高中人数×12+大专及大专以上×16）/抽样人口总数]。一般情况，工业化程度会通过收入效应和技术效应两个层面影响用水效率：一方面，工业越发达，收入越高，对水价的敏感程度就会越低，导致企业节水意识差，从而用水效率低，投入偏向型技术进步也相应变低；另一方面，工业发达会促使企业增加研发投入，可能带来工业用水效率和投入偏向型技术进步的提高。两种效应交互作用，如果后者大于前者就会提高用水效率，反之相反。第四是该地区的水污染治理投入（IN），这里采用治理废水项目完成投资额来衡量，一般污水处理投入越大，用水效率会被倒逼提升，从而促进了投入偏向型技术进步。上述数据取自1999—2015年的《中国统计年鉴》和《中国工业统计年鉴》，并用GDP平减指数进行了不变价格的处理。

于是，本书将回归方程设置为：

$$IBTC = \alpha_0 + \alpha_1 W + \alpha_2 P + \alpha_3 R\&D + \alpha_4 IND + \alpha_5 EY + \alpha_6 IN + \varepsilon_i$$

$$(4.13)$$

$$OBTC = \beta_0 + \beta_1 W + \beta_2 P + \beta_3 R\&D + \beta_4 IND + \beta_5 EY + \beta_6 IN + \varepsilon_0$$

$$(4.14)$$

由于各省份的差异性，可能存在不随时间而变的遗漏变量，故在估计前要做面板固定效应的F检验，结果显示两方程均拒绝数据的混合回归结果，即固定效应模型优于混合回归（见表4-19）。F检验的结果基本确认了个体效应存在，但个体效应仍可能以随机效应的形式存在。为此，进行豪斯曼检验以确定究竟该使用固定效应模型还是随机效应模型。结果显示，由于P值为0.002，拒绝原假设，故选择固定效应模型。

表 4-19　　　　　　　　　　　检验结果汇总

检验目的	检验过程	检验结果
固定效应模型和混合回归模型的选择	F 检验 原假设：不存在个体效应 F（29，443）= 27.07　P>F = 0.0000 （IBTC 方程） F（29，443）= 22.56　P>F = 0.0000 （OBTC 方程）	固定效应模型优于混合回归
固定效应模型和随机效应模型的选择	豪斯曼检验 原假设：存在个体随机效应 $\chi^2(5) = 18.92$　$P>\chi^2 = 0.0020$	固定效应模型优于随机效应模型
组内自相关存在性检验	Wooldridge 检验 原假设：不存在一阶组内自相关 F（1，29）= 3.05　P>F = 0.0913 （IBTC 方程） F（1，29）= 6195.697　P>F = 0.0000 （OBTC 方程）	存在组内自相关
组间异方差存在性检验	修正的 Wald 检验 原假设：不存在组间异方差 $\chi^2(30) = 30346.99$ $P>\chi^2 = 0.0000$ （IBTC 方程） $\chi^2(30) = 1.2e+05$ $P>\chi^2 = 0.0000$ （OBTC 方程）	存在组间异方差

在考虑到个体固定效应之后，还要考虑到组内自相关和组间异方差等问题是否存在，因为前者并不能除去扰动项的相关性和异方差性。组内自相关存在性检验的结果显示：对于 IBTC 回归方程而言，在 10% 的显著性水平上存在一阶组内自相关，而 OBTC 回归方程强烈拒绝原假设，存在一阶组内自相关现象。组间异方差检验结果显示：无论是对 IBTC，还是对 OBTC 进行回归，数据都存在组间异方差问题。因此，需要用广义线性模型 GLS 对数据存在的组间异方差和组内自相关现象进行修正并回归，拟合结果见表 4-20。

表 4-20　　　　　　　　混合 LS 回归及 GLS 回归结果

变量	混合 LS 回归		GLS 回归	
	IBTC	OBTC	IBTC	OBTC
人均水资源量	−0.0816*** （0.0174）	0.234*** （0.0619）	−0.011** （0.00430）	−0.026*** （0.00553）

续表

变量	混合 LS 回归		GLS 回归	
	IBTC	OBTC	IBTC	OBTC
用水价格	0.0625 ***	-0.294 **	-0.009 09	-0.001 88
	(0.0218)	(0.135)	(0.00843)	(0.00811)
工业研发投入	0.0624 ***	-0.341 ***	0.0611 ***	0.132 ***
	(0.0114)	(0.0823)	(0.0125)	(0.0144)
平均受教育年限	-0.665 ***	5.564 ***	-0.212 ***	0.814 ***
	(0.180)	(1.198)	(0.0424)	(0.0823)
工业化程度	-0.00763 ***	-0.00735	-0.00206 ***	-0.001 84 *
	(0.00164)	(0.00770)	(0.000677)	(0.00108)
水污染治理投入	0.0338 **	0.159 **	0.00794 ***	0.001 60
	(0.0148)	(0.0642)	(0.00254)	(0.00367)
常数项	1.887 ***	-7.845 ***	0.579 ***	1.212 ***
	(0.405)	(2.088)	(0.196)	(0.168)
年份	0.0284 ***	-0.0209	0.0242 ***	0.0244 ***
	(0.00529)	(0.0138)	(0.00130)	(0.00320)
观察值	480	480	480	480
R^2	0.253	0.131	—	—

注：括号内为标准误；***、**、*分别表示在1%、5%和10%显著性水平下显著。

　　从现有文献中可知，到目前为止，大多数学者均采用参数估计法对数据进行回归，但是由于参数法对模型设定的依赖性较强，可能导致结果不够稳健。于是需要对回归结果进行稳健性检验，首先利用系统 GMM 动态模型，发现滞后一阶至三阶水平变量或差分变量都不是有效的工具变量，所以系统 GMM 动态模型不是有效的方法。因此，本书使用非参数回归实现稳健性检验。与传统的参数回归模型相比较而言，非参数回归模型主要有以下优点：不事先假设回归函数的具体形式，对数据分布也不做要求；适应能力强、稳健性高、回归模型完全由数据驱动；模型精度高以及对非线性、非齐次问题都有非常好的效果等。非参数法作为实现局部线性估计的一种方式，在默认情况下，对数据中每个点的观察子集进行局部线性回归（通常是核回归），并且对每个点 X，解决由下式给出的最小化问题：

$$\min\gamma \sum_{i=1}^{n} \{ y_i - \gamma_0 - \gamma'_1 (x_1 - x) \}^2 K(x) \tag{4.15}$$

其中 $\gamma = (\gamma_0, \gamma'_1)'$，$K(x)$ 为核函数。在此，本书选用较为常见的一种 Epanechnikov 核函数形式：$K(x) = 3/4(1 - x^2)I(x)$。本书利用非参数回归中的 Epanechnikov 核回归模型对数据进行稳健性检验的结果见表 4-21。

表 4-21　　　　　　　　　　　稳健性检验结果

变量	IBTC	OBTC	东部 IBTC	中部 IBTC	西部 IBTC	东部 OBTC	中部 OBTC	西部 OBTC
人均水资源量	-0.104 *** (0.0227)	-0.247 *** (0.0586)	-0.252 *** (0.0491)	0.0342 (0.0228)	-0.0663 *** (0.0249)	-0.135 *** (0.0221)	-0.00508 (0.0409)	0.712 (0.438)
用水价格	0.102 *** (0.0325)	0.345 ** (0.174)	0.255 *** (0.0843)	0.109 * (0.0566)	-0.0569 (0.0554)	0.542 *** (0.0698)	0.0466 (0.112)	-1.607 (1.094)
工业研发投入	0.0395 ** (0.0160)	0.380 *** (0.0866)	0.0923 ** (0.0465)	0.131 (0.0919)	0.0737 *** (0.0223)	-0.00338 (0.0295)	0.174 (0.234)	-0.201 (0.579)
平均受教育年限	-0.728 *** (0.202)	5.834 *** (1.199)	-0.891 * (0.517)	-0.402 (0.406)	-0.444 (0.314)	1.332 *** (0.339)	0.061 (0.624)	12.21 *** (4.064)
工业化程度	-0.0114 *** (0.00329)	-0.00833 (0.0092)	-0.00741 (0.0058)	-0.00649 ** (0.00328)	-0.0101 *** (0.00387)	0.00333 (0.0036)	0.00553 (0.0055)	-0.016 (0.0823)
水污染治理投入	0.0637 *** (0.0243)	0.171 ** (0.0690)	0.130 ** (0.0521)	-0.0348 (0.0217)	-0.00664 (0.0200)	0.0697 *** (0.0269)	-0.0223 (0.0310)	-0.330 (0.312)
年份	0.0273 *** (0.00547)	0.0218 (0.0150)	0.0594 *** (0.0120)	0.00974 * (0.00525)	0.026 *** (0.00899)	0.0276 *** (0.0062)	0.00858 (0.0097)	-0.180 (0.116)
R²	0.430	0.263	0.590	0.948	0.305	0.751	0.892	0.928

注：括号内为标准误；*** 、** 、* 分别表示在 1%、5% 和 10% 显著性水平下显著。

首先，从表 4-21 的前三列中可以看出，除工业化程度对 OBTC 的影响不显著之外，其他变量均显著，说明与表 4-20 结果相比，回归结果稳健。其次，由表 4-21 的数据可得出：人均水资源量与偏向型技术进步指数间的关系为负相关，说明水资源含量越丰裕，用水的技术进步指数越小，与预期影响方向相同；用水价格对偏向型技术进步指数的影响表现为促进，这与经济学中的供求理论相符，即用水价格越高，越能激励技术进步从而提高用水效率，以降低对水资源的需求，从而也降低对水污染物的排放；工业研发投入、水污染治理投入和偏向型技术进步指数间的关系均为正相关，表示工业研发投入、水污染治理投入皆能促进技术进步，减少水资源的消耗；平均受教育年限对投入偏向型技术进步的影响表现为抑制，而对产出偏向型技术进步的影响表现为促进，说明受过教育的从业者并不能很好地促进技术进步从而减少水资源要素的投入，但却可能促进工业产出的增加。工业用水效率与工业化程度间关系为负，则说明工业化程度高带来的收入效应高于技术效应。地区表现上，东部表现出与总体类似的规律，但中部、西部略有不同，而且系数显著性上也表现各异，区域异质性明显。区域分布上，东部地区依然在系数方向和显著性方面都与整体回归保持一致；中部、西部地区虽然异质性明显，但基本方向大体相同。再次说明回归结果具有较强的稳健性特点。

二　工业行业偏向型技术进步影响因素实证检验

通常，外资的引入会对我国偏向型技术进步产生不同影响，一方面是先进技术的对接能推动我国经济的增长，另一方面外商直接投资可能导致东道国沦为高污染产业的接盘者。本书将以外资企业（港澳台和外商）工业总产值占全部国有及规模以上非国有企业工业总产值的比重作为资本结构指标（FS），研究其对中国分行业偏向型技术进步的影响效应。禀赋指生产过程中的投入要素，一般用"资本存量/劳动"的对数即劳均资本装备水平衡量禀赋结构（ES），如魏楚何、沈满洪（2008），禀赋的结构影响着技术进步的方向和水平以及污染的排放。所有权结构（OS）即产权结构会通过产生不同的激励来影响我国偏向型技术进步，本书参考魏楚何、沈满洪（2007）用国有企业工业总产值占全部国有及规模以上非国有企业工业总产值的比重表示所有制结构。规模结构（MS）指的是大中型工业企业总产值在全部国有及规模以上非国有企业工业总产值中所占的比重，鉴于大企业在研发、管理等方面存在优势，所以偏向型技术进步势必受其影响。此外，科技经费（TE）也会影响技术进步。上述数据均来自《中国统计年鉴》和《中国工业统计年鉴》，并用 GDP 平减指数进行了不变价格处理。由于 2011 年后国家不再公布工业总产值数据，所以本节实证所用数据跨度为 2000—2011 年。

于是，本书将回归方程设置为：

$$IBTC = \alpha_0 + \alpha_1 FS + \alpha_2 ES + \alpha_3 OS + \alpha_4 MS + \alpha_5 TE + \varepsilon_i \quad (4.16)$$

$$OBTC = \beta_0 + \beta_1 FS + \beta_2 ES + \beta_3 OS + \beta_4 MS + \beta_5 TE + \varepsilon_o \quad (4.17)$$

同样，在估计前进行 F 检验、豪斯曼检验等，以确定回归模型及排查数据存在的问题。检验结果显示，IBTC 和 OBTC 的回归都是固定效应模型优于混合回归模型，固定效应模型优于随机效应模型，且两者都存在组间异方差和一阶组内自相关问题。于是，选择广义线性模型进行修正并回归，再用非参数的方法进行稳健性检验，拟合结果见表 4-22、表 4-23。

表 4-22　　　　　　　　混合 LS 回归及 GLS 回归结果

变量	混合 LS 回归		GLS 回归	
	IBTC	OBTC	IBTC	OBTC
资本结构	−0.090339 **	0.254135 ***	−0.089656 ***	0.286743 ***
	（0.037346）	（0.0973754）	（0.0241454）	（0.0301457）
禀赋结构	−0.064853 ***	−0.118588 ***	−0.012681	−0.063539 ***
	（0.0125153）	（0.0215704）	（0.0079302）	（0.0105056）
所有权结构	0.063049	0.351314 ***	0.004672	0.330461 ***
	（0.0503018）	（0.097026）	（0.0236685）	（0.0400094）
规模结构	0.316902 ***	0.584288 ***	0.038056 *	0.043677 **
	（0.0705039）	（0.1328848）	（0.0227452）	（0.0171394）
科技经费	−0.023542 ***	−0.006602	0.002798	0.003985 ***
	（0.0050749）	（0.009166）	（0.0031315）	（0.0012337）
常数项	−19.12452 ***	−44.28465 ***	−6.826232 **	−37.48057 ***
	（5.919193）	（10.95213）	（2.727435）	（2.301269）
年份	0.010058 ***	0.022465 ***	0.003926 ***	0.019165 ***
	（0.0029518）	（0.0054614）	（0.0013617）	（0.0011497）
观察值	444	444	444	444
R^2	0.2153	0.2813	—	—

注：括号内为标准误；*** 、** 、* 分别表示在 1%、5%和 10%显著性水平下显著。

表 4-23　　　　　　　　　稳健性检验结果

变量	IBTC	OBTC	轻工业行业 IBTC	轻工业行业 OBTC	重工业行业 IBTC	重工业行业 OBTC
资本结构	0.0576	0.4269 ***	0.0447	0.5118	1.085662	1.3425 ***
	（0.0553）	（0.1571）	（0.0827）	（0.6003）	（0.9822）	（0.3367）
禀赋结构	−0.0588 ***	−0.1034 **	0.0398	−0.021	−0.0284	−0.0142
	（0.0114）	（0.0454）	（0.0249）	（0.1614）	（0.0801）	（0.0446）
所有权结构	0.0875	0.857 ***	−0.3852 ***	0.112	0.614	1.8272 ***
	（0.0637）	（0.1745）	（0.0996）	（0.5449）	（0.5616）	（0.4663）

续表

变量	IBTC	OBTC	轻工业行业 IBTC	轻工业行业 OBTC	重工业行业 IBTC	重工业行业 OBTC
规模结构	−0.0325	−0.1079	0.1411*	0.4758	−0.0384	−0.6267*
	(0.0554)	(0.1602)	(0.0776)	(0.4129)	(0.1513)	(0.3444)
科技经费	−0.009*	0.0046	−0.0156**	−0.0185	−0.0012	0.0359
	(0.0049)	(0.0125)	(0.0072)	(0.0437)	(0.0151)	(0.0304)
年份	0.0088***	0.026***	−0.0047**	0.0128	0.0173***	0.0579***
	(0.0020)	(0.0047)	(0.0023)	(0.0096)	(0.0056)	(0.0164)
R^2	0.9156	0.9559	0.9323	0.9479	0.9622	0.927

注：括号内为标准误；***、**、*分别表示在1%、5%和10%显著性水平下显著。

由表4-22、表4-23可知，混合回归下的结果同广义线性回归下的结果大致相近，只有科技经费这一因素对 IBTC 的影响在两种检验方法下表现相反，OBTC 影响因素检验的相关结果也是如此；在稳健性检验中，禀赋结构和所有权结构对 IBTC 的影响方向同广义线性回归结果相比没有出现变化，规模结构对 OBTC 的影响方向同广义线性回归结果相比表现为反向，因此总体来说，回归结果相对稳健。而改变数据范围对轻工业、重工业行业分别进行投入、产出偏向型技术进步影响因素的检验可以得知，不同类型行业技术进步的影响因素以及影响方向均存在较大差异。回归检验的主要结论为：外商直接投资对投入偏向型技术进步表现为抑制的作用，而对产出偏向型技术进步表现为促进作用，这种反向的影响效果符合现实情况；劳均资本装备水平（禀赋结构）对投入、产出偏向型技术进步都表现为抑制作用，这与涂正革（2008）、王兵（2010）等的结论相似；所有权结构、规模结构和科技经费投入会激励偏向型技术进步，即投入和产出偏向型技术进步均会随着国有产权占比的增加、规模效应的增加以及研发投入的增加而得到相应提升。

第七节 小结

水资源和水环境相关问题已成为制约我国产业发展、经济持续健康增长的重要瓶颈，因此研究产业用水效率，就必须考虑到用水投入以及污水排放等问题。本章通过利用基于方向性距离函数的 DEA 模型分别估算出

我国大陆 30 个省份工业、农业以及 37 个行业的产业用水效率——绿色全
要素生产率增长指数，并分解其来源，得到投入偏向型技术进步指数、产
出偏向型技术进步指数和技术规模变化指数，分别研究其对产业用水效率
的贡献和影响效果。主要研究结论如下：

（1）在农业用水方面，考虑水资源投入和水污染排放的农业全要素
生产率呈现波动上升的趋势，但该趋势在"十二五"期间被削弱，出现
略微向下的变化；全要素生产率的增长主要由技术进步贡献，细分之后发
现，技术规模变化对技术进步的贡献最大。在农业产业中，投入偏向型技
术进步指数和产出偏向型技术进步指数分析结果显示，农业绿色技术进步
更多偏向于使用水资源，节约劳动力、资本和增加 TN、TP 排放的比重，
且各地区农业发展的技术进步存在明显异质性。针对我国农业用水量现状
来划分用水量高、中、低区域之后分析发现，节约水资源、使用劳动力的
比例在高农业用水地区中最大，其次是中农业用水地区，低农业用水地区
的节约水资源占比最小；节约水资源、使用资本的占比排名情况也相同。
并且，在从"十五"时期向"十一五"时期、"十二五"时期过渡的阶
段中，高农业用水地区和中农业用水地区里，节约水资源、使用劳动力的
DMU 占比都是先下降后上升，且上升的幅度要大于前一阶段下降的幅度；
低农业用水地区的情况表现为先上升后下降，但下降幅度低于前一阶段上
升的幅度；而无论是高农业用水地区、中农业用水地区还是低农业用水地
区，其技术进步偏向于增加 TN 排放的比例都处于上升或者持平的状态，
技术进步偏向于增加 TP 排放的比例也相似。

（2）在分省份工业用水方面，兼顾水资源投入和水污染排放的地区
工业全要素生产率处于持续增长状态，并且该增长主要由技术进步贡献；
进一步细分为投入偏向型技术进步指数、产出偏向型技术进步指数以及技
术规模变化指数后发现，技术规模变化对技术进步的贡献最大，其次是投
入偏向型技术进步，最后是产出偏向型技术进步。投入偏向型技术进步指
数分析结果显示，我国大部分地区仍然倾向于过度使用水资源进行生产，
并且往往在每一个五年计划的初始年份或者截止年份，投入偏向型技术进
步会更倾向于节约水资源，转而使用其他生产要素进行替代；同样，产出
偏向型技术进步指数分析结果显示，大部分省份的产出技术进步倾向于增
加产出同时加重水污染，但随着国家对经济增长质量的重视程度不断加
强，技术进步的偏向性逐渐变为减少污染性指标的排放。综合来看，我国

总体的技术进步表现为略微偏向于水资源使用和水污染物排放的减少；但由于地域差异，东部发达地区的技术进步更多偏向于减排方面，这说明我国各地区工业发展的技术异质性明显，绿色技术的传播和扩散需要更便捷的通道。

（3）分行业用水效率方面的结论同分地区工业用水效率情况相似，只不过在某些行业，规模变化不再表现为技术进步的主要推动力。中国工业行业技术进步的偏向性呈现如下特点：投入偏向型技术进步略微偏向于节约水资源、使用劳动力和使用水资源而节约资本，产出偏向型技术进步略微偏向于增加污染物 COD 的排放和促进工业行业增加值的产出。将行业划分为重工业行业和轻工业行业之后进行分析可知，重工业行业在节约水资源方面的力度弱于轻工业行业，并且该差距在"十五"时期向"十二五"时期过渡期间有扩大趋势；但无论是重工业行业还是轻工业行业，其产出偏向型技术进步随着"十五"时期向"十一五"时期及"十二五"期间的过渡，都在向减少污染物排放的方向转变。

本章基于各地区、各行业的工业投入产出面板数据，利用线性回归和非参数回归相结合的方法，对工业偏向型技术进步的影响因素进行了实证检验。得出如下结论：对于分地区工业的偏向型技术进步而言，人均水资源量、用水价格、工业研发投入和水污染治理投入对偏向型技术进步的影响方向均符合预期，平均受教育年限对投入偏向型技术进步和产出偏向型技术进步的影响方向相反，而工业化程度带来的收入效应高于技术效应从而造成对偏向型技术进步的抑制效果。对于分行业工业的偏向型技术进步而言，资本结构对投入偏向型技术进步和产出偏向型技术进步的影响方向相反，禀赋结构对偏向型技术进步起抑制作用，而所有权结构、规模结构、科技经费对偏向型技术进步起促进作用。

第五章

产业用水效率的差异与影响机制

第三章和第四章分别从双重约束的角度探讨和解析了工业、农业的用水效率问题，研究了绿色偏向技术进步对产业用水的作用和影响。本章以产业终端水耗作为研究对象，以结构和动态视角深层次探究产业用水效率的技术效应、结构效应等因素的影响。本章研究可从另一层面弥补静态产业用水效率方法和结果的不足，可进一步充实本书的研究体系和内容。

第一节　LMDI 分解法

一　区域工业用水效率影响因素的 LMDI 分解

为了更清晰地解释水资源消耗的影响机制，采用因素分解法来进一步考察引起工业、农业用水变化的主导因素。本书采用 1999—2015 年各省份面板数据进行分析，以 1999 年为基期，将水资源消耗强度变化的因素分解为技术效应和结构效应。

（一）工业水资源消耗强度

水资源消耗强度指标（Q）可用来分析工业生产的水资源消耗，定义为一定时间内某地区工业用水量（W）与工业增加值（Y）的比值，即：

$$Q(t) = \frac{W(t)}{Y(t)} \tag{5.1}$$

其中，t 表示某个时期。

（二）LMDI 分解

$$Q(t) = \frac{W(t)}{Y(t)} = \frac{\sum_i W(t)_i}{Y(t)} = \frac{\sum_i Q(t)_i Y(t)_i}{Y(t)} = \sum_i Q(t)_i y(t)_i \tag{5.2}$$

其中，$y(t)_i = \dfrac{Y(t)_i}{Y(t)}$ 表示第 i 个省份的产出在总产出中所占的比重，Q_i^t 表示在 t 时期内省份 i 的工业水资源消耗强度。工业水资源消耗强度变化指数 D_{tot} 定义为第 T 年的工业水资源消耗强度相对于基期的比例，定义为：

$$D_{tot} = \frac{Q^T}{Q^0} = D_{tec} D_{str} \qquad (5.3)$$

其中，D_{tec} 指技术效应，D_{str} 指结构效应。

因此，如果从基期到第 T 年，工业水资源消耗强度高，D_{tot} 大于 1；如果工业水资源消耗强度下降，D_{tot} 小于 1。

本书参考 Luyanga 等的 LMDI 分解法，来推导我国区域工业水资源消耗强度的分解公式。将式（5.2）两边取对数，并对时间 t 求导数，可以得到：

$$
\begin{aligned}
\frac{\mathrm{d}[\ln Q(t)]}{\mathrm{d}t} &= \frac{\mathrm{d}[Q(t)]/\mathrm{d}t}{Q(t)} = \frac{Y(t)}{W(t)} \frac{\mathrm{d}\left[\sum_i Q_i(t) y_i(t)\right]}{\mathrm{d}t} \\
&= \frac{Y(t)}{W(t)} \sum_i \left\{ \frac{\mathrm{d}\left[\sum_i Q_i(t)\right]}{\mathrm{d}t} y_i(t) + \frac{\mathrm{d}\left[\sum_i y_i(t)\right]}{\mathrm{d}t} Q_i(t) \right\} \\
&= \sum_i \left\{ \frac{\mathrm{d}\left[\sum_i Q_i(t)\right]}{\mathrm{d}t} \frac{Y(t)}{W(t)} \frac{Y_i(t)}{Y(t)} + \frac{\mathrm{d}\left[\sum_i y_i(t)\right]}{\mathrm{d}t} \frac{Y(t)}{W(t)} \frac{W_i(t)}{Y_i(t)} \right\} \\
&= \sum_i \omega_i(t) \left\{ \frac{\mathrm{d}\left[\sum_i Q_i(t)\right]}{\mathrm{d}t} \frac{1}{Q_i(t)} + \frac{\mathrm{d}\left[\sum_i y_i(t)\right]}{\mathrm{d}t} y_i(t) \right\} \\
&= \sum_i \omega_i(t) \left\{ \frac{\mathrm{d}\left[\sum_i \ln Q_i(t)\right]}{\mathrm{d}t} + \frac{\mathrm{d}\left[\sum_i \ln y_i(t)\right]}{\mathrm{d}t} \right\}
\end{aligned} \qquad (5.4)
$$

其中，$\omega_i(t) = \dfrac{W_i(t)}{W(t)}$，衡量了省份 i 在 t 时期的工业用水量占全国整个工业行业用水量的比重。根据上式可以得到工业水资源消耗强度变化指数 D_{tot}，在区间 [0，T] 上对上式两边求定积分并进行指数变换，并采用 Ang 和 Choi 提出的改进的 LMDI 方法消除残差，将其分解为两个离散的部分，其中：

技术效应：

$$D_{tec} = \exp \sum_i \frac{[\omega(t)_i - \omega_i^0]/[\ln\omega(t)_i - \ln\omega_i^0]}{[\omega(t) - \omega^0]/[\ln\omega(t) - \ln\omega^0]} \ln \frac{Q(t)_i}{Q(0)_i} \quad (5.5)$$

结构效应：

$$D_{str} = \exp \sum_i \frac{[\omega(t)_i - \omega_i^0]/[\ln\omega(t)_i - \ln\omega_i^0]}{[\omega(t) - \omega^0]/[\ln\omega(t) - \ln\omega^0]} \ln \frac{y(t)_i}{y(0)_i} \quad (5.6)$$

其中，D_{tec}反映了技术进步引起的工业水资源消耗强度的变化，如果D_{tec}大于1，意味着技术进步导致工业水资源消耗强度在上升，节水技术进步并没有发挥作用，而D_{tec}小于1意味着工业水资源利用效率在提高，水资源消耗强度在下降。D_{str}反映了工业行业结构变化导致水资源消耗强度的变化，如果D_{str}大于1，意味着高耗水部门发展较快，如果D_{str}小于1则代表低耗水部门发展较快。如果工业水资源消耗强度的变化主要是由于工业结构变化引起的，则D_{str}接近D_{tot}，D_{tec}约等于1，反之同理。

（三）数据来源及工业水资源消耗强度的动态变化

本书1999—2015年各省份的工业行业用水量、工业增加值数据来自《中国环境年鉴》，并根据《中国统计年鉴》的价格指数以1999年为基期进行平减处理。

1. 我国工业水资源消耗强度的综合驱动特征分析

采用LMDI的乘法模式，将各部分变动值的乘积作为总变动值，对我国工业水资源消耗强度的逐年变动特征进行分析（见图5-1）。

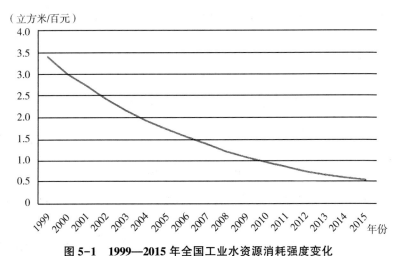

（立方米/百元）

图5-1　1999—2015年全国工业水资源消耗强度变化

从图5-1中可以看到，我国工业水资源消耗强度的变化，总体上呈现出不断下降的趋势，由 1999 年的 3.39 立方米/百元下降到 2015 年的 0.54 立方米/百元，下降了 84.1%，每一年相对于 1999 年区域工业水资源消耗强度大幅度下降。

2. 我国工业水资源消耗强度变化分项驱动特征分析

以 1999 年为基期，根据 LMDI 方法对水资源消耗强度指标进行分解，将其分解为技术效应和结构效应，结果如表 5-1 所示。

表 5-1　　　　我国工业水资源消耗强度的 LMDI 分解

年份	总效应	技术效应	结构效应
2000	0.884367	0.888229	0.995652
2001	0.802957	0.806481	0.995631
2002	0.712294	0.716049	0.994756
2003	0.633668	0.638687	0.992142
2004	0.562880	0.570195	0.987170
2005	0.508188	0.515717	0.985401
2006	0.455375	0.462187	0.985260
2007	0.404523	0.410281	0.985966
2008	0.354544	0.357914	0.990585
2009	0.315674	0.317435	0.994453
2010	0.282389	0.281861	1.001876
2011	0.249652	0.247810	1.007435
2012	0.218600	0.216390	1.010212
2013	0.196277	0.193775	1.012913
2014	0.174829	0.172175	1.015419
2015	0.162017	0.158511	1.022118

分析表 5-1 及图 5-2 可以发现，结构效应值始终接近 1，并且从 2010 年到 2015 年都是大于 1 的；技术效应始终小于 1，并且接近总效应。则可以说明，工业水资源消耗强度变化主要是由于工业技术变化引起的，技术效率是影响工业用水需求和节水潜力的关键因素，工业节水技术的提升可以推动工业用水的效率和效益的提高。

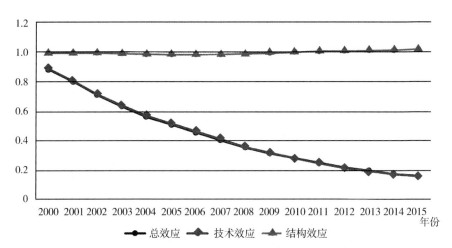

图 5-2　我国工业水资源消耗强度的影响因素分解

表 5-2　　　各省份工业水资源消耗强度的 LMDI 分解（2015 年）

省份	总效应	技术效应	结构效应
北京	0.98380	0.98675	0.99701
天津	0.98886	0.98687	1.00202
河北	0.95699	0.96099	0.99583
山西	0.97885	0.98124	0.99757
内蒙古	0.98797	0.98005	1.00807
辽宁	0.95260	0.95587	0.99658
吉林	0.97512	0.97317	1.00200
黑龙江	0.87547	0.88860	0.98523
上海	0.88463	0.91040	0.97169
江苏	0.79589	0.79266	1.00408
浙江	0.91977	0.93020	0.98879
安徽	0.94930	0.93816	1.01188
福建	0.93034	0.92456	1.00625
江西	0.93147	0.91545	1.01750
山东	0.93180	0.92972	1.00223
河南	0.93806	0.93545	1.00279
湖北	0.89016	0.88626	1.00441
湖南	0.91451	0.90803	1.00713
广东	0.81092	0.81134	0.99948
广西	0.93828	0.93065	1.00820
海南	0.99399	0.99363	1.00036
重庆	0.96361	0.95913	1.00467

续表

省份	总效应	技术效应	结构效应
四川	0.92518	0.91133	1.01520
贵州	0.96216	0.96304	0.99908
云南	0.97270	0.97677	0.99582
陕西	0.98052	0.97830	1.00228
甘肃	0.97348	0.97542	0.99801
青海	0.99406	0.99333	1.00073
宁夏	0.99157	0.99098	1.00060
新疆	0.98323	0.98569	0.99750
合计	0.16202	0.15851	1.02212

在 30 个省份中，所有区域的工业技术调整呈现出负向驱动作用，说明各省份的节水技术进步在发挥作用，工业水资源利用效率在提高，工业水资源消耗强度在下降。在结构效应中，总体呈现出正向驱动作用，分省份来看，呈现出正向驱动作用的有天津、内蒙古、吉林、江苏、安徽、福建、江西、山东、河南、湖北、湖南、广西、海南、重庆、四川、陕西、青海、宁夏共 18 个省份，说明这些地区的工业高耗水部门发展较快；其他 12 个省份呈现出负向效应，说明这些省份的工业低耗水部门发展较快。从数值来看，2015 年的分项驱动作用呈现出与整体相似的效果，结构效应接近 1，技术效应与总效应很接近，说明工业水资源消耗强度变化主要是由工业技术调整引起的。

进一步地，将所有地区的数据分为"十五""十一五""十二五"三个阶段，以"十五"为基期，对"十一五"和"十二五"的工业水资源消耗强度进行 LMDI 因素分解（见表 5-3）。

表 5-3　　各省份工业水资源消耗强度的 LMDI 分解（五年规划阶段）

地区	2006—2010 年			2011—2015 年		
	技术效应	结构效应	总效应	技术效应	结构效应	总效应
北京	0.9956	0.9988	0.9944	0.9933	1.0007	0.9940
天津	0.9968	1.0004	0.9972	0.9943	1.0033	0.9976
河北	0.9859	0.9987	0.9845	0.9756	1.0091	0.9845
山西	0.9929	0.9992	0.9921	0.9880	1.0048	0.9927
内蒙古	0.9938	1.0051	0.9989	0.9861	1.0142	1.0001

续表

地区	2006—2010 年			2011—2015 年		
	技术效应	结构效应	总效应	技术效应	结构效应	总效应
辽宁	0.9884	1.0003	0.9886	0.9780	1.0101	0.9879
吉林	0.9902	1.0008	0.9910	0.9809	1.0127	0.9933
黑龙江	0.9700	0.9940	0.9641	0.9417	1.0138	0.9547
上海	0.9697	0.9896	0.9596	0.9461	1.0101	0.9556
江苏	0.9290	1.0002	0.9292	0.8604	1.0846	0.9332
浙江	0.9764	0.9955	0.9720	0.9566	1.0146	0.9706
安徽	0.9747	1.0054	0.9800	0.9356	1.0517	0.9839
福建	0.9789	0.9994	0.9783	0.9467	1.0343	0.9791
江西	0.9706	1.0069	0.9774	0.9436	1.0382	0.9797
山东	0.9781	1.0005	0.9787	0.9675	1.0137	0.9808
河南	0.9801	1.0021	0.9822	0.9610	1.0243	0.9844
湖北	0.9662	0.9996	0.9658	0.9207	1.0511	0.9677
湖南	0.9683	1.0020	0.9702	0.9316	1.0465	0.9749
广东	0.9335	1.0016	0.9349	0.8835	1.0493	0.9270
广西	0.9769	1.0046	0.9814	0.9538	1.0314	0.9838
海南	0.9980	1.0004	0.9984	0.9962	1.0019	0.9981
重庆	0.9929	0.9995	0.9924	0.9697	1.0204	0.9895
四川	0.9639	1.0074	0.9710	0.9308	1.0410	0.9689
贵州	0.9916	0.9980	0.9896	0.9768	1.0121	0.9885
云南	0.9933	0.9982	0.9916	0.9846	1.0087	0.9931
陕西	0.9923	1.0003	0.9926	0.9861	1.0074	0.9934
甘肃	0.9906	0.9990	0.9896	0.9843	1.0053	0.9895
青海	0.9974	1.0004	0.9978	0.9942	1.0023	0.9964
宁夏	0.9978	1.0001	0.9979	0.9964	1.0022	0.9985
新疆	0.9963	0.9991	0.9955	0.9935	1.0034	0.9969
合计	0.5599	1.0069	0.5637	0.3064	1.8422	0.5644

从表5-3中可以看出，相对于"十五"期间而言，总体上"十一五"期间和"十二五"期间的技术效应逐渐减小，结构效应逐渐增大，"十二五"的总效应相对于"十一五"有微小的上升，并且每个省份几乎呈现出相同的变化。这说明，各省份的节水技术不断进步，带来了工业水资源

消耗强度的降低，同时，高耗水部门发展速度快于低耗水部门，结构效应导致工业水资源消耗强度上升，技术效应带来的正向效应无法完全抵消结构效应带来的负向效应。尽管从整体上来看工业水资源消耗强度始终呈现出下降的趋势，在鼓励节水技术发展及进步的同时，各省份也要兼顾工业高耗水部门的管控，在调整好工业部门结构的基础上，技术进步才能对降低水资源消耗强度更好地发挥作用。

表 5-4　　　　2011—2015 年各省份工业水资源消耗强度逐年变动值

单位：立方米/百元

省份	2011—2012 年	2012—2013 年	2013—2014 年	2014—2015 年
北京	-0.0183	-0.0054	-0.0114	-0.0450
天津	-0.0131	-0.0061	-0.0082	-0.0076
河北	-0.0384	-0.0237	-0.0191	-0.0276
山西	-0.0130	-0.0574	-0.0291	-0.0060
内蒙古	-0.0650	-0.0466	-0.1021	-0.0391
辽宁	-0.0358	-0.0209	-0.0111	-0.0125
吉林	-0.0905	-0.0796	-0.0339	-0.1097
黑龙江	-0.2764	-0.1607	-0.0891	-0.0785
上海	-0.1732	0.0414	-0.2303	-0.0250
江苏	-0.1108	0.0335	-0.0025	-0.0729
浙江	-0.0472	-0.0537	-0.0525	-0.0466
安徽	-0.0948	-0.2112	-0.2337	-0.0934
福建	-0.2614	-0.1256	-0.0946	-0.0807
江西	-0.2547	-0.1313	-0.1107	-0.0964
山东	-0.0263	-0.0110	-0.0127	-0.0047
河南	-0.0276	-0.0584	-0.1008	-0.0314
湖北	-0.2286	-0.5917	-0.1446	-0.0524
湖南	-0.1664	-0.2120	-0.2027	-0.0489
广东	-0.1021	-0.0496	-0.0480	-0.0471
广西	-0.3676	0.0095	-0.1406	-0.1154
海南	-0.0899	-0.0573	-0.0827	-0.1662
重庆	-0.2931	-0.1005	-0.1865	-0.1572
四川	-0.2289	-0.0272	-0.1791	0.0668
贵州	0.2869	-1.0889	-0.1296	-0.2436
云南	-0.0461	-0.1656	-0.0703	-0.0857
陕西	-0.0541	-0.0313	-0.0270	-0.0134
甘肃	-0.1039	-0.2591	-0.0789	-0.1050

省份	2011—2012 年	2012—2013 年	2013—2014 年	2014—2015 年
青海	−0.3048	0.0181	−0.1341	0.0521
宁夏	−0.0768	−0.0731	−0.0694	−0.1375
新疆	−0.1365	−0.0741	−0.0501	−0.1301

为了更清晰地观测到近年来各省份的工业水资源消耗强度变化，表5-4计算出了在"十二五"规划期间各省份工业水资源消耗强度的逐年变化值。可以知道，从 2012 年开始，大部分省份的工业水资源消耗强度在降低，除了 2012 年的贵州，2013 年的上海、江苏、广西及青海，2015年的四川、青海。说明每年各省份工业水资源利用效率在提高，在工业水资源节水工作上取得了明显成效。

（四）分东部、西部、中部地区的工业水资源消耗强度变化

从更大的地区群组上进行比较，更能突出不同区域的地理条件及经济发展状况所带来的工业水资源消耗强度的变化。分类标准为：东部地区包括北京、天津、河北、辽宁、上海、江苏、浙江、福建、山东、广东和海南共 11 个省份；西部地区包括四川、重庆、贵州、云南、陕西、西藏、甘肃、青海、宁夏、新疆、广西、内蒙古共 12 个省份；中部地区包括山西、吉林、黑龙江、安徽、江西、河南、湖北、湖南共 8 个省。

将东部、西部、中部群组的工业水资源消耗强度进行逐年相减，得到2000—2015 年的逐年变动值，见表 5-5。不论是东部、西部还是中部地区，工业水资源消耗强度均是逐年下降的。相对于东部地区，中部及西部地区的水资源消耗强度下降速度更快，这可能是由于东部地区的经济发展速度较快，尽管工业结构改善及技术进步带来水资源消耗减少，但整体上工业水资源消耗强度下降速度相对较慢。

表 5-5　东部、西部、中部地区工业水资源消耗强度逐年变动值

单位：立方米/百元

年份	地区		
	东部	西部	中部
1999—2000	−0.4055	−0.4017	−0.2367
2000—2001	−0.2025	−0.2149	−0.5033
2001—2002	−0.2382	−0.2695	−0.5024

续表

年份	地区		
	东部	西部	中部
2002—2003	−0.2021	−0.4657	−0.2886
2003—2004	−0.1768	−0.3058	−0.3580
2004—2005	−0.1380	−0.2790	−0.2803
2005—2006	−0.1419	−0.2608	−0.2483
2006—2007	−0.1326	−0.2640	−0.2470
2007—2008	−0.1440	−0.1724	−0.2669
2008—2009	−0.1068	−0.1969	−0.1825
2009—2010	−0.0884	−0.1820	−0.1564
2010—2011	−0.0738	−0.1796	−0.1857
2011—2012	−0.0853	−0.1578	−0.1345
2012—2013	−0.0221	−0.1063	−0.1893
2013—2014	−0.0400	−0.1215	−0.1190
2014—2015	−0.0381	−0.0503	−0.0530

对东部、西部、中部地区的工业水资源消耗强度进行 LMDI 因素分解，得到以 1999 年为基期的综合驱动因素变化（见表 5-6）。从总体上来看，结构效应始终接近 1，并且呈现出逐渐增大的趋势，工业水资源消耗强度变化的总效应主要是由于技术效应变化引起的，技术效应呈现出逐年下降的趋势。相对于 1999 年，2000—2015 年的工业节水技术不断发展及进步，工业高耗水部门发展速度却快于低耗水部门，总体上东部、西部、中部的工业水资源消耗强度呈现出下降趋势。

表 5-6　　东部、西部、中部工业水资源消耗强度的 LMDI 分解

年份	技术效应	结构效应	总效应
2000	0.8914	0.9973	0.8890
2001	0.8103	0.9961	0.8071
2002	0.7203	0.9941	0.7160
2003	0.6429	0.9907	0.6369
2004	0.5726	0.9881	0.5658
2005	0.5161	0.9898	0.5108
2006	0.4618	0.9913	0.4577

续表

年份	技术效应	结构效应	总效应
2007	0.4091	0.9939	0.4066
2008	0.3571	1.1338	0.4048
2009	0.3165	1.0026	0.3173
2010	0.2817	1.0076	0.2839
2011	0.2476	1.0134	0.2509
2012	0.2159	1.0178	0.2197
2013	0.1939	1.0173	0.1973
2014	0.1729	1.0164	0.1757
2015	0.1601	1.0172	0.1629

进一步地观察东部、西部、中部的地区差异，以 2014 年为基期通过 LMDI 分解方法得到 2015 年的工业水资源消耗强度的各因素变化（见表 5-7）。与综合驱动因素分析的结果一致，工业水资源消耗强度的降低主要是由技术进步带来的，其中技术效应的正向效应从大到小为东部地区、中部地区和西部地区；结构效应上，东部地区和中部地区呈现出正向效应，而西部地区呈现出负向效应。整体上，工业水资源消耗强度下降更明显的是东部。这说明，2015 年东部地区的节水技术进步最快，低耗水部门发展也是最快的，中部和西部地区工业水资源消耗强度下降幅度不如东部地区明显，节水技术发展也相对缓慢，中部地区低耗水部门速度快于高耗水部门，西部地区高耗水部门发展更快。

表 5-7　　东部、西部、中部工业水资源消耗强度的 LMDI 分解（2015 年）

地区	技术效应	结构效应	总效应
东部	0.9619	0.9981	0.9601
西部	0.9845	1.0026	0.9870
中部	0.9781	0.9998	0.9779
合计	0.9262	1.0006	0.9267

（五）东部、西部、中部地区的工业水资源消耗强度变化（五年规划阶段）

在时间上，以"十五"为基期，通过 LMDI 方法将"十一五"及"十二五"的工业水资源消耗强度进行分解（见表 5-8）。与每一年的数据发展趋势相同，东部、西部、中部的工业水资源消耗强度整体呈现出下降趋势，并且主要是由技术效应引起的，各地区的工业节水技术进步显著。在工业部门结构上，西部和中部地区呈现出高耗水部门的发展快于低耗水部门，拖慢了整体上水资源消耗强度的下降。

表 5-8　　东部、西部、中部工业水资源消耗强度的 LMDI 分解
（五年规划阶段）

地区	2006—2010 年			2011—2015 年		
	技术效应	结构效应	总效应	技术效应	结构效应	总效应
东部	0.7566	0.9880	0.7475	0.5872	0.9618	0.5647
中部	0.8311	1.0053	0.8356	0.6747	1.0261	0.6924
西部	0.8879	1.0165	0.9025	0.7749	1.0416	0.8072
合计	0.5584	1.0096	0.5637	0.3070	1.0280	0.3156

从工业水资源消耗强度指标上来看，三个地区的工业水资源消耗强度逐渐下降，但是，"十一五"阶段相对于"十五"阶段中部地区下降最快，东部地区最慢（见表 5-9）。"十二五"阶段相对于"十一五"阶段的变动结论一致。

表 5-9　　东部、西部、中部工业水资源消耗强度及相邻阶段变动值
（五年规划阶段）　　　　　单位：立方米/百元

地区	工业水资源消耗强度			相邻阶段变动值	
	2001—2005 年	2006—2010 年	2011—2015 年	2006—2010 年	2011—2015 年
东部	1.6055	0.8930	0.5171	-0.7125	-0.3759
中部	3.1236	1.7893	0.9729	-1.3343	-0.8164
西部	2.8298	1.5264	0.7539	-1.3035	-0.7725

（六）结论及政策建议

总体上，区域工业水资源消耗强度呈现出逐年下降的趋势，并且这种下降趋势主要是由技术效应引起的，结构效应逐渐呈现出微小的负向效应。从东部、西部、中部群体来看，东部地区的工业部门结构更加合理，节水技术也处于领先地位；中部和西部的工业水资源消耗指数虽然处于较高水平，但其节水技术发展更为迅速。因此，经济发展水平更高的东部地区应保持工业水资源合理利用的良好态势，在保持低耗水部门的快速发展同时，注重工业节水技术进步。中部、西部地区在大力推进工业节水技术的同时，要关注工业结构的变化，合理调整工业结构，对高耗水部门加强管制，降低高耗水部门在工业行业中的比重，只有两方面兼顾，才能做到工业水资源消耗的持续不断降低，改善水资源利用状况。

二　工业行业用水效率影响因素的 LMDI 分解

对于工业行业部门的用水效率影响因素驱动分析采用与区域工业用水效率同样的方法，使用水资源消耗强度指标进行 LMDI 拆分，不同之处在于所使用的数据是按照陈诗一（2011）的方法进行分类的，1997—2014年的 37 个工业行业数据，来自《中国工业经济统计年鉴》。

（一）不同行业水资源消耗强度的综合驱动特征分析

根据式（5.1）可以得出 1997—2014 年样本期间我国工业水资源消耗强度的变化值，并分析工业行业部门的综合驱动特征（见图 5-3），工业行业水资源消耗强度呈现出下降的态势（见图 5-4）。

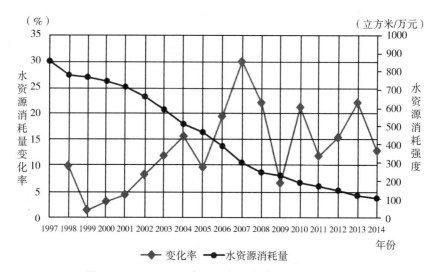

图 5-3　1997—2014 年工业行业水资源消耗强度变化

以 1997 年为基期，使用 LMDI 方法将工业行业水资源消耗强度变化指数分解为基数效应和结构效应。总效应呈现出持续下降的趋势，结构效应始终接近于 1，说明总的水资源消耗强度变化主要是由技术效应引起的。并且在 2003 年之前，结构效应大于 1，在 2003 年及其之后，结构效应小于 1，由正向驱动作用转向负向驱动作用，结构效应总体趋势上逐渐得到改善，说明高耗水部门发展逐渐减缓，低耗水部门得到更好的发展，工业结构得到了优化。不论是分行业 LMDI 分解还是分省份 LMDI 分解，得到的结果是一致的，我国工业水资源消耗变化主要是由技术变化引起的。

表 5-10　　　　　　　　工业行业水资源强度的 LMDI 分解

年份	总效应（D_{tot}）	技术效应（D_{tec}）	结构效应（D_{str}）
1998	0.9102	0.9005	1.0108
1999	0.8978	0.8606	1.0432
2000	0.8717	0.8560	1.0184
2001	0.8355	0.8162	1.0237
2002	0.7716	0.7595	1.0160
2003	0.6903	0.6975	0.9897
2004	0.5972	0.6057	0.9861
2005	0.5454	0.5549	0.9828
2006	0.4559	0.4719	0.9661
2007	0.3506	0.3558	0.9853
2008	0.2873	0.2914	0.9860
2009	0.2696	0.2746	0.9819
2010	0.2225	0.2253	0.9875
2011	0.1989	0.2016	0.9865
2012	0.1723	0.1743	0.9883
2013	0.1410	0.1429	0.9869
2014	0.1251	0.1281	0.9769

（二）不同行业水资源消耗强度的分项驱动分析

为了更清晰地观察不同行业水资源消耗强度的变化，计算得到水资源消耗强度的逐年变动值（见表5-11）。大部分行业的水资源消耗强度变化呈现出下降趋势，仅有极少数的行业有微小上升。其中变动较为明显的为黑色金属冶炼及压延加工业，造纸及纸制品业，化学纤维制造业，化学原料及化学制品制造业，有色金属矿采选业，石油加工、炼焦及核燃料加工业及电力、热力的生产和供应业共 7 个行业。其中，电力、热力的生产和供应业变化最为明显。

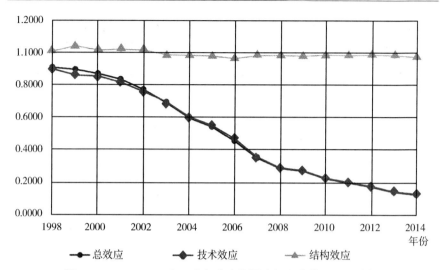

图 5-4 1998—2014 年工业行业水资源消耗强度的 LMDI 分解

表 5-11　　　　分行业水资源消耗强度逐年变动值 单位：立方米/万元

行业	2009—2010 年	2010—2011 年	2011—2012 年	2012—2013 年	2013—2014 年
石油和天然气开采业	1.42	-0.67	-0.59	-2.10	-2.01
黑色金属冶炼及压延加工业	-73.93	-37.04	-40.33	-38.42	-45.69
有色金属冶炼及压延加工业	-19.64	-12.59	-9.90	-10.08	-6.65
皮革、毛皮、羽毛（绒）及其制品业	-1.13	-3.12	-0.87	-1.28	-1.10
造纸及纸制品业	-73.94	-25.35	-32.84	-41.65	-32.08
纺织业	-8.75	-5.95	-6.92	-2.57	-3.58
文教体育用品制造业	-0.87	-0.61	-0.44	-0.32	-0.35
化学纤维制造业	-104.41	-61.96	-28.18	-37.91	-29.53
化学原料及化学制品制造业	-93.25	-62.49	-45.36	-41.10	-35.15
通信设备、计算机及其他电子设备制造业	-0.99	-0.79	-0.66	-0.57	-0.50
电气机械及器材制造业	-0.56	-0.39	-0.31	-0.26	-0.22
食品制造业	-15.68	-9.65	-8.56	-7.14	-7.53
家具制造业	-0.28	-0.59	-0.14	-0.28	-0.39
通用设备制造业	-2.28	-0.66	-0.95	-0.83	-0.71

续表

行业	2009—2010 年	2010—2011 年	2011—2012 年	2012—2013 年	2013—2014 年
饮料制造业	-12.36	-9.99	-7.53	-6.76	-6.87
仪器仪表及文化、办公用机械制造业	-4.74	-2.92	-1.90	-2.43	-2.23
医药制造业	-12.03	-6.06	-7.09	-6.20	-5.30
金属制品业	-2.27	-2.28	-1.76	-0.99	-1.37
汽车制造业	-1.29	-0.63	-0.51	-0.52	-0.31
非金属矿物制品业	-13.15	-3.88	-4.75	-4.31	-5.41
铁路、船舶、航空航天和其他运输设备制造业	-1.55	-0.59	-0.42	-0.70	-1.27
橡胶和塑料制品业	-3.33	-2.42	-1.37	-1.46	-1.25
专用设备制造业	-2.03	-1.38	-1.43	-1.23	-1.20
纺织服装、鞋、帽制造业	-0.87	-0.95	-0.60	-0.20	-0.47
烟草制品业	-0.67	-0.43	-0.33	-0.30	-0.26
非金属矿采选业	-19.66	-22.21	-5.90	-11.38	-9.97
煤炭开采和洗选业	-6.18	-8.33	-5.20	-5.11	-4.59
黑色金属矿采选业	-47.24	-34.30	-19.54	-23.02	-20.50
有色金属矿采选业	-56.16	-26.70	-30.82	-30.71	-16.16
其他行业	-6.76	-8.47	-10.42	-5.54	-4.76
印刷业和记录媒介的复制	-0.46	-0.35	-0.27	-0.24	-0.21
农副食品加工业	-7.34	-6.66	-5.79	-4.96	-4.32
石油加工、炼焦及核燃料加工业	-147.73	-47.98	-77.67	-79.88	-63.34
木材加工及木、竹、藤、棕、草制品业	-2.66	-2.18	-1.60	-0.98	-0.83
燃气生产和供应业	-36.51	-25.90	-7.63	-13.06	-12.58
水的生产和供应业	-31.83	-12.30	-22.94	-14.60	-18.37
电力、热力的生产和供应业	-310.11	-132.75	-178.00	-226.05	-59.56
合计	-1121.22	-581.52	-569.51	-625.17	-406.61

　　以 1997 年为基期，利用 LMDI 分解法得到 2014 年我国工业行业水资源消耗强度变化的技术效应与结构效应（见表5-12）。各行业的结构效应并没有太大的差异，在技术效应上，电力、热力的生产和供应业与其他部

门呈现出较大的差异，在整体上拉低了技术效应。因此，提高这个部门的水资源利用效率可以明显改善整体水资源效率。

表 5-12 分行业水资源消耗强度的 LMDI 分解

工业行业	总效应	技术效应	结构效应
石油和天然气开采业	0.9838	0.9973	0.9864
黑色金属冶炼及压延加工业	0.7683	0.7617	1.0086
有色金属冶炼及压延加工业	0.9499	0.9375	1.0132
皮革、毛皮、羽毛（绒）及其制品业	0.9979	0.9981	0.9998
造纸及纸制品业	0.9414	0.9430	0.9983
纺织业	0.9673	0.9702	0.9971
文教体育用品制造业	0.9994	0.9995	1.0000
化学纤维制造业	0.9674	0.9683	0.9991
化学原料及化学制品制造业	0.7180	0.7107	1.0101
通信设备、计算机及其他电子设备制造业	0.9936	0.9899	1.0037
电气机械及器材制造业	0.9943	0.9936	1.0007
食品制造业	0.9929	0.9932	0.9997
家具制造业	0.9992	0.9992	1.0000
通用设备制造业	0.9939	0.9935	1.0004
饮料制造业	0.9969	0.9979	0.9990
仪器仪表及文化、办公用机械制造业	0.9987	0.9984	1.0003
医药制造业	0.9819	0.9781	1.0039
金属制品业	0.9970	0.9972	0.9998
汽车制造业	0.9921	0.9900	1.0021
非金属矿物制品业	0.9782	0.9813	0.9969
铁路、船舶、航空航天和其他运输设备制造业	0.9930	0.9934	0.9996
橡胶和塑料制品业	0.9927	0.9927	1.0000
专用设备制造业	0.9959	0.9952	1.0007
纺织服装、鞋、帽制造业	0.9980	0.9982	0.9998
烟草制品业	0.9971	0.9975	0.9996
非金属矿采选业	0.9937	0.9962	0.9975
煤炭开采和洗选业	0.9844	0.9890	0.9954
黑色金属矿采选业	0.9894	0.9899	0.9995
有色金属矿采选业	0.9901	0.9914	0.9987

续表

工业行业	总效应	技术效应	结构效应
其他行业（其他采矿+工艺+废弃+其他行业）	0.9818	0.9845	0.9973
印刷业和记录媒介的复制	0.9992	0.9992	1.0000
农副食品加工业	0.9855	0.9875	0.9980
石油加工、炼焦及核燃料加工业	0.9104	0.9532	0.9550
木材加工及木、竹、藤、棕、草制品业	0.9992	0.9991	1.0001
燃气生产和供应业	0.9950	0.9910	1.0041
水的生产和供应业	0.9974	0.9996	0.9978
电力、热力的生产和供应业	0.3670	0.3613	1.0157
合计	0.1251	0.1281	0.9769

图 5-5 中给出了电力、热力的生产和供应业历年水资源消耗强度，在 2003 年之前，水资源消耗强度处于缓慢变化过程，变化幅度小，且水资源消耗强度没有得到明显的改善。2003—2008 年水资源消耗强度出现了大幅度的下降，用水效率大幅度提升。从图 5-6 的 LMDI 分解中可以看出，水资源消耗强度的结构效应始终在 1 附近波动，技术效应与水资源消耗强度呈现出同样的变化，说明电力、热力的生产和供应业水资源消耗强度的改善主要是由行业的节水技术提升所带来的，并且 2003—2008 年改善效果明显，在 2008 年之后，技术效用带来的改善效果还在持续，改善速度放缓。

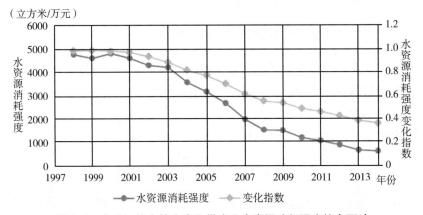

图 5-5　电力、热力的生产和供应业水资源消耗强度综合驱动

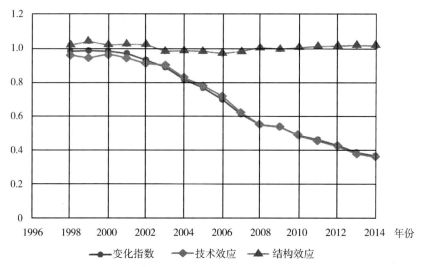

图5-6 电力、热力的生产和供应业水资源消耗强度的 LMDI 分解

（三）结论及政策建议

工业行业的水资源消耗强度在整体上呈现出下降的趋势，主要这是由于技术效应带来的。结构效应上来看，整体上低耗水部门发展速度快于高耗水部门，结构效应呈现出正向效应。电力、热力的生产和供应业的水资源消耗强度在不断下降，但是与其他行业部门相比，其行业内节水技术进步缓慢。因此，尤其要关注高耗水行业的工业用水效率，加强对高耗水行业的管控，推广节水技术及设施，强化节水管理，维持正向驱动作用，促进整体水资源消耗强度的持续下降。

三 农业用水效率影响因素的 LMDI 分解

在对农业用水效率的影响因素分解中，采用 LMDI 的加法模型进行分解，采用的数据是 2000—2014 年的省份数据。

（一）LMDI 模型

农业水资源消耗总量可以被定义为：

$$E = \sum_i E_i = \sum_i Q \frac{Q_i}{Q} \frac{E_i}{Q_i} = \sum_i QS_iI_i \qquad (5.7)$$

式中，E 代表农业水资源消耗总量，E_i 代表省份 i 的农业水资源消费量，Q 代表全国农业经济规模，Q_i 代表地区 i 的农业经济规模，S_i 代表地区 i 的经济份额，I_i 代表地区 i 的农业水资源密集度或者消耗强度。

两个时期农业水资源消耗量的变化则可以分解为：

$$E^T - E^0 = \Delta E_{tot} = \Delta E_{act} + \Delta E_{str} + \Delta E_{int} \tag{5.8}$$

式中，ΔE_{tot} 代表样本期相对于基期农业水资源消耗的变化量，表示总效应。根据式（5.7）将其分解为三个部分：ΔE_{act} 代表规模效应，表示由全国农业经济规模变化带来的规模效应；ΔE_{str} 代表结构效应，表示地区经济规模在全国经济规模中所占比重变化带来的效应；ΔE_{int} 代表效率效应，表示农业水资源密集度所引起的水资源利用效率对农业用水量的影响。

规模效应：

$$\Delta E_{act} = \sum_i \omega_i \ln(\frac{Q^T}{Q^0}) \tag{5.9}$$

结构效应：

$$\Delta E_{str} = \sum_i \omega_i \ln(\frac{S^T}{S^0}) \tag{5.10}$$

效率效应：

$$\Delta E_{int} = \sum_i \omega_i \ln(\frac{I^T}{I^0}) \tag{5.11}$$

其中，权重函数 ω_i 为：

$$\omega_i = \frac{E_i^T - E_i^0}{\ln E_i^T - \ln E_i^0} \tag{5.12}$$

（二）农业水资源消耗的动态变化

随着区域农业的发展，农业用水量也会迅速增加，在计算期内（2000—2014 年）农业用水量变化可以从图 5-7 中观察得到。分析可以得出，区域农业水资源消耗量呈现出波动上升的状态，2014 年相对于 2000 年用水量增加了 351 亿立方米，增长了 9.98%。由于农业用水量大，加之日益增长的农业生产对农业用水量更高的需求，长期内全国农业用水量无法得到明显改善，从而制约了农业经济健康稳定发展。因此强化农业节水管理，优化产业结构，推进节水技术发展，是抑制农业用水过快增长的重要措施。

以 2000 年为基期，利用 LMDI 方法将影响农业用水量的各个因素进行拆分，得到规模效应、结构效应和效率效应对农业用水量的影响。表 5-13 给出了 LMDI 分解结果，可以看出，样本期的规模效应均是正值，呈现出负效应，说明农业经济规模的扩大必然会带来农业水资源消耗的增

（亿立方米）

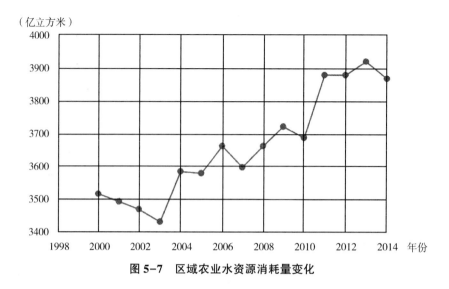

图 5-7　区域农业水资源消耗量变化

多。结构效应在 2003 年之后为正值，说明在 2003 年之后，整体农业的高耗水部门增长加快，带来了用水总量的持续增加。从效率效应的变化来看，样本期间效率效应始终处于负值，呈现出正向效应，代表农业用水效率的提高带来了农业水资源消耗量的减少，农业节水技术的日益发展对农业水资源消耗的变化是持续改善的。

表 5-13　　　　　区域农业水资源消耗量的 LMDI 分解结果　单位：亿立方米

年份	规模效应	结构效应	效率效应	总效应
2001	145.83	−28.95	−141.19	−24.30
2002	256.85	−17.10	−286.35	−46.60
2003	240.97	105.60	−432.08	−85.50
2004	951.62	39.34	−923.47	67.50
2005	1227.99	84.44	−1250.13	62.30
2006	1579.72	90.12	−1523.24	146.60
2007	2044.38	107.83	−2070.81	81.40
2008	2523.12	68.69	−2446.41	145.40
2009	2859.01	58.01	−2711.92	205.10
2010	3520.80	132.04	−3481.83	171.00
2011	4080.89	167.79	−3886.40	362.28

年份	规模效应	结构效应	效率效应	总效应
2012	4491.84	198.68	-4328.02	362.50
2013	4856.39	197.85	-4650.64	403.60
2014	5050.88	210.10	-4909.98	351.00

注：因四舍五入，分项效应之和有可能不等于总效应。下同。

表5-14给出了以2000年为基期的2014年各省份农业用水量的LMDI因素分解结果。可以观察到，全国与分地区的农业用水规模效应呈现出负效应，效率效应呈现出正向效应，各个地区的差异主要体现在区域农业结构效应上。2014年结构效应表现为正向的有北京、天津、辽宁、上海、江苏、浙江、安徽、福建、江西、山东、河南、广东、海南、四川、西藏，共15个地区，说明这些地区的低耗水部门发展较快，农业经济结构改善带来了工业用水量的减少。在水资源消耗量的总效应中，相对于2000年，2014年水资源消耗减少的区域有北京、天津、河北、内蒙古、上海、浙江、福建、山东、河南、湖南、广东、广西、海南、贵州、云南、青海，共16个地区。其中，仅因为用水效率提升使水资源消耗减少的地区是河北、内蒙古、湖南、广西、贵州、云南、青海，其他9个地区农业用水量减少是由效率效应和结构效应的共同改善造成的。

表5-14　　　　　　　　分地区农业水资源消耗的LMDI分解

省份	规模效应	结构效应	效率效应	总效应
北京	14.66	-8.98	-11.08	-5.40
天津	16.27	-4.22	-12.36	-0.30
河北	197.56	4.66	-211.62	-9.40
山西	53.56	5.16	-53.82	4.90
内蒙古	195.15	20.67	-225.12	-9.30
辽宁	120.49	-4.28	-112.52	3.70
吉林	109.84	4.77	-95.71	18.90
黑龙江	320.49	142.67	-313.56	149.60
上海	20.39	-10.96	-9.93	-0.50
江苏	395.44	-72.63	-303.31	19.50
浙江	140.23	-40.21	-129.22	-29.20

续表

省份	规模效应	结构效应	效率效应	总效应
安徽	173.21	−28.97	−112.24	32.00
福建	136.38	−8.26	−135.61	−7.50
江西	187.58	−39.63	−88.24	59.70
山东	209.87	−11.39	−210.88	−12.40
河南	161.99	−12.45	−150.23	−0.70
湖北	200.35	18.60	−197.45	21.50
湖南	283.91	29.37	−326.49	−13.20
广东	323.25	−46.95	−298.80	−22.50
广西	288.47	39.31	−329.48	−1.70
海南	48.03	−0.27	−50.97	−3.20
重庆	31.15	0.04	−29.19	2.00
四川	181.17	−0.97	−154.11	26.10
贵州	69.35	9.10	−78.65	−0.20
云南	144.26	9.88	−157.64	−3.50
西藏	33.83	−12.29	−15.64	5.90
陕西	74.25	19.91	−86.66	7.50
甘肃	132.59	21.15	−151.24	2.50
青海	29.05	8.10	−37.45	−0.30
宁夏	75.65	21.46	−85.11	12.00
新疆	682.45	157.70	−735.65	104.50
合计	5050.88	210.10	−4909.98	351.00

（三）粮食生产用水量的 LMDI 分解（主产区与非主产区）

进一步将我国农业区域分为粮食主产区和非主产区两大群组。原因在于，研究表明，这两大群组的农业发展状况、技术水平及经济发展水平等都存在明显差别（李静和孙有珍，2015）。我国粮食主产区为辽宁、河北、山东、吉林、内蒙古、江西、湖南、四川、河南、湖北、江苏、安徽、黑龙江共 13 个省份，其他为非主产区。

粮食主产区与非主产区的农业用水量并不都是逐年下降的（见表5-15及图5-8）。非主产区的农业用水量逐年变动不大，波动较大，说明在农业总用水量上，并没有呈现出明显的规律性变动。

表 5-15　　　　　　粮食主产区与非主产区农业用水量逐年变动值

单位：亿立方米

年份	非主产区	主产区
2000—2001	-1.30	-23.00
2001—2002	-0.20	-22.10
2002—2003	1.50	-40.40
2003—2004	22.10	130.90
2004—2005	14.60	-19.80
2005—2006	-5.10	89.40
2006—2007	-20.90	-44.30
2007—2008	12.40	51.60
2008—2009	-19.40	79.10
2009—2010	-15.70	-18.40
2010—2011	98.29	92.99
2011—2012	0.11	0.11
2012—2013	-4.00	45.10
2013—2014	-17.40	-35.20

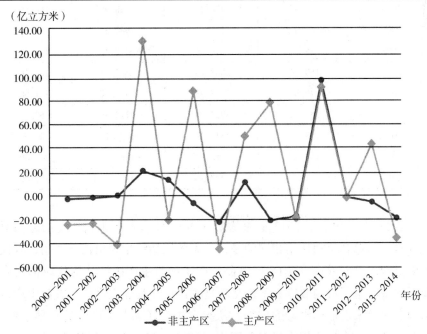

图 5-8　粮食主产区与非主产区农业用水量逐年变动值

　　以 2000 年为基期，得到农业用水量的 LMDI 分解结果（见表 5-16），与分地区的农业用水量 LMDI 分解结果相似的是，规模效应呈现出负向效应，效率效应呈现出正向效应。规模效应始终在 150 上下浮动变化，幅度不大，说明粮食主产区和非主产区的生产规模变动对农业用水量的影响比较稳定。结构效应处于逐渐增大趋势，呈现出越来越强的负向效应，高耗水部门的增加导致总用水量的逐渐增多。效率效应与结构效应呈现出相反的趋势，数值越来越小代表由于农业用水效率提高带来了总用水量的持续减少。

表 5-16　　　　粮食主产区与非主产区农业用水量的 LMDI 分解

单位：亿立方米

年份	规模效应	结构效应	效率效应	总效应
2001	145.84	-18.97	-151.17	-24.30
2002	145.37	95.05	-287.03	-46.60
2003	144.55	110.38	-340.44	-85.50
2004	147.74	780.50	-860.75	67.50
2005	147.64	1071.77	-1157.10	62.30
2006	149.37	1426.21	-1428.98	146.60
2007	148.03	1873.01	-1939.64	81.40
2008	149.34	2348.36	-2352.30	145.40
2009	150.54	2688.13	-2633.57	205.10
2010	149.84	3358.93	-3337.77	171.00
2011	153.73	3927.21	-3718.66	362.28
2012	153.74	4345.92	-4137.16	362.50
2013	154.55	4716.82	-4467.77	403.60
2014	153.50	4927.36	-4729.86	351.00

　　表 5-17 给出了以 2013 年为基期的 2014 年农业用水量变化的分项驱动因素。与综合驱动作用相同的是，效率效应始终呈现出正向作用，规模效应呈现出负向效应。2014 年粮食主产区和非主产区的结构效应都对农业用水量产生了负向效应，不论是粮食主产区还是非主产区，农业生产结构的变化带来农业用水量的增加。从粮食主产区和非主产区的差异上看，粮食主产区扩大生产规模对农业用水量的增加相对于非主产区更加明显，而非主产区的用水效率高于主产区；从结构上看，粮食主产区的高耗水部

门增长速度虽然快于低耗水部门，但是总体上比非主产区的农业生产结构更加合理，非主产区的结构变动对农业用水量的增加作用更加显著。

表 5-17　　　　　　粮食主产区与非主产区农业用水量的
　　　　　　　　　　　LMDI 分解（2014 年）　　　　单位：亿立方米

地区	规模效应	结构效应	效率效应	总效应
非主产区	71.9446	75.4172	-164.7618	-17.4000
主产区	90.0928	16.8664	-142.1591	-35.2000
合计	162.0374	92.2836	-306.9210	-52.6000

（四）农业用水量的 LMDI 分解（按地理位置分区）

为了考察我国不同区域的社会经济发展状况带来的粮食生产用水效率差异，将我国按照不同经济发展状况及自然禀赋情况分为东部、西部、中部地区，分类方法采用与区域工业部分相同的方法。

首先对东部、西部、中部地区的农业用水量逐年变动值进行分析，东部地区的农业用水量在逐年变化上波动最小，大致呈现出逐步减少的态势。西部地区的逐年变化值波动很大，农业用水量在整体上不太稳定，中部地区的农业用水量也处于波动状态（见表 5-18、图 5-9）。

表 5-18　　　　　东部、西部、中部地区农业用水量逐年变动值

单位：亿立方米

年份	东部地区	西部地区	中部地区
2000—2001	-21.8	7.5	-10.0
2001—2002	-20.6	6.4	-8.1
2002—2003	-31.0	5.8	-13.7
2003—2004	66.0	21.7	65.3
2004—2005	-32.8	24.6	3.0
2005—2006	14.4	3.4	66.5
2006—2007	-15.8	-20.8	-28.6
2007—2008	6.5	2.0	55.5
2008—2009	11.9	-5.7	53.5
2009—2010	-8.9	-9.8	-15.4
2010—2011	-5.6	119.9	77.0
2011—2012	0.1	0.1	0.0
2012—2013	-17.5	-10.2	68.8
2013—2014	-12.1	0.6	-41.1

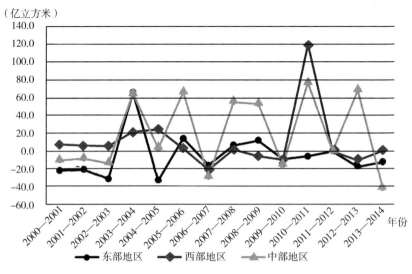

图 5-9　东部、西部、中部地区农业用水量逐年变动值

用 LMDI 方法将农业用水量进行因素分解，综合驱动结果见表 5-19。规模效应呈现出负向效应，说明各地区农业生产规模的扩大必然带来农业总用水量的增加。效率效应呈现出正向效应，说明不论是东部、西部还是中部地区，农业用水效率始终在提高，效率的提升带来农业总用水量的减少。但这一正向效应始终无法抵消不合理的农业生产结构和生产规模扩大所带来的农业用水量的增加。在总体上，农业用水量处于波动增长的态势。

表 5-19　　　东部、西部、中部地区农业用水量的 LMDI 分解

单位：亿立方米

年份	规模效应	结构效应	效率效应	总效应
2001	145.84	−17.87	−152.27	−24.30
2002	145.37	100.21	−292.18	−46.60
2003	144.55	111.40	−341.45	−85.50
2004	147.74	809.20	−889.44	67.50
2005	147.62	1098.44	−1183.76	62.30
2006	149.34	1442.80	−1445.55	146.60
2007	148.01	1924.69	−1991.30	81.40

续表

年份	规模效应	结构效应	效率效应	总效应
2008	149.30	2414.76	−2418.66	145.40
2009	150.49	2748.11	−2693.50	205.10
2010	149.80	3424.84	−3403.64	171.00
2011	153.62	4004.29	−3795.63	362.28
2012	153.63	4428.25	−4219.38	362.50
2013	154.37	4798.28	−4549.05	403.60
2014	153.34	5006.26	−4808.60	351.00

以 2013 年为基期得到 2014 年的农业用水量 LMDI 分解结果。分别从东部、西部、中部来看，东部地区扩大农业生产规模所带来的农业用水量增加效应最小，其结构变化所带来的负向效应也最小，同时农业用水效率提升所带来的正向驱动作用也最小，因此总的来看，相对于 2013 年，2014 年东部地区的农业用水量减少了，但并不是减少最多的。从总效应来看，中部地区的农业用水量降低最多，是由用水效率提升导致的。西部地区 2014 年的农业用水量总体来说是上升的，其用水效率的改善也是三个地区中最为显著的。

表 5-20　东部、西部、中部地区农业用水量的 LMDI 分解（2014 年）

单位：亿立方米

地区	规模效应	结构效应	效率效应	总效应
东部	48.06	8.19	−68.35	−12.10
西部	61.81	65.96	−127.17	0.60
中部	52.16	17.32	−110.58	−41.10
合计	162.03	91.47	−306.11	−52.60

（五）结论及政策建议

本书这一部分的 LMDI 因素分解与区域工业及工业行业部分不同，是将农业水资源消耗量作为分解对象。尽管水资源总消耗量处于递增状态，但是，用水效率是上升的。农业生产规模的扩大一般会带来农业用水量的增加，但从粮食主产区与非主产区及东部、西部、中部地区的分解结果来看，规模效应呈现出相对稳定的状态，并没有很大的波动。从结构效应上来看，经济相对较发达的东部地区和粮食主产区对于农业用水量产生的负向效应相对较小。因此，非粮食主产区在促进农业用水技术的提升外，还需要优化农业生产结构才能大力减少农业用水量。与之类似，经济欠发达的西部地区也同样存在生产结构不合理的状况，生产规模的扩大对于农业用水量的增加影响较大。因此，不论是从政策上还是制度上，都要优化农业结构，才能缓解水资源短缺的困境。

经济发达地区要在发展农业节水技术及推进节水设备上做"领头羊"，利用自身的经济优势，带动本地区及全国农业用水效率的提高。

第二节　产业用水效率的主要影响机制

一　粮食生产用水效率的基本影响机制

主产区与非主产区粮食生产用水效率存在较大差异，引起这种差异的原因是多样的。主要归纳为以下几种：（1）水资源禀赋。佟金萍等（2014）认为，水资源禀赋对农业用水效率有负面影响。本书用人均水资源量来反映各地区水资源禀赋情况。（2）农村居民人均纯收入。农村居民人均纯收入越高，可能会有更多资本投入到粮食生产灌溉中，从而提高粮食生产的用水效率。（3）灌溉成本。一般来说单位面积灌溉费越高，则用水效率越高；但如果单位面积灌溉费制订不合理，比如偏低，则也可能导致单位面积灌溉费对粮食生产用水效率产生反向影响。（4）技术因素。这可能和各个地区经济发达程度有关，经济越发达的地区技术效率越高，对粮食生产的用水效率影响越显著。（5）农业发达程度。本书用农业机械化程度（单位播种面积的农业机械总动力）和人均粮食产量来表示一个地区的农业发达程度。我们预期一个地区农业越发达，粮食生产的用水效率越高。

二　三种粮食作物用水效率的主要影响机制

影响用水效率的因素可以分为四类，包括：（1）化肥费（ferfee）。李文等（2008）认为，化肥的利用效果取决于水资源，故当化肥价格提高时，农户会减少化肥的使用量，但为了使作物产量不减少，农户会想方设法提高作物用水效率，但也可能施用过量水而导致用水效率下降。（2）降水量（pre）。王学渊等（2008）认为，降水量越多，单位面积作物灌溉用水量越少，而且降水量能够充分满足作物的用水需求来增加作物产量，从而使作物用水效率提高。（3）用水成本。包括排灌费（灌溉设备等，irr）、水费（watfee）等。牛坤玉等（2010）和唐建军等（2013）研究表明，排灌费越高，灌溉过程中使用的设备越先进，作物用水效率也越高。一般认为，水价提高时会在一定程度上提高灌溉用水效率，但水价过低时，农户可能意识不到水价的提升，因而并不能起到提高用水效率的作用。（4）人工成本（labcost）。单位产量作物所需人工成本越高时，农户为了降低成本或提高收益，势必会提高作物用水效率或产量，因此预测人工成本与用水效率之间为正向关系。

三 工业用水效率的主要影响机制

按照经济学规律，不同地区工业用水效率可能与以下几类因素有关。第一是水资源丰裕程度。显然，某区域的水资源量越大，水资源价格就会偏低，节水意识就会越薄弱，导致工业用水效率不如其他地区。本部分用区域水资源总量和人均水资源量来衡量。人均水资源量考虑了人口因素，两者权衡更能衡量区域水资源丰裕程度对工业用水效率的作用。

第二是水资源价格高低。按经济学理论，价格是决定资源利用效率最为有效的市场调节手段，可以预期价格越高的地区工业用水效率也更高。但我国工业用水价格是非市场定价行为，长期以来采用政府定价模式，事实上并不能真正反映水资源的稀缺程度。加之，财政分权体制下的地方税收最大化冲动，各地以各种优惠的政策，如较低的土地、用水和用电价格等竞相吸引外来投资，也会导致工业用水价格的扭曲。因此，本书一方面通过搜集各省份地级市的工业用水价格（进一步处理为该省份的平均价格），另一方面则通过估计工业用水的影子价格[①]来反映真实的市场价格，比较其与现行工业水价的差别，分别考察两者对各地工业用水效率的影响，以此判断工业用水价格是否存在扭曲。我们预期，由于现行工业水价偏低，大大低于估计的影子价格，其对提高工业用水效率没有发挥应有的

[①] 工业用水的影子价格指的是降低一单位的工业用水量所需要付出的工业经济代价，反映了工业用水的边际成本。

作用；用影子价格代替的水价对工业用水效率会表现出较为明显的正向激励。

第三是经济发展和工业发达程度。主要考察用水效率是否随着收入的增长而增长，还是像其他文献中表明的呈现先增长后下降的"倒 U 形"关系。此外，工业化程度也是影响工业用水效率的重要解释变量。工业的发达程度直接决定着工业用水总量，主要通过收入效应和技术效应两个层面来影响用水效率：工业越发达，收入越高，对水价的敏感程度就会越低，即水资源边际消费倾向低，导致企业节水意识差，用水效率低；另外，工业发达会促使企业采用更高效、更节水的技术，引致工业用水效率的提高。工业化程度对用水效率的影响表现在两个效应的交互作用上，如果后者大于前者就会提高用水效率；反之相反。

第四是工业节水技术和对工业水污染的治理。工业节水技术可以用万元工业增加值用水量以及工业用水重复利用率来表示。显然，单位产值用水量越低用水效率越高，水重复利用率越高用水效率越高。此外，工业污染的治理投资也可能会对工业用水效率的提高有显著影响。

第三节　面板计量模型的选择与数据处理

一　粮食生产用水效率的面板计量模型选择

为了验证以上因素是否对粮食生产用水效率有显著影响，将人均水资源量、人均粮食产出、农村居民人均纯收入、每亩灌溉费、农业机械化程度和技术落差比作为解释变量，将粮食生产用水效率作为被解释变量（相关变量的描述性统计见表 5-21，将农业机械化程度和每亩灌溉费的变量单位分别换算为千瓦/亩和元/亩），选用两端截尾的随机效应 Tobit 模型做计量检验。因为固定效应 Tobit 模型在面板数据条件下估计量是有偏的，且本书效率值处于 0.6—1，处理之后处于 60—100，因此 Tobit 模型左端在 60 处截取，右端在 100 处截取。回归方程如下：

$$meta = \alpha_0 + \alpha_1 lnprew + \alpha_2 lninc + \alpha_3 lnperi + \alpha_4 tech + \alpha_5 lnpero + \alpha_6 lndegree$$
（5.13）

$$group = \beta_0 + \beta_1 lnprew + \beta_2 lninc + \beta_3 lnperi + \beta_4 lnpero + \beta_5 lndegree$$
（5.14）

表 5-21　　　　　　　　　　　影响因素描述性统计

变量	变量说明	单位	均值	标准差	最小值	最大值	样本容量
meta	共同前沿下粮食生产用水效率	%	76.8	18.22	60	100	465
group	群组前沿下粮食生产用水效率	%	81.16	19.04	60	100	465
inc	农村居民人均纯收入	元/人	7.9	0.39	7.25	8.97	465
pero	人均粮食产量	千克/人	5.76	0.64	3.68	7.36	465
degree	农业机械化程度	千瓦/公顷	8.4	0.54	7.09	9.94	465
tech	技术落差比	%	95.2	11.4	60	100	465
perw	人均水资源量	立方米/人	7.16	1.56	1.72	12.13	465
peri	每亩灌溉费	元/公顷	2.32	0.86	-0.43	4.09	465

二　三种作物生产用水效率的面板计量模型选择

本书在设定影响因素模型时首先需要考虑资源与环境的对应指标，由于在测算作物用水效率（Eff）时使用的投入指标包括作物用水量和农业水污染中氮、磷排放量，为了避免内生性，选取替代变量来探讨资源与环境约束对用水效率的影响，即每亩作物平均农业用水量（$perwat$）和平均农业水污染中氮排放量（tnx）或磷排放量（tpx）（经多次试运算，氮、磷的实证结果相似，选其一即可，本书选取含氮量）。

本书选取平均作物农业用水量、平均农业水污染中氮排放量、排灌费（irr）、人工成本（$labcost$）、化肥费（$ferfee$）、降水量（pre）、用水成本（$watfee$）作为解释变量，选用两端截尾的随机效应 Tobit 模型作实证研究。这主要因为用水效率值处于 0—1，效率值都处于较高水平时难以区分，且固定效应 Tobit 模型估计量是有偏的。回归方程如式（5.15）所示。

$$Eff = \alpha_0 + \alpha_1 \ln perwat + \alpha_2 \ln tnx + \alpha_3 \ln irr + \alpha_4 \ln labcost + \alpha_5 \ln ferfee +$$
$$\alpha_6 \ln pre + \alpha_7 \ln watfee$$

$$(5.15)$$

其中，每一个变量都包含粮食主产区的三种作物（玉米、水稻、小麦）。式（5.15）中为避免单位不同对结果造成的影响，变量均取对数形式。

三　工业生产用水效率的面板计量模型选择

为了更好地解释工业用水技术效率及差异，需要了解工业用水效率的影响因素。共同前沿与群组前沿下工业用水效率与水资源价格等影响因素的回归方程如下：

$$mee = \alpha_0 + \alpha_{1t}Y_t + \alpha_2 \ln p + \alpha_3 tgc + \alpha_4 \ln wpc + \alpha_{5j}Z_j \qquad (5.16)$$

$$gee = \beta_0 + \beta_{1t}Y_t + \beta_2 \ln p + \beta_3 \ln wpc + \beta_{4j}Z_j \qquad (5.17)$$

其中，Y_t 包括人均 GDP 对数（lny）、人均 GDP 对数的平方和工业化程度（ind）三个解释变量；Z_j 包括万元工业增加值耗水量（tc）、工业用水重复利用率（cycle）、工业污染治理项目投资额对数（lninvest）三个解释变量。lnp 为用水价格的对数，lnwpc 为人均水资源量对数。

由于有些省份工业用水效率值均为 1，因此要区分它们之间的差异就需要采用特殊因变量模型——Tobit 模型，其可以左右两端截尾，由于经过处理的效率值在 0—100 之间，因此 Tobit 模型右端在 100 处截取。此外，对于面板数据而言，Anderson 和 Hsiao（1982）表明，固定效应 Tobit 模型估计量是有偏的，故目前有效的解决方法就是选用随机效应 Tobit 模型：

$$
\begin{aligned}
e_{it}^* &= \eta + E'_{it}\delta + v_i + \varepsilon_{it} \\
e_{it} &= e_{it}^* \quad (0 < e_{it}^* \leqslant 100) \\
e_{it} &= 0 \quad (e_{it}^* < 0) \\
e_{it} &= 100 \quad (e_{it}^* > 100)
\end{aligned}
\qquad (5.18)
$$

其中，e_{it}^* 为潜在变量，e_{it} 为观测变量；E'_{it} 为解释变量向量，v_i 为随个体变化而变化但不随时间变化的随机变量，ε_{it} 为随时间和个体而独立变化的随机变量，这两种随机效应独立且均服从正态分布，η 为常数，δ 为参数向量。

第四节　估计结果与机制解释

一　粮食生产用水效率的估计结果与机制解释

不同前沿下的粮食生产用水效率的 Tobit 模型回归结果见表 5-22。

表 5-22　　　　　　　　　　　　Tobit 模型回归结果

粮食生产用水效率	共同前沿下	主产区	非主产区
ln*inc*	1.87 *	1.16	2.13 **
ln*pero*	7.89 ***	3.61 ***	7.07 ***
ln*degree*	-3.56 ***	-2.46 *	-3.76 ***
tech	11.25 ***	—	—
ln*perw*	0.78	1.56	-1.34
ln*peri*	0.86	0.83	0.56
常数	-3.41 ***	-1.5	-1.67 *
个体效应标准差	6.44 ***	3.43 ***	4.46 ***
随机干扰项标准差	23.18 ***	12.23 ***	17.42 ***
ρ	0.82	0.94	0.61
Wald 检验值	181.63	20.38	85.49
P	0.0000	0.0011	0.0000

注：***、**、* 分别表示在 1%、5% 和 10% 显著性水平下显著。

从表 5-22 中可知：三个模型的 Wald 检验值均较大，P 值均接近于 0，表明模型的整体回归效果较好。ρ 值均在 0.6 以上：表明个体效应变化主要解释了粮食生产用水效率的变化，面板数据模型优于混合数据模型。

从农村居民人均纯收入来看，农村居民人均纯收入与粮食生产用水效率呈正相关关系，表明农村居民人均纯收入越高，粮食生产用水效率也越高，其中共同前沿下和非粮食主产区群组下农村居民人均纯收入影响显著。

从农业发达程度来看，人均粮食产量在三个模型下均表现为显著，且为正向关系；在三个模型下农业机械化程度与粮食生产用水效率均呈逆向显著关系。原因可能是：由于目前农民节水灌溉意识还不是太高，节水灌溉设备在全国并没有得到广泛使用，因而大多数农民选用仍然是诸如水泵之类的大功率、节水效率不高甚至产生浪费的灌溉设备，所以当单位面积机械总动力越高时粮食生产用水效率越低。总的来说，农业发达程度越高，对粮食生产用水效率的影响越显著。

从技术因素来看，技术落差比与粮食生产用水效率呈正向显著关系，与预期一致。一方面，表明一个地区农业经济越发达，应用于粮食生产的技术效率越高，从而使粮食生产用水效率越高；另一方面，表明不同群组前沿面下同一决策单元技术效率差异较大，即分组研究粮食生产用水效率是有必要的。

从人均水资源量来看，共同前沿下和主产区群组的人均水资源量与粮食生产用水效率呈正向关系，在非主产区群组下呈负向关系。在共同前沿和主产区群组下这似乎与资源禀赋对资源利用效率存在逆向影响的理论相悖。于是分别在共同前沿和主产区群组下，利用混合回归模型估计人均水资源量对粮食生产用水效率的变动效应。结果表明，人均水资源量均与粮食生产用水效率呈负向关系，且人均水资源量对共同前沿下粮食生产用水效率有显著影响。

从每亩灌溉费来看，每亩灌溉费与粮食生产用水效率呈正相关关系但并不显著，表明灌溉费虽然能促进水资源有效利用，但效果不明显。主要原因是目前国内农业灌溉费仍然较低，有的丰水地区甚至不收取灌溉费，有的地区政府虽设置了灌溉费但是费用收取却是直接从政府给农民的生产补贴中扣除，这会让农民误认为灌溉用水不需要钱，从而节水灌溉意识薄弱，也就使这种促进作用不显著。这说明了政府仍没有详细地向农户传达灌溉节水意识及相应收费政策，并且没有制定合理的用水价格制度，从而也就不能促进水资源的优化配置。

二　三种作物生产用水效率的估计结果与机制解释

本书运用随机效应 Tobit 模型探究三种作物用水效率影响因素的回归结果见表 5-23。

表 5-23　　　　　　　　　　Tobit 模型回归结果

作物用水效率	玉米	水稻	小麦
ln*perwat*	−9.0843 **	−14.9709 ***	−10.3084 *
ln*tnx*	1.4845	−5.2157	14.7613 *
ln*irr*	−0.5371	11.4214 ***	−1.6443
ln*labcost*	7.2539 **	−1.0229	9.7400 **
ln*ferfee*	−13.2966 ***	−16.6658 ***	−14.2105 **
ln*pre*	−3.0034	−3.1577	6.9554
ln*watfee*	−0.0424	−4.0078 **	−1.0205

续表

作物用水效率	玉米	水稻	小麦
常数	148.7569 **	184.7224 ***	174.0799 **
个体效应标准差	22.5003 ***	14.1208 ***	25.4627 ***
随机干扰项标准差	12.7540 ***	13.1952 ***	12.7717 ***
ρ	0.7568	0.5338	0.7990
Wald 检验值	15.10	44.70	15.74
P	0.0348	0.0000	0.0276

注：***、**、*分别表示在1%、5%和10%显著性水平下显著。

由表5-23可知：三种作物模型回归结果中Wald检验值均较大，P值接近于0，回归效果较好。ρ值均在0.53以上，说明个体效应的变化主要解释了作物用水效率的差异。

从平均农业用水量来看，三种作物系数均显著为负，说明平均农业用水量越低，农业用水效率就越高，这与常理相符。就农业水污染中含氮量而言，仅有小麦的系数显著，且为正，表明农业水污染中含氮量越高，小麦用水效率越高。可能是农药的有效使用增加了小麦的产量，而效率值来源于产量，产量越高效率越高。对于人工成本来说，水稻的系数不显著，而玉米和小麦的系数均显著为正，说明提高人工成本在一定程度上有利于用水效率的提高，与预期相符。化肥费与作物用水效率间关系显著为负，表明单位面积作物化肥费越高，作物用水效率越低，这可能是农户为了使化肥得到充分利用施水量过多而导致的结果。降水量与这三种作物用水效率关系均不显著，与王学渊等（2008）研究结果不相符，这可能与作物选取、研究视角不同有关。

对于水费而言，研究结果显示：三种作物影响结果均为负，但仅水稻显著，说明当水费提升时，水稻用水效率反而下降。这主要由于我国农业用水收费方式不合理，即不收费或只收取少量使用费导致。这也可以用牛坤玉等（2010）得出的"当水价低于0.04元/立方米时，起不到调节农户用水行为的作用"的结论解释。此外，我国水权模糊、农业水价偏低甚至免费，不仅使农户无法感受水价制约、农户节水意识薄弱、水价不能有效体现水资源价值等，而且水价偏低致使农业灌溉设备得不到更新、先进的农业灌溉技术得不到有效引进，因而政府需要根据省份的实际情况制定适宜的水价机制，在满足农户种植粮食作物用水需求的情况下，又不会导致农业水资源的浪费，以此提高用水效率，逐步实现农业水资源的可持续利用。

三　工业生产用水效率的估计结果与机制解释

不同群组前沿下工业用水效率与实际工业用水价格及其他影响因素的 Tobit 模型回归结果见表 5-24。

表 5-24　　　　　　　　Tobit 模型回归结果（实际水价）

工业用水效率	共同前沿下	东部群组	中部群组	西部群组
$\ln y$	-6403.85 ***	-21118.54	-20891.03 ***	-5917.52
$(\ln y)^2$	318.32 ***	1050.08	1035.38 ***	286.87
$\ln wpc$	-5.81 *	-5.43	-11.09	-3.32
tc	-2.60	28.39	32.77 *	31.62 ***
tgc	0.73 ***	—	—	—
$cycle$	0.57 ***	1.48 **	-0.05	1.07 *
ind	0.83 ***	0.32	0.55	0.98
$\ln p$	8.96	-48.30	-28.09 *	28.58 *
$\ln invest$	-5.82	41.05	-1.11	2.11
常数	32352.3 ***	107037.6	105737.7 ***	30848.8
个体效应标准差	31.43 ***	69.71 **	31.51 *	49.88 ***
随机干扰项标准差	15.05 ***	29.76 ***	13.17 ***	16.52 ***
ρ	0.81	0.85	0.85	0.90
Wald 检验值	298.91	39.28	43.56	34.10
P	0.0000	0.0000	0.0000	0.0000

注：***、**、*分别表示在1%、5%和10%显著性水平下显著。

由表 5-24 可知：四个模型整体显著性检验 P 值均为 0，表明这四个模型显著。从 ρ 值来看，均在 0.80 以上，说明个体效应的变化主要解释了工业用水效率的变化。

从人均 GDP 对数和人均 GDP 对数的平方来看，用水效率与人均 GDP 对数呈先下降后增长的正"U"形关系，与其他文献的倒"U"形相反，"U"形转折点均超过 23155.8，而实际人均 GDP 21807.3<23155.8，说明中国实际人均 GDP 仍处于转折点的左侧，说明我国现阶段仍处于工业用水效率随人均 GDP 增长而下降的时期。

共同前沿与三个群组前沿下人均水资源量与工业用水效率间关系均为负，即人均水资源量越高，用水效率越低；共同前沿下工业用水效率与万元工业 GDP 用水量呈反向关系，而群组前沿下均为正，但统计上都不显著；共同前沿下工业用水效率与技术落差比间的关系显著为正，影响程度为73%，说明分东、中、西三个群组研究工业用水效率是必要的；其与工业用水重复利用率间的关系整体来看显著为正，说明工业用水重复利用率越高，工业用水效率就会越高，与预期影响方向相同；工业用水效率与工业化程度间关系为正，说明工业化程度高带来的技术效应高于收入效应；共同前沿下工业用水效率与实际水价呈正向关系，不显著，东部群组下为负，也不显著，中部、西部群组均在统计上显著，但一正一负，说明东部、中部、西部地区实际工业用水价格没有反映水资源的实际状况；工业用水效率与治理污染投资额均没有呈现预期显著为正的效果，而是为负，说明治理污染的投资并没有起到应有的效果。

第五节　用水影子价格的作用

SBM 非期望产出模型的对偶形式可写成：

$$\max u^g y_0^g - vx_o - u^b y_0^b$$

$$s.t. \quad u^g Y^g - vX - u^b Y^b \leqslant 0$$

$$v \geqslant \frac{1}{m}(1/x_0)$$

$$u^g \geqslant \frac{1 + u^g y_0^g - vx_o - u^b y_0^b}{s}(1/y_0^g)$$

$$u^b \geqslant \frac{1 + u^g y_0^g - vx_o - u^b y_0^b}{s}(1/y_0^b)$$

$$(5.19)$$

其中，Y^g、Y^b、x 分别为好、坏产出和投入变量，m 为投入变量的个数。

影子价格一般用来评价资源利用经济效率，是指资源在合理配置时的预测价格。资源的影子价格不是现实价格，与资源的稀缺程度有关，与资源的价值量无关。影子价格可以衡量资源的利用对社会产出的贡献程度，并以这种贡献的大小来测度各种资源的有效、真实价值。由于我国长期实行政府计划定价的水资源供给制度，无法很好地真实反映市场供求关系的水资源价格和稀缺程度。本部分比较各地区"真实"的水影子价格和现实水价的差异，再把影子价格放入回归中观察其对用水效率的影响。

这里 $s = s1 + s2$，对偶变量 $v \in R^m$，$u^g \in R^{s1}$，$u^b \in R^{s2}$ 可解释为投入、期望产出和非期望产出的虚拟价格；类似地，从 v 中分离出工业用水投入的对偶变量 vw。假定期望产出的绝对影子价格等于其市场价格，则工业用水相对于工业产出的相对影子价格为 $p^w = p^{yg} \cdot \dfrac{v_w}{u^g}$，可解释成每生产一单位的工业产出所付出的用水代价或者每节约一单位水所减少的工业产出，在无法获得用水价格或用水价格严重扭曲情况下，它可以衡量真实的工业用水价格。本书主要使用搜集的各省份工业用水价格均价与影子价格相比较，考察我国省份工业用水价格是否扭曲以及对工业用水效率的影响。

工业用水实际价格并不能反映与工业用水效率之间的真实关系，需要考虑工业用水的影子价格，将实际价格转换为影子价格来探讨工业用水市场真实价格对于工业用水效率的影响。工业用水影子价格与实际水价差异对比如图 5-10 所示。

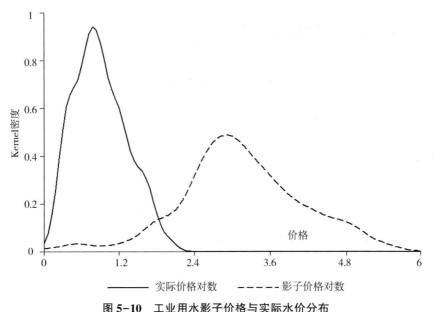

图 5-10　工业用水影子价格与实际水价分布

通过将使用共同前沿 SBM 模型对偶价格计算的工业用水影子价格与

实际水价比较，可以发现，两者存在较大差距。研究期间，工业用水实际价格约为 2.7 元/立方米，而影子价格约为 36.3 元/立方米，相当于现行工业水价的 12 倍以上；图 5-10 清晰地表明了这种巨大差异。因此，工业水价偏低，已经严重背离了完全市场下的真实价格，这不利于工业用水效率的提升。为了检验上述判断的正确性，在共同前沿和群组前沿 SBM 模型中用水资源影子价格替换工业用水实际价格，保持其他控制变量不变，再次检验"真实"水价对工业用水效率的作用。

以"真实"水价代替实际水价，得到不同前沿下工业用水效率 Tobit 模型回归结果，见表 5-25。

表 5-25　　　　　　　　　Tobit 模型回归结果（影子水价）

工业用水效率	共同前沿下	东部群组	中部群组	西部群组
lny	-3672.35 **	-20403.15	-16346.98 ***	-5270.4 *
(lny)²	183.99 **	1008.85	805.01 **	257.42 *
lnwpc	-6.05 **	-3.46	-14.54 ***	1.65
tc	18.75 ***	38.14 *	6.79 ***	3.96 ***
tgc	0.52 ***	—	—	—
cycle	-0.20	1.68	-0.01	-0.62
ind	0.43 *	0.47	0.05	0.63
lnp	2.63 ***	6.41	2.03 ***	2.29 ***
lninvest	-4.65	-38.85	1.60	-3.11
常数	18619.39 **	103990.60	83579.60 **	27391.80
个体效应标准差	23.00 ***	68.19 ***	23.66 ***	36.80 ***
随机干扰项标准差	11.68 ***	29.572	13.57 ***	13.08 ***
ρ	0.80	0.84	0.75	0.89
Wald 检验值	603.74	40.33	121.86	70.21
P	0.0000	0.0000	0.0000	0.0000

注：***、**、*分别表示在1%、5%和10%显著性水平下显著。

由表 5-25 可知：这四个模型显著，工业用水效率与人均 GDP 之间仍呈正"U"形关系，除共同前沿下转折点外，东、中、西群组转折点位置均超过 24587.7 元，即实际人均 GDP 仍低于转折点的值。共同前沿下工业用水效率与工业用水影子价格之间有显著的正向关系，而与实际水价之间的关系并不显著，说明工业用水影子价格能很好地反映水资源的稀缺程度,从而对工业用水效率产生影响。其对群组工业用水效率虽然在东部地区不显著,但是相对于实际水价而言,中部、西部地区显著性均由 10% 变为 1%,即工业用水影子价格的上升对提高工业用水效率具有积极作用。

第六节　小结及政策建议

一　粮食生产用水效率的结论及政策建议

本书基于 1999—2013 年省际面板数据,利用 Meta - frontier 模型和 SBM 非期望产出模型,研究了资源与环境双重约束下的粮食生产用水效率,并进一步利用 Tobit 模型对粮食生产用水效率影响因素进行了分析。具体得出以下结论:

(1) 从时间趋势来看,共同前沿下主产区粮食生产用水效率呈波动上升趋势,而非主产区粮食用水效率在 1999—2008 年处于较稳定状态,但在 2008 年之后呈下降趋势;群组前沿下,无论是主产区还是非主产区,粮食生产用水效率都呈现较大波动,非主产区粮食生产用水效率在 1999—2011 年呈波动下降趋势,而在 2011 年之后呈明显上升趋势。而就东部、中部、西部划分来看,共同前沿下东部、中部、西部粮食生产用水效率总体差距不大;群组前沿下中部、西部、东部粮食生产用水效率依次递减,且东部、西部与中部地区效率差距明显,这主要是因为中部地区基本为粮食主产区。

另外,通过比较主产区与非主产区技术落差比的时间变化趋势,发现主产区的技术效率更接近技术前沿面,而非主产区的技术效率落差比波动趋势更大、更明显,说明不同前沿面的选择对非主产区粮食用水效率影响较大。比较东部、中部、西部技术落差比也得出相似结论,从而也表明对决策单元进行群组划分是有必要的。

(2) 从空间划分结果来看,不同区域的种植模式和地理环境有较大差异从而导致粮食生产用水效率差异较大,是否为粮食主产区对粮食生产用水效率影响很大。例如,粮食主产区,黄淮海半湿润平原区表现最好,群组前沿下效率均值为 0.9190,最差的西北干旱半干旱地区,群组前沿下效率均值为 0.7227;非主产区,群组前沿下北方高原山地区效率均值最高，约为0.9539，而效率均值最低的区域是黄淮海半湿润平原区（约为0.6960）。

（3）从影响因素来看，农业机械化程度的影响均显著为负；农业每亩灌溉费影响结果虽然为正，但均不显著。这表明农业节水灌溉设备并没有得到广泛使用，节水灌溉政策（灌溉费用、水价的制定）并没有有效实施，加上农户节水意识比较薄弱，导致这两个指标的影响结果没有达到预期效果。

根据本书研究结论，提出以下政策建议：政府和农民在评估粮食生产效益时，大多数以每亩产量作为衡量标准，并不是在考虑了水资源和生产带来的水污染情况下的综合效益，所以政府部门应该制定较为全面的粮食生产评估体系；制定农业水污染治理体系；地方政府应积极引进并推广节水灌溉设备和先进技术，并对购买和使用节水灌溉设备的农民给予补贴或奖励；还应制定或调整灌溉费用收取制度，根据地区实际经济情况，制订有效的农业灌溉水价，使其真正促进粮食生产用水效率的提高。

二 三种作物生产用水效率的结论及政策建议

农业生产，特别是粮食生产，一方面面临水资源不足和区域不均的现实，另一方面有限水资源往往又被农业污染所制约。因此，本书在考虑农业水污染（氮、磷）的情况下，运用弥补粮食主产区DMU数量不足的三年窗式DEA方法测算产粮区三种作物（玉米、水稻和小麦）的生产技术效率和用水效率，比较粮食主产省与非粮食主产省间的差异，并探讨其影响因素，得出以下结论：

（1）从时间趋势看，考虑了农业水污染的玉米、水稻和小麦三种作物用水效率逐渐提高，玉米相对更平稳，而水稻和小麦波动较大。

（2）三种作物用水效率明显低于技术效率，存在更大的效率改善空间；分作物来看，技术效率从高至低依次为水稻、玉米和小麦，用水效率则为玉米、小麦和水稻。

（3）分粮食主产省和非粮食主产省来看，三种作物粮食主产省生产技术效率和用水效率均比非粮食主产省高，相差0.20左右。

（4）就影响因素而言，用水成本影响结果并未呈现预期的正向作用，均为负，表明目前我国农业用水收费很低，甚至免费，农户没有形成节水意识，因而造成农业水资源浪费，应将按公顷或人数收取转换为按实际消耗的农业灌溉水量来收取。

在考察农业粮食作物用水效率时，不仅要关注农业水资源总量的限制，还要同时兼顾农业水环境（如氮、磷等污染物）在农业生产过程中带来的污染问题及其对用水效率的影响。为此，地方政府应积极鼓励农户引进有效的农业灌溉设备与技术来提高农业用水效率，可通过农业节水补贴或示范工程等形式与农户收益提高相结合，进而促进节水设备和技术的推广。此外，逐步强化农业水资源稀缺的宣传和引导，在农户可承受力范围内，施行农业用水的逐步收费制度，根据当地的农业水资源供给状况、不同作物用水量需求和农户的实际用水量特点制定适宜的弹性水价机制，从根本上解决农业水资源危机和农业用水效率长期低下的问题。

三 工业生产用水效率的结论及政策建议

水资源短缺已经成为影响我国工业发展的重要瓶颈，工业水污染又反过来制约着工业水资源供给和工业发展，因此研究工业用水效率，必须同时考虑两者约束条件下的工业发展问题。本书在工业水资源约束和水污染情况下分析中国省份工业用水效率问题，采用加入非期望产出（工业水污染）的 DEA-SBM 模型，同时根据地区工业发展技术差异利用 Meta-frontier 模型更加细致地检验了各省份工业用水效率，最后着重考察了工业水价及其扭曲程度对工业用水效率的影响。研究结论如下：

（1）共同前沿模型以及技术落差比结果显示，东部地区技术落差比接近于 1，而中部、西部地区仅为 0.632 和 0.401，与东部差距明显。因此，不考虑工业技术的地区异质性，无法准确地衡量各省份真实的工业发展技术和用水效率。本书使用共同前沿模型配合能够处理工业污染产出的 SBM 模型较好地解决了这一问题。

（2）虽然工业用水技术不断提高，但考虑了工业水污染副产出后，我们发现多年来工业总体上用水效率没有提高，甚至有所下降。在控制了地区经济发展程度、工业化状况、工业节水技术、工业水污染治理等因素后，现行工业水价并没有表现出预期的对用水效率的正向激励作用，甚至相反。

（3）在重新估计了"真实"市场水价后，与现行水价相比，发现两者存在较大差距，故认为，现行水价存在较大程度扭曲，没有起到有效配置水资源的作用。用"真实"市场水价替换现行水价重新回归发现，当水价提高1%，工业用水效率将提高 2.63%。对三大地区的结果也大致相同。

上述研究结果有重要的政策含义，包括：

（1）研究工业用水效率不仅仅关乎工业发展水平和水资源利用情况，也与水环境有很大的关系。因此，研究工业用水效率必须同时关注水资源治理问题。合理地提高工业用水效率的途径应该兼顾水资源价值和水资源的可持续性。

（2）研究工业用水效率还必须考虑到不同地区工业用水技术水平的差异，东部地区工业节水技术水平较高，因此在产业转移过程中，应该有效地利用其工业节水技术促进经济发展。同时，通过加大中部、西部地区技术投资力度，来提高工业用水技术水平，进而提高工业用水效率。

（3）根据目前水资源和水治理的现状，应该逐步提高工业水资源价格，也可以对工业用水实行阶梯水价，逐步理顺现有水资源价格，使工业水资源价格能够真实地反映水资源价值，抑制工业水资源浪费。

第六章

产业用水效率优化路径及现实选择

由于全球水资源紧缺、水污染严重和生态环境脆弱以及城市人口的快速发展等突出矛盾和问题，水环境的管理和保护日益成为各国关注的焦点和亟待解决的问题。1998年世界环境与发展委员会（WCED）提出的一份报告中指出：水资源正在取代石油而成为在全世界范围引起危机的主要问题。从基本层面上看，水资源问题将导致人类的生存危机。目前全球有10亿人口没有安全饮用水；预计到2025年，全球约1/5的人口生活在水资源严重短缺的国家或地区，将有2/3的人口很可能生活在水资源紧张的状态之下；在一些干旱和半干旱地区，水资源短缺会使0.24亿—7亿人背井离乡。除此之外，水资源还是一种经济资源和战略资源，影响到一国的经济发展、国家安全。

我国淡水资源总量仅次于巴西、俄罗斯和加拿大，居世界第四位。但是，由于我国人口基数庞大，人均淡水占有量仅为世界平均水平的1/4，是全球人均水资源最贫乏的国家之一。然而，中国又是世界上用水量最多的国家，水资源短缺已经成为制约我国经济社会可持续发展的重要因素之一。但是，我国政府和公民并没有对我国目前的水资源短缺现象予以足够的重视，多数地区存在严重的水污染、水浪费、水土流失等现象，水资源生态环境严重恶化，整治我国水资源问题已刻不容缓。在全球水资源紧张的情况下，中国水资源问题是和全球水资源环境紧密相关的。在一定程度上，对主要发达国家用水历程进行分析、总结其成功经验和失败教训，可以为我国及其他存在水资源问题的国家和地区提供借鉴。

第一节 国内外的经验

世界上很多国家都存在一定程度上的水资源短缺，其缺水的原因也各不相同：有的国家所处区位的气候和地形不利于降水的形成，造成天然水资源总量匮乏；有的国家因为经济发展和人们生活水平提高，造成严重的水污染和高质量生活用水不足，也就是水质型缺水。目前，国际上在提高产业用水效率方面做得比较成功的大多为发达国家，这与其资本实力雄厚、教育发达、政治稳定等因素有关。本节主要介绍以色列、日本、美国等主要发达国家关于产业用水方面的典型案例，通过分析其水资源短缺的原因、提高产业用水效率的措施，为寻找我国产业用水效率优化路径提供经验和教训。与此同时，近些年我国在推进节水型社会建设、促进水资源的可持续利用方面也取得了一定成就，其中北京、新疆领跑全国。我国华北地区严重缺水，北京作为华北地区的典型城市在水资源管理和利用上具有良好的示范作用。新疆作为我国西北地区干旱少雨地区的代表，农业产业用水效率和农业经济效益不断提高，为我国缺水农业的发展提供了宝贵的经验。

一　主要发达国家提高用水效率的经验与教训

（一）以色列

以色列是世界著名的水资源极度缺乏但水资源利用效率极高、管理经验极丰富的国家。其地处亚洲西部，国土面积为 2.5 万平方千米，其中一半以上为内盖夫沙漠，2017 年人口约 871 万人，国内生产总值约为 3509亿美元，人均 GDP 为 4 万美元，是我国同期人均 GDP 的 5 倍多。时空分布不均是以色列降水的显著特征。北部地区受副高压影响为典型的地中海气候，全年降水主要集中于冬季，其他月份的降水量微乎其微；南部地区为炎热干燥的沙漠气候，终年干旱少雨；南北之间的过渡地带为亚热带半干旱气候，降水量介于南北部之间。据统计分析，以色列全国只有 14%的领土年降水量在 600 毫米以上，18%的地区年降水量在 400—600 毫米，25%的地区年降水量在 100—400 毫米，而年降水量在 100 毫米以下的领土则多达 43%。除此之外，北部地区降水量大，但是需水量相对较小；南部地区由于发展农业需水量较大，却严重缺水。以色列地表淡水资源集中在北部地区，尤其是包括加利利湖在内的约旦湖水系，为以色列提供了约 1/3 的用水量。因此，以色列总体降水量偏少，大部分地区降水量严重不足，降水空间分布和需水空间分布极不一致，这也直接决定了以色列地表水资源总量偏少，用水管理难度大。

尽管以色列是一个严重缺水的国家,但以色列人凭借节水智慧满足了农业发展的需要,其农产品不仅能够满足国内需求,而且大量向国外出口,被誉为欧洲的"冬季厨房",其成功的节水经验也为其他国家借鉴和学习。

第一,法律的保障。鉴于以色列的特殊国情,国家有权力也很有必要来制定节水政策,并监督执行。1948 年以色列建国,百废待兴,1959 年《水法》作为以色列最早、最重要的法律通过实施。该部法律是以色列关于水资源开发、利用和管理的法律,其内容包括用水安排、水工程、水费、组织机构等,适用于以色列全国境内的泉水、溪流、江河、湖泊以及地面和地下的各种水源。《水法》规定以色列的一切水资源均归国家所有,即使是土地所有者也没有对流经或发源于该土地的水资源的所有权。因此,在以色列水资源领域,国家占有绝对性的主导地位。国家水资源机构的设置和运作状况及水政策的制定,对以色列水资源走势具有决定性影响。譬如,1998—1999 年是以色列过去 100 年最严重的干旱年,之后几年里,降雨量大大低于平均水平,导致其史为严重的水资源短缺。为此,以色列政府制定了干旱税,仅此一项就为以色列节省了 19% 的水资源。

第二,水利工程的建设。实现水的统一调配需要有一套完善的水利工程体系。早在 20 世纪 30 年代,以色列水利方面的开拓者就认识到:必须修建一个能把水从源头输送到缺水地区的供水系统,保证旱季也能不间断供水;把高压输水管线埋入地下,虽然投资大且受地理限制,却能极大地减少水分损失,从长远计利大于弊;工程既要覆盖全国,满足人口增长和农业集约化的需求,更要照顾南部少雨地区的用水。以色列从 1953 年起开始建设全国性水网工程,1964 年最终建成,耗资 1.47 亿美元,主管道130 千米,共 400 个扬水站,5000 千米输分水管道,每年输水 13.5 亿立方米,较为成功地缓解了以色列南方水资源不足的困境,很好地配合了国家的经济发展计划及战略目标。例如,北部水源主要是加利利湖,占全国需水量的 33%,其余为北部山区和西北部地中海平原地区的地下蓄水层。加利利湖经科学论证每年可再生水资源 4.7 亿立方米,为保持水量平衡、避免水质恶化,每年按此数输水,输送率达 95%。

第三,相关技术的发明。首先,滴灌技术是以色列最著名的节水灌溉技术,也最能展示以色列人的节水智慧。1962 年,一位农民偶然发现水管漏水处的庄稼长得格外好。水在同一点上渗入土壤是减少蒸发、高效灌溉及控制水、肥、农药最有效的办法，这一发现立即得到了政府的大力支持。多年来，以色列全国从北到南全面普及推广了微灌、喷灌和滴灌技术。滴灌、喷灌系统等新型节水技术已是第四代、第五代。滴灌拥有其他灌溉方式无法比拟的优点：由于侧管上每个滴头的滴水量均匀一致，即使在中等坡度梯田也能使用，随着技术进步，陡坡地势及较远距离的滴水速度也能一致；把肥料加到水中，经过滴头直接施到植物上直达植物根系，达到节水、节肥的效果；可根据土壤质地的差异，设计最佳灌溉水量，减少水分向根区外渗漏；最大限度抑制杂草生长，同时保护作物种植行间土壤干燥，便于农事操作。滴水灌溉技术发展到完全由计算机控制，根据土壤的吸水能力、作物种类、作物生长阶段和气候条件等定时、定量、定位为农作物供水，不仅使水资源利用率达 85% 以上，耕地面积由 1949 年的 16.5 万公顷扩大到目前的 45 万公顷，而且大幅度地提高了农作物的单位面积产量。农民生产经营环境日益改善，经济效益不断提高，农民人均年收入普遍达到 5 万—8 万美元。

其次，地下水补给、再生水再利用技术也冠绝全球。在以色列，从含水层中抽水是一项特别的技术。夏季从含水层中抽水时，要比一般情况下多抽出大约 40%—50% 的水，以便创造一个暂时的水文洼地，为接下来冬季降水时进行人工补给腾出空间。人工补给地下水十分广泛且经常进行。人工补给水的水源来自洪水和处理过的废水。人工补给不仅增加了沿海含水层的地下水水位，而且阻止了海水不断入侵。冬季降雨时，在流域内不断收集径流，将其引导到补给池塘中，这样就能从洪水中获得地下水补给。然后，在夏季的时候，地下水会通过补给池周围的水井泵出。补给过程的成本仅限于维护，泵水的费用仅为 0.02—0.03 美元/立方米；以色列被认为是废水处理（再生水）再利用方面的全球领跑者。2012 年，丹地区污水处理厂被联合国定为全球模式。该工厂在当地称为沙夫丹，其利用沙子自然过滤特污水来提高污水处理质量的独特方式受到广泛称赞。2010 年，大约有 4 亿立方米处理过的污水被重复使用，主要用在农业领域，占以色列农业用水的 40%。

除此之外，以色列还在局部地区实施了一些小型的海水淡化实验，稍稍缓解了当地的用水压力；以色列把地下水、湖中淡水与污水、海水、咸水一起混合使用，通过计算机精确监控，满足全国的用水需求。这一技术减少了盐和矿物在水中的百分比，降低了盐和矿物浓度过量的风险。

第四，节水意识的培养。政府着力在全民中营造节水气氛，不断通过报刊、电视等媒体宣传"水贵如油""节省每一滴水"，报道节水的好典型、批评浪费水的坏典型，提醒人们善待水源，养成良好的节水习惯。长此以往，以色列国民普遍形成了十分强烈的节水意识，对水资源的保护和爱惜观念已渗透到老百姓的生活之中。就连小孩，也在家长的熏陶下，懂得"不浪费一滴水"的道理。有媒体评论说，节水已变成以色列"蔚然成风的大众文化"。节约用水，合理用水，已深深扎根以色列人的心中，成为他们的一种生活习惯。另外，以色列一些学校实施的屋顶雨水收集法不仅增加了学校的水资源，更重要的是通过此举教育了下一代节约用水的重要性。调查显示，目前约85%的以色列公民意识到国家严峻的水资源危机，并愿意为此安装节水装置；约70%的以色列公民愿意学习更多的节水技巧；约30%的以色列公民宣称已经在节水方面采取了多种措施。

此外，以色列调整了农作物种植结构，大力推广种植耗水较少的农作物，取代高耗水的农作物；控制生活用水量、安装节水设备、提高生活用水效率同样可以为以色列节约相当可观的水资源。

考虑到以色列较为不利的水资源条件，加上对水资源的需求量和要求标准的提高，其政府在水资源利用方面做了大量的工作，也取得了较为显著的成效。但是，以色列的水资源危机仍然十分严重，在水资源利用上仍存在许多问题。

第一，人均水量危机。一个国家水资源的丰富或稀缺程度一方面取决于该国的水资源总量，另一方面也与该国的人口数量密切相关，甚至在一定程度上讲，人均水资源的占有量比水资源总量更能准确地描述出一个国家水资源的丰富程度。就以色列而言，相对于可再生淡水资源总量的稳定性，人口总量却一直处于较大变化中。出于安全、宗教等多方面的考虑，以色列一直保持着较高的人口自然增长率，且极力鼓励国外犹太人移居以色列。从20世纪90年代至今，其人均占有水量从300立方米左右下降了一半，水资源危机程度越来越严重。

第二，过度抽取问题。由于以色列缺乏其他有效途径来增加水资源供给，从1965年之后，其已对自身水资源进行过度提取，水资源的抽取量长期维持在安全线以下，至20世纪七八十年代，以色列国内的水资源已经全部开采完毕了。过度抽取水资源给以色列带来了极大的危害：滨海蓄水层地下水位下降，引发海水入侵；水质恶化，使用高盐度水灌溉导致农作物减产；饮用盐度过高的地下水会增加儿童高血压的风险；对盐度过大水资源进行处理耗费了大量的资金，给以色列的财政带来沉重负担。

第三，水资源分配结构存在问题。一般而言，一个国家水资源分配考虑的先后顺序为生活用水、工业用水、农业用水及其他用水等，尤其是在水资源短缺的国家，这种规律应该表现得更为明显。然而，水资源严重不足的以色列却没有遵循此项原则。以色列2/3以上的国土属于干旱地区，降水较少，且地势崎岖，发展农业的条件较为恶劣，而且农业需水量大，水资源的投入产出比较低。因此，以色列应避免在农业上浪费太多的精力和投入。

（二）日本

日本是一个位于亚洲东部、太平洋西岸、由东北向西南延伸、南北狭长、多山的弧形岛国，其国土总面积为37.8万平方千米，总人口约1.26亿人，河流大多发源于中部山地，长度超过200千米的河流只有10条。日本属季风气候，雨热同期，在春季解冻期、梅雨和台风季节，很容易形成洪水。虽然日本是一个降水充沛的国家，但是其人均水资源量并不多。日本降水量约1700毫米/年，约为世界平均数970毫米/年的2倍，但因人口密度大，人均降水量仅为世界人均的1/3。20世纪50年代中期至70年代中期，日本凭借国内外有利条件战后经济高速增长，导致严重的水资源短缺和水污染问题。经过日本政府几十年的努力，加上水田面积和人口的减少，节水和水污染防治技术位于世界前列、各地水资源机制日趋完善、工业用水回收率逐年提高（见表6-1），日本基本走出了一条水资源可持续发展的绿色道路。

表6-1　　　　　　日本工业用水回收率　　　　单位:%

年份	工业用水回收率
1965	36.3
1970	51.7
1975	67.1
1980	73.6
1985	74.6
1990	75.9
1995	77.2
2000	78.6

年份	工业用水回收率
2005	79.2
2010	80.3
2015	80.5

第一，日本政府很早就具备了较为完善的水资源立法体系和大量的水利基础设施。1961年日本出台了《水资源开发促进法》，细致地规划了本土重要水系、水资源基础设施以及制定和完善了水资源开发基本准则等。从1965年以后，由于政府大规模兴修水利和农田基本建设、大力推进水资源开发基础设施的建设，干、支、斗、龙渠全部用水泥衬砌硬化，桥涵闸配套齐全。近十几年来大量铺设管道代替明渠，减少渗水、漏水。水田灌排分开，使灌溉水反复利用。旱地由以往的畦灌发展到现在的喷灌、微灌，其设施的配套率在30%以上，水资源供需缺口逐渐缩小，缺口到目前已经基本消失。20世纪70年代末开始陆续制定并颁布实施了《水污染防治法》《水污染控制法》等法律法规。同时，日本还投入了大量资金建立公共水环境自动监测系统并进行常规监测、赋予多部门对企业或商业的水污染排放物、未达标的封闭或半封闭水域、生活污水排放实施检查与监督的权力。

第二，日本节水技术普及率高且一直在进步。从家庭角度看，日本全国的节水型卫生间和洗衣机的普及率已经很高，洗碗机的用水量也大大减少，与20世纪80年代的同类机器相比，节水率提高了70%多。此外，某些地区的水循环利用和高度净水技术非常先进。例如滋贺县和京都市居民使用琵琶湖流出来的水经过水循环利用和高度净水处理净化后提供给大阪人再次使用，目前的水循环利用和净化技术可以到达6次反复利用，日本水循环利用和水净化处理技术方面拥有高技术水平和安全保障。从企业角度看，由于不少企业在节水技术改进方面的不懈努力和创新，工业用水回收率大幅提升，目前淡水回收率可达到80%左右（见表6-1）。

第三，日本拥有先进的水污染防治技术和完备的防治制度。由于日本特别重视水生态系统的可持续发展和水污染的生物治理，植物水质净化技术应运而生。20世纪90年代中期开始，日本政府利用天然或人工湿地植物净化、水培植物净化、水生植物和滤材结合净化、生物浮床净化等技术方法，使其水环境治理进入生物多样性恢复阶段，逐步在有限的区域内重建并恢复水生态系统。

19 世纪 70 年代，日本城市工业与生活的污染物排放量迅速增加，再加上农业生产废物的大量排放等各种因素，导致日本第一大湖——琵琶湖的水质恶化。琵琶湖水质的不断恶化引起日本政府的高度重视，并开始采取一系列卓有成效的治理措施：1979 年 10 月，琵琶湖富营养化的相关防治条例和措施颁布与实施，水质恶化的趋势到 1995 年基本得到遏制；此后日本实施了琵琶湖水质保护和综合开发计划，实行了比国家排放标准要求更高的排放标准；日本也制定了一系列支持水污染防治的优惠政策，用经济手段来刺激和促进水污染物排放总量的持续削减。当然日本政府积极推广了琵琶湖入湖河流预处理技术，对江河湖泊的水质提出了更高的要求，取得了良好的效果，尤其是农业用水经收集与集中处理后进湖的技术。世界各典型水环境的治理经验昭示出，河流一旦被污染，人类社会对其治理不仅要付出很长的时间与金钱代价，更为可怕的是短时间内难以恢复的生态系统会给人类社会自身带来长期的重大负面影响。

第四，日本杂水利用率高。日本降雨丰富，积蓄、利用雨水成本低，收益高。过去对雨水的利用多在沿海岛屿，20 世纪 90 年代以来，许多城市也着手利用，一般用导管把屋顶的雨水引入设在地下的沉淀池，技术处理简单。东京在公园、校园、体育场、停车场等处的地下，修建了大量的雨水贮留池。凡是新建筑物，包括住宅楼，都要求设置雨水贮留设施。1989 年开业的东京港区的野鸟公园，园内用水皆来自雨水，形成了湿地、芦苇荡、草地、树林等景点，成为东京地区的著名观光点之一。

虽然日本凭借水资源规划制度、节水和水污染防治技术提高了水资源利用率，尤其是工业用水效率和生活用水效率，基本走出了一条水资源可持续发展的绿色道路，但是其水资源利用依然存在不可忽视的问题。

第一，近年随着水资源基础设施的老化，日本漏水事故逐年增加。例如连接利根川与荒川的武藏水道由于设备老化，地基下沉，本来每秒能够安全流过 50 吨水的水道目前降到每秒只能通过 40 吨水量。日本各地都存在不同程度的水资源基础设施老化问题，且呈现逐年增加态势。

第二，日本水利基础设施的配置与利用不当。典型的例子有水库大坝等基础设施的配置与利用不当问题，比如在利根川水系中，有的水库建设的初衷是防洪防涝或农业灌溉，然而在现实中其功能却没有按照初始规划来运行。本来功能为防洪防涝的水库蓄满了水，而应该蓄满水用于农业灌溉的水库却空着的例子时有发生。

第三，日本杂水利用虽然发展很快，但推广力度有待进一步加大。杂水（雨水和污水）再利用发展很快，特别是最近兴起的雨水循环利用模式，个别地区正大力推进和普及污水再利用。日本《建筑物管理法》规定，污水再利用水不能用于景观喷水和植物浇灌，只能用于卫生间冲水，客观地讲正是这类规定影响了污水再利用的推广和普及。

第四，水库大坝所在地的市町村的人口一大半都在1万人以下，并且财政状况堪忧的地区非常多。由于高龄化和大量人口流失，水源地的水源涵养机能下降，泥石流等灾害频发导致的水质恶化和林木流失已经使水库大坝的正常功能受到影响，如何实现水源地经济发展和水库大坝功能恢复的"双赢"是亟待研究的课题。

第五，21世纪以来全球变暖成为一个国际热点问题，个别国家或将因此"消失"。在全球变暖的气候大背景下，日本下雨下雪方式也会发生变化：短时间下暴雨概率变大和降雪量下降。这些变化会对蓄水池的水量产生影响，很多水资源规划需要调整，例如利根川在2007年就发生过水资源规划和实际水资源量相差较多的情况。水资源规划的调整也应当考虑到气候变化带来的地下水盐碱化区域扩大、极端干旱气候发生风险增大、积雪融化提前，以及对水质、生态圈的影响增大等因素。

（三）美国

美国地处北美洲中部，西临太平洋，东临大西洋，国土面积为985万平方千米，其中，水面面积67.8万平方千米。整个国家地势东、西两侧高，中间低，东部是阿巴拉契亚山脉，东南部是大西洋沿岸平原，中部是密西西比大平原，西部落基山脉，东西两边的气候和自然条件差异较大。与以色列和日本相似，美国在提高水资源利用效率上除有法律的保障、先进的节水和水污染防治技术的支持之外，美国的水资源管理体制、水权制度，以及农业教学、研究和延伸服务一体化等对于水资源的高效配置和可持续利用也具有积极的促进作用。美国提高水资源利用效率卓有成效的主要原因有以下几点。

第一，水资源管理体制具有以州为主、以联邦政府为辅的特点。美国联邦政府实行多部门、以州为基本单位的水管理体制，各部门根据授权承担一定的水管理职能。州以下往往分成若干个水务局，对供水、排水、污水处理及回用等涉水事务统筹考虑，统一管理。联邦政府在过去一百多年里，兴建了大批水利设施。近二十年来，由于联邦财政困难，水利发展和水资源管理的职责更多地由州政府履行，从而更加确立了美国以州为基本管理单位的水资源管理体制。美国在水资源管理方面没有全国统一的法典性的水法，以各州自行立法与州际协议为基本管理规则，州际间水资源开发利用的矛盾则由联邦政府有关机构（如垦务局、陆军工程兵团、流域管理机构）进行协调，如协调不成则往往诉诸法律，通过司法程序予以解决。美国的水资源管理体制为其高效产业用水提供了制度基础。

　　第二，美国的水资源法规逐步形成、丰富和完备。在美国，大中型水资源工程的规划、兴建和管理，都要通过法律程序决定。因此，根据不同时期不同水资源开发目标，美国陆续制定出相应的有关水法规。概括地说，两百多年来，美国水资源政策和法令的变化具有以下特点：从早期的防洪、运输、发电和灌溉等基本水利工程功能转为强调河流、湖泊、池塘生态环境对水资源的需求；由重治理转为重预防，所以政府给企业提供财政补贴、税收减免、技术指导等；重视非工程措施在水资源管理中的应用，如保护湿地、植树造林、通过土地利用规划保护地下水资源等来防洪和保护生态环境；重视面源污染控制，如今美国基本上解决了如工业和城市废水等点源污染，现在已把很难识别和确认污染源的地点和边界的面源污染，列为内陆水资源的第一大污染源；重视水资源数据和情报的利用及分享，美国政府从 20 世纪 70 年代起逐步建立了一系列环境资源数据库，这些数据全部储存在计算机内，只需交纳少量数据加工费甚至不必交纳任何费用便可使用；重视水资源教育，在小学、中学及大学设置环境和水资源课程，并利用电视、报纸、广播、节目、聚会、讲座、传单等形式向公众讲授水资源保护的重要性。

　　第三，节水灌溉和管理技术先进。美国农业节水灌溉的主要形式有节水地面灌溉、喷灌、微灌和地下灌溉四种形式。自 20 世纪 70 年代以来美国的地面灌溉面积呈下降趋势，其中 1979 年、1984 年、1988 年、1994 年和 1998 年地面灌溉面积分别占总灌溉面积的 63%、61%、59%、54% 和 50%。2000 年以后，所有的地面灌溉绝大多数为管道输水，也融合着现代最新技术成果和科研成就，其中沟灌占了地面灌溉的 51%。美国使用地面灌溉技术的同时也非常注重现代化的管理技术，美国农业界认为，传统的地面灌溉如果管理方法先进，也能达到 80%—85% 的灌溉水利用率。另外，为提高田间用水效率，大力推广激光平地技术，即利用激光测平技术进行土地平整，整个地块的高差控制在 2—3 厘米内，激光平地后，比常规畦灌节水 20% 以上。美国 1998 年激光平地面积已达 300 万亩。除此之外，在美国，通过精密仪器测量选择灌溉适宜时间，如张力计、叶面湿度测定仪等，用 TDR 进行墒情测报。还有一些农场主通过微机中心进行操作，几百亩的农场灌溉，在控制室里就可控制完成。

第四，美国将农业教学、研究和延伸服务一体化。1850 年，美国每个州都被联邦政府无偿给予了 3 万英亩的土地建一所农业大学，即政府赠地农业大学，主要目的是教学、研究及延伸服务，这三个目标也是美国所有农业大学和学院教学最基础的目标。美国农业研究项目大部分是由政府资助的，其研究成果是美国农业发展的支柱。延伸服务是教学和研究完美结合的成果，美国每个县都有一名受大学雇佣的延伸服务代理人员而不是政府雇员，负责教授农场主或农民最新的农业科研知识和成果，他们每年都要回到学校接受一定的培训。代理人员如遇到自己也不了解或解决不了的问题，可以随时回到农业大学或学院的研究所寻求答案，再传播给农民。如果遇到一些农民不太相信或不愿接受的技术，延伸服务人员可以通过搞试验田的办法打消农民顾虑。教学、研究和延伸服务一体化，正是推动美国农业迅速发展的原因和动力。

第五，污水回用特别广泛。在美国处理后的污水可以用于农业灌溉、绿化灌溉、工业生产、补充地表径流、营造湿地和休闲娱乐水面等景观生态用途，以及城镇公共建筑和居民家庭的多种非饮用用途，如冲厕、洗车等。污水回用具有不可替代的环境效益和经济效益。美国产业化的污水回用设施建设在 20 世纪 90 年代初期全面展开。作为一种合法的替代水源，污水回用在美国得到越来越广泛的利用，并成为城市水资源的重要组成部分。目前，美国城镇污水回用十分广泛，包括非饮用用途的直接利用和饮用用途的间接利用。据悉，美国城镇污水回用厂供应工商业用户和居民家庭的回用水，一般按供水价的 50%—75% 收取回用水价。如果把污水回用的社会效益和环境效益纳入成本计算之中，与其他拓展水源的方式相比，污水回用具有明显的综合效益优势。

第六，取用水许可、水权、水价和水市场的运营，使开源和节流成为市场机制调控的自觉行动。美国实行取水许可制度，由州通过立法规定取水许可的制定及管理办法。各州的取水许可制度不尽相同，一般而言，该制度包括下列主要内容：规定需要申请取水许可范围，除规定的少量生活用水不需申请许可外，其他各类取水都要申请许可，如大量的生活用水、抽取地下水、大量灌溉用水、工业用水、商业用水等；规定申请许可的用水要求，如取水不能对现有的用水权利造成损害、取水应符合公共利益、取水必须是"有效益的"，一般都会列出各类有效益的用水，包括旅游休闲用水、鱼类和野生动物的用水；规定申请取水许可由州水资源管理机构负责办理，申请许可包括申请取水的数量、时间、取水方式等，取水许可在申请、批准、修改、撤销等方面有许多程序上的规定。水权制度明确了水资源的产权，它与取水许可制度一起为美国水市场的运营奠定基础。水权制度是美国水资源管理和水资源开发利用的基础，建立在私有制的基础上。其大致有两种：在中西部其水权制度是按开发利用的先后来确定的，即对同一水源的不同用户，按谁先用谁拥有较大的用水权。在水源丰富的东部，则按土地离水源的距离来确定水权的大小，即水权与土地的私有制紧密相连。美国是一个高度市场化国家，市场驱动机制无所不在，其允许水权交易或水权调整。从大型水利工程的建设到供水区域内水资源的配置，其融资、供求均通过市场机制调控。在南加州都市水务局，来水、蓄水、输水、抽取地下水、废污水处理、地下水回灌等都是有偿运行的。水务局根据用水需求和供水情况，通过水资源调度模型进行实时调度，以满足用户需求。这个调度系统运行的基础就是市场化管理，水资源按质和成本论价，不同的价格决定了各种水源的分配，也促进了产业结构的调整，使废污水得以处理回用，使水资源向效益更高的产业部门流动，即"水往高处流"。具体来说，美国水价的制定遵循市场规律，基本上要考虑水资源价值、供水及污水处理成本、新增供水能力投资。水费包括供水债券、资源税、污水处理费、检测费、管线接驳费等，水价每年修订一次。美国也注重水价对节约用水的杠杆作用，近年水价年增幅达到8%，对1985年以后全国保持用水零增长起到了积极作用。美国制定水价政策时考虑的因素较多，其中包括水的供求关系、水资源的紧缺状况、用水户的排污行为、用水户的承受能力、水的综合利用与补偿等。有的丰水地区采用分段递减收费制度，即对于大水量用户则降低水价，以促进销售，并有助于降低回收供水的固定投资成本；用水量越少，费率越高。由于市场比较完善，全国没有统一的水价审批机构，水价完全由市场调节，这些机构都根据自己的政策和实际情况制定各自的水价。与取用水许可、水权、水价一起对水市场的运营起重要作用的还有水银行的设立。水银行实质上是一种水权交易中介组织，主要负责购买和出售结余水资源。美国通过水银行制度，来进行跨流域调水水权交易，合理优化调水资源的分配。水银行根据受水区水文水资源状况的年度、季度分析及预测，通过整合调水工程管理部门的职能，联系水量节余与水量不足的用水户并充当其水权流转的媒介，将每年来水量按水权分成若干份，以股份制形式对水权进行管理。水权节余者存储剩余的水权，从中获取收益；需水者支付一定资金购买水权，满足用水需求。通过水银行这一市场化的运作机制，利用价格杠杆激发用水户的节水潜力，发挥用水户参与的积极性与主动性，实现不同地区间用水户水权流转的目的，促进受水区水资源的合理再分配。水银行制度赋予了用水户真正意义上的水资源使用权，在法律允许的条件下可以转让与买卖，甚至还可以享受水银行为用水户提供的其他形式的创新服务，是一种新的市场化管理方式。

虽然美国的水资源管理有着法律的保障，先进节水和管理技术的支持，农业教学、研究和延伸服务一体化和新型水市场的运营也赋予了其市场化活力，但是由于其幅员辽阔，各地水资源法律法规多样、水资源利用具体情况复杂等原因，依然存在不可忽视的问题。

第一，水资源管理部门多，行政效率有待提高。美国的各州政府掌握着水资源管理的主要权利，联邦水资源行政管理部门则主要负责开发水资源和调度管理综合水利工程，起到的只是综合的辅助性的作用。这种方式或多或少地存在一些弊端：不同流域的自然属性决定了它不可能与行政区域完全相一致，再加上设置的流域管理机构部门，享有管理权限的部门就特别多，不同部门之间很容易相互争权、相互推诿，使水管理工作效率低下。

第二，现有供水机构缺乏经济动力。供水机构是由政府财政拨款的，它们不需要面对私人企业所要面临的市场经济风险，他们无须按照市场经济的法则，即用最小的成本来获取最大的收入，很容易发生低效供水的错误；供水是免费的，政府机构从中得不到任何利润，导致其疏于采用科技来提高自己的供水能力以及提升服务质量；由于供水机构内部人员薪金固定，有才之人留不下，而缺乏淘汰机制的管理体制使得低能之人淘汰不了，如此循环，机构人员的素质便越来越差，直接的结果便是向消费者提供的服务质量也远远不及私有企业所提供的。

第三，水权具有不确定性。美国水权被界定为"使用一定量额水的权利"，但是西部各州的"先占系统"中的几项内在缺陷却阻碍了此项权利的行使。这几项缺陷是浪费问题、引水问题以及有益使用的界定问题。首先，水资源的浪费引发了一个事实上"有益地使用"了多少水的问题。浪费并不是一个能够客观限定的概念，特别是要转让水权时，判断现有使用者是否浪费水在很大程度上影响到水的估价。而现在美国地方上大多数法院只是通过事实上以及历史上的有益使用来确定或颁布水权用水量。这种关于浪费额度界定的缺失直接导致了"如一行为不惊动良知便是允许的"情况的出现。其次，西部各州法律规定由法院来确定"有益使用"是否有效。这就从根本上排除了市场机制在其中的作用，而市场这只"无形的手"在确定是否有效使用的问题上可能是最为有效的。另外，有效使用这个概念在使用时的不确定语境也可能会直接导致水权使用的不确定性。它本身就是一个动态的概念且随着情形的变化而不同。换句话说，它本身就是具体的多变的概念。因为"有益使用"的定义是不断变化"与时俱进"的，所以说现在的"有益使用"并不一定是未来的"有益使用"。因此，"有益使用"本身也会导致不确定性。最后，引水所带来的问题也导致了水权的不确定性。引水中因为"泄漏的沟渠"问题或者蒸发问题所引起的水量流失使最后到用户那里的水量并不是用户实际需要的，故而很难确定所引水中哪些能算作有益使用的部分。计量中的困难使得转让水权的双方很难确定实际转让了多少"有益使用"的水，加之现在制度内在弊端所带来的政府缺乏经济动力来进行科技革新或者要求用户合理有效引水的问题，使水权越来越不确定。

第四，转让水权的法律和行政程序费用以及耗费的时间变得越来越多。美国西部各州现行的水权制度赋予了水权行使或交易可能影响到的第三方提起法律诉讼的权利。原本此制度设定意在保护第三方的利益，但是由于权利滥用的情况屡见不鲜，实际上此规定为水权交易设置了更大的障碍。在科罗拉多州和新墨西哥州，不同规模水权交易的交易费用少则几百美元多达 50000 美元不等，平均所耗费的时间也从 6 个月到 1 年半不等。从高额的交易费用中我们不难看出，现行的西部诸州水权制度在制度设计上已把"外部性"涵盖在水的交易费用之中了。由于交易费用太高，这毫无疑问会限制水权交易的市场活跃度，但是不可否认，把第三方包含到交易成本中，就可以把"外部性"的社会成本算入水权市场之中，从而有助于限制权利的滥用、保护水资源及促进整个社会福利的提高。

二 国内典型地区或城市提高用水效率的案例分析

(一) 北京

北京地处水资源匮乏的海河流域，多年平均降雨量 567 毫米，年人均水资源量 161 立方米，约为全国平均值的 1/12。同时，北京也是我国的政治、文化、国际交往和科技创新中心，是我国经济发展水平最高、人口密度最大的地区之一。水资源短缺一直是制约北京社会经济发展的重要因素。长期以来，北京市委市政府高度重视节约用水工作，相继出台了一系列加快推进节水型社会建设的重大举措，这为聚焦解决北京"大城市"病中的水问题注入了强大动力。除此之外，节水家电普及率不断提高、产业结构不断调整、居民环保意识不断提高等都有利于北京水资源问题的解决。北京水资源利用效率高的原因主要有以下几点。

第一，强化顶层设计，推进节水型区创建。2016 年北京在全国率先发布实施了《关于全面推进节水型社会建设的意见》，北京市及各区都相继编制完成《"十三五"时期节水型社会建设规划》并在全国率先启动节水型区创建工作。深入开展了"七进"活动，大力进行节水宣传，全市累计创建节水型单位和社区（村庄）1.8 万余个。2017 年西城区、东城区和平谷区率先通过节水型区创建验收。

第二，加强精细管理，落实水资源"双控"措施。市政府开展最严格水资源管理制度考核，推进用水管理向基层延伸做实。将用水总量控制指标分解到各区并加强考核，实行乡镇（街道）用水量"月统计、季报告"，着力提高水资源管理精细化水平。推行水影响评价审查制度，积极推进水资源费改税试点，实现了农业用新水负增长、工业用新水零增长、生活用水控制性增长、生态用水适度增长，万元地区生产总值水耗由2012 年的 20 立方米下降到 14.1 立方米。大力推进再生水利用，年利用量达到 10.5 亿立方米。2017 年北京市在国务院最严格水资源管理制度考核中被评为优秀。

第三，坚持"节水即治污"理念，持续攻坚治污水。围绕提升污水处理能力，连续实施两个"三年治污方案"：2013 年起实施了第一个污水治理三年行动方案，基本解决了城镇地区污水处理能力不足问题；围绕加快补齐短板，完善污水收集管网建设，2016 年启动实施第二个三年治污行动方案。全市污水处理率由 2012 年的 83% 提高到 2017 年的 92%。全市排查出的 141 条段黑臭水体治理工程全部开工，国家考核的建成区 57 条段黑臭水体治理任务全面完成。通州区上游 16 条河流治理、北运河和潮白河 2 个生态带建设以及城市副中心 6 个片区水环境综合治理扎实推进，清河、凉水河、萧太后河和玉带河等一批河流初步实现水清岸绿，城乡水环境不断改善。

第四，全面实行河长制，创建节水护水新机制。强化党政同责，基本建立河长制组织体系和工作机制，分级分段设置市、区、乡镇（街道）和村四级河长共 5900 余名，初步实现全市河湖水域河长全覆盖。加强与检察、公安、环保等部门协同联动，加大水行政执法力度。发挥河长的统筹协调作用，加强巡河督导检查，持续实施河湖水环境整治专项行动，一批长期困扰河湖水环境的痼疾顽症逐步得到解决。

此外，农业灌溉方式、工业产业结构调整和科技进步等也极大地促进了北京水资源利用效率的提高。灌溉用水是北京农业用水的主要用途，占到了农业用水量的 90% 以上。北京农业灌溉方式的变化对农业用水的减少产生一定影响。近年来，北京大力发展与推广农业节水灌溉技术，大力发展与推广农业节水技术，基本消除了大水漫灌的灌溉方式，喷灌和滴灌面积占有效灌溉面积的比重逐年攀升。工业用水量主要受工业规模、产业结构以及工业用水重复利用率几个方面的影响。近年来，北京工业产值一直呈增长趋势，而工业用水却在持续减少，这主要得益于产业结构的调整和科技进步。与前些年相比，北京的工业产业结构发生了较大的变化，一些高耗水、低效益的行业（如造纸、纺织、印染等）退出了北京的主要工业领域。除产业结构调整外，北京还对一些单位高耗水行业进行技术改造，提高工业用水重复利用率和生产废水再利用率。

最后，2018 年北京市政府还计划实施居民用水阶梯水价，上调非居民水价，实行城六区与其他区域差别化价格政策；创新投融资机制，成立了北京水务投资中心，推动成立了首都水环境治理产业联盟等。北京市政府积极有为的政策是其水资源问题得以缓解甚至是解决的重要保障，值得更多的地方政府效仿和借鉴。

（二）新疆

新疆地处我国西部地区，大小河流比较多，人均占有水资源的量为全国的两倍，但是其每年降水量稀少，蒸发却很快。全年降水量仅有 150 毫米，而年均蒸发量达到 1500—3000 毫米，全区荒漠和沙漠的面积达到 70%，绿洲面积仅为 4.2%。新疆每年降水不均，四季的水量呈现春季干旱、夏季洪涝、秋季缺水、冬季断水的特点。因此，目前国家针对新疆地区的现况提出了最严格的水资源管理制度。据了解，到 2016 年年底，全疆节水灌溉面积已超过 5000 万亩（含兵团 1500 万亩），占全国比重超过 60%，创造了世界上适应性最强、大田应用推广面积最大、价格最低、综合效益最明显等多项纪录。新疆近年来水资源管理和利用具有以下特点：

（1）地方水利法律法规逐渐完善。新疆在研究了兵团和地方不同体制条件下农业经营模式差异的基础上，于 2008 年出台了《关于加强水利抗旱工作的若干意见》，制定了《新疆维吾尔自治区农业节水发展纲要》和分年度实施方案，确定了 2020 年全区农业高效节水面积达到 4300 万亩（1 亩＝1/15 公顷，下同）以上的目标任务。自治区成立了农业节水工作领导小组，负责对农业高效节水建设的组织协调，各地结合实际制定规划方案，明确组织保障，推进高效节水灌溉快速发展。

（2）节水建设财政补贴不断加大。新疆从 2008 年开始实施农业高效节水建设财政直补和贴息政策；2009—2012 年，补助标准从每亩 100 元逐步提高到 300 元；2013—2015 年在继续保证财政每年 9 亿元的高效节水补助资金规模不变的前提下，按照南疆、北疆、东疆等地域和经济条件不同，落实 500 元/亩、400 元/亩、300 元/亩的不同补助标准；2016 年以来，南疆农业高效节水建设亩均补助标准调整为 1000 元/亩。

（3）先进科技先导作用得以发挥。近年新疆落实科技研发专项经费，通过引进、消化吸收和自主创新，研发了具有自主知识产权的国产化节水设备产品，颁布了一系列技术规范及标准。随着高效节水技术快速发展和膜下滴灌技术大面积普及，高效节水灌溉作物也由单一的棉花逐步向番茄、辣椒、打瓜、哈密瓜等大宗高效经济作物多样化转变。新疆昌吉回族自治州玛纳斯、呼图壁等大系统、大首部地表水滴灌技术模式得到推广，以地表水为水源的高效节水建设快速发展，地表水节水沉砂池与农村乡镇景观农业、生态农业相得益彰。截至 2017 年年底，新疆累计发展高效节水灌溉面积 238.6 万公顷，占地方总灌溉面积的 48.6%，灌溉水利用系数为 0.537。其中，滴灌面积占高效节水灌溉面积的 95% 以上，以棉花、番茄、辣椒等大田经济作物为主。

（4）具有新疆特色的节水灌溉模式逐渐形成。新疆在大部分地区形成了密植型粮食作物、牧草作物和特色林果滴灌技术模式，重点推广低压小流量、大系统自压滴灌等高效节水灌溉技术，不断加大地表水滴灌推广力度，因地制宜扩大河水自压滴灌，积极发展自动化微灌技术，在南疆部分地区推广微灌条件下水盐调控技术，在北疆河谷水资源丰沛地区推广改进地面灌溉、坡耕地及草场自压喷灌模式，在天山北坡及塔额盆地推广自动化控制与信息化管理的滴灌模式，在东疆区园艺生产基地推广自动化控制微灌模式，在塔里木盆地内陆河区推广棉花和果林滴灌技术模式。

（5）规范化建设积极展开。新疆印发了《新疆维吾尔自治区农业高效节水灌溉工程标准化、规范化建设及运行管理办法》，出台了一系列适应地方特点的微灌工程地方标准。2016年新疆启动了5个农业高效节水示范区和4个现代化灌区示范区创建工作，2017年在南疆阿克苏地区沙雅县开展了以农业水价综合改革为牵引的农业高效节水增收试点工作，引进和运用现代农业节水灌溉设施和技术，发挥示范区的引领、培训、宣传、辐射作用。

（6）生产组织管理新模式具有经济活力。新疆结合农业生产组织管理特点，形成了"合作社+专管人员""农民用水者协会+专管人员"和"农民联户"等运行管理新模式，促进了土地集约化管理和规模经营，大幅度提升了农民组织合作化程度。玛纳斯县乐土驿镇乐源农民专业合作社按照"土地入股，保底线分红；规模种植，高效益管理；一体多元，公司化发展"模式经营着10200亩土地。自2007年成立以来，已经陆续有286户"股东"，而长期管理人员只有16人。通过万亩连片规模化种植，实行"六统一"管理，实现了从种植到采收全程机械化。

第二节 水资源税试点

根据国家统计局官网公布的最新数据，我国在2013年、2014年、2015年、2016年的人均水资源占有量分别为2039.3立方米、1998.6立方米、2059.7立方米、2354.9立方米，处于世界较低水平。这反映出我国水资源在量上形势不乐观。我国应更加重视水资源保护，特别是对缺水严重的地区，以更好地满足居民生活用水需要和经济发展生产需要。这不仅符合国家"五位一体"总布局的时代要求，也符合五大发展新理念。回顾我国的水资源保护措施，以前主要采用收"费"的办法。然而，随着社会及经济发展，水资源费已不适应时代需要，逐渐暴露出其弊端：征收标准不合理、政策执行力不强、征收主体局面混乱等。应考虑以"费改税"的方法更好地保护我国水资源，这无疑也是顺应资源税"清费立税"的改革趋势的。党的十八届三中全会指出，实现资源的优化配置、促进市场的统一、维护社会的公平、实现国家经济的持续发展，科学财税体制是必要的制度保障。科学的财税体制做到立法完善、事权明确、税制改革、税负稳定、效率提高、充分调动地方和中央的积极性。因此，国家税务总局与财政部在 2016 年 5 月联合发布了《关于全面推进资源税改革的通知》，指出我国将在全国范围内选出试点地区实施水资源费改税的改革。当月 9 日，财政部、国家税务总局和水利部发布《水资源税改革试点暂行办法》，将河北作为水资源税改革的试点省份，于 2016 年 7 月 1 日试点征收水资源税。河北水资源税改革试点近两年来，整体平稳顺利，各方面反映良好，为在全国扩大试点范围探索了一套可复制、可推广的工作经验和制度体系。水资源税试点政策影响着河北水资源利用的方方面面，对于不同产业用水效率的影响也是其中一个方面，所以本节还探讨了水资源税未来可能对于各个地区、各个产业和不同产业中各个行业的产业用水效率的影响。

一　水资源税试点政策及内容

一直以来，我国水资源保护措施主要采用收"费"的办法。关于水资源"费改税"的可行性问题，已有国内学者对此做了大量研究。叶楠、李晶、张震（2016）从地租理论、外部性理论等方面详细论述了我国开征水资源税的理论依据，提出仅靠经济主体自我约束和市场自发调节无法真正保障水资源利用的高效率，建议将水资源"费"改成水资源"税"。肖加元、彭定赟（2013）则认为，我国水资源"费改税"的迫切性是由于水资源严重缺乏的现状与社会用水需求之间矛盾异常突出，这既与人口因素和自然因素相关，但同时也与人们节水意识不强、政府的政策引导及制度约束不足有较大关系，因此他们建议以水资源税的方式促进社会节水意识的提升。在水资源"费改税"的可能影响方面，王志强、戴向前、王冠军（2016）提出，水资源"费改税"有利于促成资源税整体改革目标的早日实现，并且，与其他税制一样，它将具备较高的强制性，使人们有偿使用水资源得到确切落实。由此可见，水资源税改革具有一定的科学性，水资源税改革试点势在必行。

近几年，河北人均水资源占有量不到全国平均水平的1/7。事实上，其水资源条件较差：从降水的量上来看，河北平均降水量在诸多年份里均低于全国平均水平；从降水的空间分布来看，河北降水分布具有明显的地区差异，坝上地区降水较少，冀东地区降水则相对较多；从降水的时间分布来看，河北地区的水资源条件基本由7—9月的降水量来决定，该阶段内的降水量占当年的近85%；从水资源的调节来看，河北不像其他省份一样有大江大河流经，所以缺乏其他河流对它的调节作用。正是因为河北省较差的水资源条件，存在显著的供需矛盾，所以政府以此试点，以此探索如何以水资源税的形式更加科学而有效地进行水资源管理。

依据财税〔2016〕55号文，水资源税如期在河北率先展开试点。2017年11月24日，国税总局网站发布财税〔2017〕80号文，决定从2017年12月1日起，在全国9省（直辖市、自治区）进行水资源税改革试点，具体涉及河南、天津、北京、山东、山西、宁夏、陕西、内蒙古和四川。以上两个文件不仅彰显了国家对于加强水资源管理的坚定决心，同时又反映出相关部门在工作过程中始终坚持稳中求进的科学工作方法。此次改革，旨在运用税收杠杆效应调节水资源供需矛盾，增强全社会节约用水、保护水资源的意识；引导人们多用地表水，减少地下水开采，优化取水结构；运用差别化税率倒逼企业改变生产方式，提高水资源利用率；运用税收刚性提高水资源税征管效率，增加财政收入，将更多的资金投入水资源保护、修复方面，实现经济社会可持续发展。

水资源税属于资源税类。水资源税是税收的一种，具有税收的基本特征：无偿性、强制性和固定性。水资源税可以通过税收刚性保障税款及时足额入库，同时它也可以通过税收杠杆效应有效调节级差收入，调控水资源的分配，参与国民经济再分配。河北根据相关已出台的政策制定出了有关水资源税的税收政策（见表6-2）和河北水资源税税额标准表（见表6-3）。

表 6-2 　　　　　　　　　　　　**河北水资源税税收要素的规定**

项目	内容
征税对象	水资源税的征收对象为地表水和地下水。地表水是陆地表面上动态和静态水的总称，包括河流、湖泊（含水库）等水资源。地下水是埋藏在地表以下各种形式的水资源
纳税人	利用取水工程或设施（闸、坝、渠道、人工河道、虹吸管、水泵、水井以及水电站等）直接从江河、湖泊（含水库）和地下取用水资源的单位和个人（除《河北省水资源税改革试点实施办法》第八条规定的情形外），为水资源税纳税人。纳税人应按《中华人民共和国水法》《取水许可和水资源费征收管理条例》《河北省取水许可制度管理办法》等规定申领取水许可证
税率	水资源税实行从量计征
税额计算	一般而言，应纳税额计算公式：应纳税额＝适用税额标准×实际取用水量。城镇公共供水企业实际取用水量＝实际取水量×（1－合理损耗率）。合理损耗率标准：设区的市（含辛集、定州市）17%，县城及以下15% 水力发电（含抽水蓄能发电）取用水和火力发电贯流式冷却取用水水资源税应按照实际发电量计征。应纳税额计算公式：应纳税额＝适用税额标准×实际发电量
纳税期限	水资源税按月或者按季计算征收，由主管税务机关根据实际情况确定。不能按固定期限计算纳税的，可以按次申报纳税。纳税人以1个月或者1个季度为一个纳税期的，自期满之日起15日内申报纳税
优惠政策	**免征** 1. 规定限额内的农业生产取用水； 2. 取用污水处理回用水、再生水、雨水、地下咸水、微咸水、淡化海水等非常规水源； 3. 财政部、国家税务总局规定的其他减税和免税情形 **不征收水资源税** 1. 农村集体经济组织及其成员从本集体经济组织的水塘、水库中取用水的； 2. 家庭生活和零星散养、圈养畜禽饮用等少量取用水的； 3. 为保障矿井等地下工程施工安全和生产安全必须进行临时应急取（排）用水的； 4. 为消除对公共安全或者公共利益的危害临时应急取用水的； 5. 为农业抗旱和维护生态与环境必须临时应急取用水的； 6. 水源热泵系统利用封闭型回灌技术回灌的水； 7. 油田生产中开采的原油混合液经分离净化后回注的水

表 6-3 　　　　　　　　　　　　**河北水资源税税额标准** 　　　　　　单位：元/立方米

类别	纳税人	行业	税额标准	
			设区市城市	县级城市及以下
地表水	城镇公共供水企业		0.4	0.2
	直取地表水单位和个人	工商业	0.5	0.3
		特种行业	10	
		农业生产（超规定限额）	0.1	
		其他行业	0.5	0.3

续表

类别	纳税人		行业		税额标准	
					设区市城市	县级城市及以下
地下水	城镇公共供水企业				0.6	0.4
	农业生产者		农业生产（超规定限额）		0.2	
	自备水源单位和个人	非超采区纳税人	工商业	公共供水覆盖范围外	2	1.4
				公共供水覆盖范围内	3	2.1
			特种行业	公共供水覆盖范围外	20	
				公共供水覆盖范围内	40	
			其他行业	公共供水覆盖范围外	2	1.4
				公共供水覆盖范围内	3	2.1
		一般超采区纳税人	工商业	公共供水覆盖范围外	3	2.1
				公共供水覆盖范围内	4.2	2.9
			特种行业	公共供水覆盖范围外	30	
				公共供水覆盖范围内	60	
			其他行业	公共供水覆盖范围外	3	2.1
				公共供水覆盖范围内	4.2	2.9
		严重超采区纳税人	工商业	公共供水覆盖范围外	4	2.8
				公共供水覆盖范围内	6	4.2
			特种行业	公共供水覆盖范围外	40	
				公共供水覆盖范围内	80	
			其他行业	公共供水覆盖范围外	4	2.8
				公共供水覆盖范围内	6	4.2
其他特殊用水	采矿疏干排水单位和个人		回用水		0.6	0.3
			外排再利用（农业灌溉等）		1	0.7
			直接外排		2	1.4
	水源热泵使用者		回用水		0.6	0.3
			直接外排		2	1.4
	水力发电企业		—			
	火力发电贯流式企业		—		0.005 元/千瓦时	

从表 6-2 和表 6-3 中我们可以看出，改革后关于征收标准的规定具

有针对性，非常细致，而且为突出河北地下水超采的问题，在征收标准里面依据是否是超采区设定了不同的税额标准。其中，河北水资源税税额标准表突出了不同行业应适用不同的税额标准，其中特种行业的税额标准最高，工商企业次之，农业最低，这对于调节不同行业的用水结构和提高产业用水效率有着重要的影响。

二 水资源税试点政策对产业用水效率的可能影响

河北作为第一个水资源税试点改革地区，其改革工作对于全国来说具有非常重要的研究和借鉴作用。水资源税试点政策影响着河北水资源利用的方方面面，对于不同产业用水效率的影响也是其中一个方面。由于不同产业用水情况各不相同，有着各自产业的特殊性，所以改革试点对于不用产业的用水效率的影响是不同的，另外对于同一产业的不同行业而言，其行业之间的特殊性也会导致行业的用水效率有着不同的变化。在下文，我们根据河北水资源税试点政策和其对河北产业用水效率现有的影响来探讨水资源税未来可能对于各个地区、各个产业和不同产业中各个行业的产业用水效率的影响。

对农业用水来说，水资源税改革目前对用水效率影响不大，未来水资源税全国范围推广后，各地因自然条件差异水资源税率可能有所差异，会小幅提高农业用水效率。为了探讨水资源税对农业用水效率的影响，我们通过对比税改前后水资源使用成本来研究。当水资源税推广之后，如果税改后农业用水使用成本比税改前高，对缺水地区，农业生产为了降低用水成本会较多地采用喷灌和滴灌等节水灌溉技术，从而明显提高农业用水效率；对丰水地区，农业需水量没有缺水地区多，如果用水成本变化对比缺水地区差别不大，采用节水灌溉技术的积极性不如缺水地区，用水效率提升反而不明显。如果税改后农业用水使用成本比税改前低，对缺水地区，没有采用节水技术的农业生产为了维持用水成本，不会有积极性去采用喷灌和滴灌等节水灌溉技术，原本采用节水技术的企业会继续使用，有些农业生产可能会因为农业用水成本的降低而浪费水资源，所以农业用水效率反而会降低；对丰水地区，农业需水量没有缺水地区多，用水成本变化对比缺水地区差别不大，采用节水灌溉技术的积极性依然不如缺水地区，农业用水效率依旧降低。然而从河北现行的农业用水税率规定来看，未超过用水限额的农业生产活动用水属于免征范围，超过用水限额适用的水资源税也远低于工商业、特种行业和其他行业，所以水资源税对农业用水效率的影响并不大。当然，水资源税全国范围推广后，各地政府响应国家号召，为了达到节约用水和提高水资源用水效率的目的，缺水地区和丰水地区的水资源税率可能会有所差异，综合来说会小幅提高农业用水效率。除此之外，为尽可能降低成本，实现高效农业，河北省政府引导农民改变种植习惯、适当减少用水量较大的农作物种植面积、适当推广滴灌或微灌，这将促使农业生产方式发生极大转变。如在地下水超采并且地表水匮乏的种植区，试推行退地减水政策，适量降低耗水较多的农作物种植面积，改种榆树、核桃等耐干旱耐贫瘠且有经济效益的生态树种；在蔬菜规模化种植区，推广蔬菜微滴灌等。由此可以看出，有关政府部门对水资源税的征收采取了一些配套措施，意在提高水资源的使用效率。

对工业用水来说，水资源税对一般工商业的用水效率影响不大，但会大幅提高高耗水行业的用水效率。与农业用水相似，若征收水资源税，当水资源税较低时，对于何种企业的水资源利用效率影响均不大。当水资源税较高时，工业企业的水资源使用成本会不同程度上升。我们将工业分为一般工商业和高耗水行业。由河北水资源试点政策可以看出，一般工商业和特种行业适用的水资源税税率差别很大。由于一般工商业水资源税较低，该种类型企业水资源使用费用上升幅度不明显，因此水资源税的征收小幅提高工业用水效率甚至是无影响。然而，企业尤其是水资源消耗量较大的特种行业（例如洗浴、高尔夫球场、滑雪场等行业企业）税负明显高于一般行业，税改后直接用水成本大幅上涨，部分企业会通过采取改进生产技术、提高开采效率、资源重复利用等方式降低生产用水成本，从而继续生存并发展。当然小部分企业无法实现技术升级，发展缓慢甚至退出市场，也会使特种行业工业用水效率显著提升。同时，水资源税的推广提高了对钢铁、造纸、热电等传统高耗水行业的征收标准，又对取用污水处理回用水、再生水、地下咸水、微咸水、淡化海水等非常规水源免征水资源税，促使相关企业转变用水方式。因此，征收水资源税会大幅提高高耗水行业的用水效率。

对于生活用水来说，水资源税征收对用水效率影响暂时不大，长远来看有利于提高其用水效率。依据河北政策对家庭生活用水免征水资源税，水资源税的征收对生活用水效率影响不大。随着水资源税全国推广，部分生活用水占用水量大户的省份可能会以低税率向家庭生活用水征税，随着居民用水成本增加，部分消费者将考虑选择减少资源消费，人均用水量有望下降。另外，鉴于水资源尚无有效的替代资源，在无法减少消费量的情况下，部分消费者将选择提高水资源重复利用率或者使用节水电器等。除此之外，前述效应和水资源税政策宣传叠加会使得居民树立正确的资源观，调整水资源的使用模式与行为，提升节水意识。从长远来看，水资源税改革有利于提高生活用水效率。

另外，征收水资源税还对政府水资源管理能力和节水意识产生影响，而这些因素又对产业用水效率的提高有促进作用。第一，水资源税改革试点促进了政府部门水资源管理能力提升。河北税务机关与水务主管部门建立了协作征税机制、省政府完善水资源税制度设计，2016 年水资源税收收入是 2015 年水资源费的近两倍，这些都从侧面（如完善征税机制避免企业继续浪费水资源、税款用于节水设备购置等）提高了水资源利用效率。第二，征收水资源税有助于在全社会树立资源保护的意识，一旦在全社会形成正确的资源消费观与使用观，正面效应即可扩大，一般来讲，会对各个产业都会有影响。值得一提的是，2016 年河北总用水量比 2015 年减少 4.6 亿吨，未来节水意识将会促进各个产业用水效率提高。

第三节　主要案例及调研结果

农业用水是我国产业用水的大户，一直以来我国农业用水占总用水的 60% 以上，了解和分析我国重要农作物农业用水情况是进行我国产业用水情况分析的基础。小麦、玉米和水稻是我国重要的粮食作物，它们生长需要大量的农业用水，保证其农业用水的供给也是我国粮食安全的重要保证。本节主要通过分析已发放的有关农业用水情况调查问卷所获得的相关数据，比较和分析不同省份粮食作物农业用水现状差异及差异产生的原因，有助于进一步加强水资源管理，优化配置，促进水资源的可持续利用。

一　调查作物、省份和问卷数量的基本情况

我们调查的农作物有小麦、玉米和水稻，一共收集了 371 张有效问卷，涉及了全国 17 个省份（见表 6-4）。具体来说，我们调查了 7 个省共

95 家农户小麦种植农用水情况、13 个省份共 196 家农户玉米种植农用水情况、6 个省共 80 家农户水稻种植农用水情况。

表 6-4　　　　　　调查作物、调查省份和问卷数量的概况

调查作物	调查省份	问卷数量（份）
小麦	安徽、河北、河南、山东、陕西、四川、云南	95
玉米	安徽、广东、贵州、河北、河南、黑龙江、江苏、辽宁、内蒙古、山东、山西、陕西、四川	196
水稻	安徽、福建、广东、湖北、湖南、云南	80

二　被调查农户的受教育水平和收入状况

受教育水平和收入状况一定程度上会影响农户的行为，从而影响农作物灌溉用水效率。例如，受教育水平影响农户灌溉用水的了解程度，收入状况影响农户灌溉用水的实际决策等。一方面，我们调查了 17 个省份 371 家农户的受教育时长（年）。江苏农户受教育时长均值最高，是最低的四川的 3.6 倍，是次低的安徽的 1.8 倍；次低的安徽农户受教育时长均值是最低的四川的 2 倍；各省份农户之间的受教育时长差别较大（见表 6-5）。另一方面，由于收入状况问题对于农户来说比较敏感且调查结果与真实情况会有所偏差，所以我们从侧面角度调查了以上农户的收入方式，包括收入主要途径和年打工时长。关于农户收入主要途径，务农是 80.7% 的农户收入主要来源，打工是 62.8% 的农户收入主要来源，39% 的农户收入同时主要来源于务农和打工（见图 6-1）。其中，务农普遍成为福建、河南、湖南、山西、陕西的农户收入主要来源，贵州、福建、山西的 90% 以上的农户收入主要来源于打工。广东大多农户收入主要来源于打工而非务农，黑龙江大多农户收入主要来源于务农而非打工，广东和黑龙江的农户收入主要来源于打工和务农中的一种途径。收入主要来源于务农的贵州农户都打工，收入主要来源于打工的河南农户都务农，这与其所属的省份的经济状况有着一定的关系。广东第二产业发达，且打工年收入高于务农，广东选择打工的农户偏多且不会选择务农也在情理之中。黑龙江农业种植有着独特的优势，季风气候、土地平坦开阔、土壤肥沃、人均种植面积大、机械化率高等，都使大多黑龙江的农户收入主要来源于务农且不打工。贵州恰与黑龙江相反，地形崎岖、土地贫瘠、水土流失严重等

条件都不利于传统农业的发展，所以贵州农户收入普遍主要来源于打工。河南是一个传统的农业大省，普遍农户收入主要来源于务农，但由于务农的经济效益没有打工多，所以才有了普遍务农的背景下多数农户还同时选择打工的行为。

表 6-5　　　　　　　　　各省份农户受教育时长均值　　　　　　　　单位：年

省份	受教育时长均值	省份	受教育时长均值
江苏	11.8	陕西	8.4
河北	11.3	山东	8.3
贵州	11.3	内蒙古	8.1
云南	10.8	福建	7.9
广东	10.5	山西	7.7
湖南	10.3	湖北	7.4
辽宁	9.8	河南	7.3
全部	8.8	安徽	6.6
黑龙江	8.6	四川	3.3

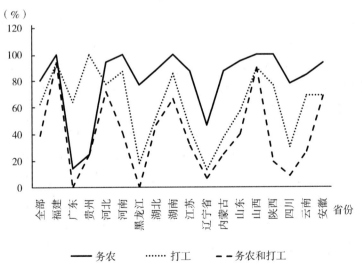

图 6-1　各省份农户收入主要途径比较

关于农户年打工时长，一半以上省份的农户年打工时间长达半年以上，广东农户年打工时长均值最大，贵州次之，辽宁农户最小（见表 6-6）。

表 6-6　　　　　　　　　　各省份农户年打工时长均值　　　　　　单位：月

省份	年打工时长均值	省份	年打工时长均值
广东	9.6	陕西	6.0
贵州	7.9	湖南	5.6
山西	7.8	全部	5.7
福建	7.7	湖北	5.0
河北	7.2	山东	4.3
安徽	6.4	四川	3.6
河南	6.4	云南	3.5
江苏	6.4	内蒙古	2.9
黑龙江	6.1	辽宁	0.6

　　除此之外，我们可以借助各省份农户农作物人均种植亩数来理解上述差异。由表 6-7 可知，前三甲辽宁、黑龙江、内蒙古农户人均种植面积大，相对而言广东、贵州等，尤其是安徽人均种植亩数小，所以前者主要收入更多来源于务农，后者主要收入来源是打工。也就是说，如果农户种植规模不大，务农年效益很难高于打工。对于前者来说，拥有大规模的种植面积使得其拥有更多的农业种植知识与经验，较多的农业收入使其更有动力购买和使用节水灌溉设备。对于后者来说，农户虽然由于打工收入效益得以保证，但因种植规模小，务农时间短，以及节水设备费用和其适用性的问题，少购买或者不购买节水设备才是其理性选择。

表 6-7　　　　　　　　　　各省份农户农作物人均种植面积　　　　　　单位：亩

省份	人均种植面积	省份	人均种植面积
辽宁	17.6	山东	3.3
黑龙江	12.2	广东	2.9
内蒙古	6.1	贵州	2.9
河南	5.6	湖南	2.7
全部	4.7	四川	2.4
湖北	4.4	福建	2.3
陕西	4.2	山西	2.0
河北	3.9	云南	1.9
江苏	3.5	安徽	1.7

三　农户灌溉用水使用概况及分析

农户农业灌溉用水总量与灌溉方式和灌溉频率直接相关。灌溉方式主要分为传统灌溉方式和节水灌溉方式。我们调查了不同省份农户对于三种粮食作物灌溉方式的选择（见表6-8），并简要地分析了农户的四种灌溉方式：漫灌、喷灌、滴灌、未灌溉。传统漫灌具有技术含量低、所要求的资金和设备少、不需铺设管道的优点，但是它也存在浪费水资源、占用较多的人力和时间、易造成土壤盐碱化的缺点。喷灌和滴灌属于节水灌溉方式。喷灌一般比漫灌节省水量30%—50%，通过机械化、自动化可以大量节省劳动力，甚至对于作物具有增产效果，但其投资费用大，受风速和气候影响大。滴灌对比喷灌来说优点更为明显，水资源使用效率达90%以上，节省肥料，不易受风速和气候影响，但其设备价格更为昂贵，维护成本高。有些省份的粮食作物在风调雨顺的情况下，可以不灌溉就能正常生长，当然适当的灌溉可能对于其产量的提高具有积极作用。在灌溉用水方式、灌溉深度相同的情况下，灌溉频率越高，农作物每亩灌溉用水总量就越大。

表6-8　　　　　　　　　各省份农户水稻灌溉方式选择　　　　　　　单位:%

省份	灌溉方式			
	漫灌	喷灌	滴灌	未灌溉
安徽	80	0	0	20
福建	82	12	0	6
广东	0	44	0	56
湖北	100	0	0	0
湖南	100	0	0	0
云南	83	0	0	17

对于水稻来说，所调查的6省农户的选择具有很大相似性。就灌溉方式来说，两湖地区的农户全部采用漫灌的方式，安徽、福建、云南80%以上的农户选择漫灌，不同的是，广东44%的农户选择了喷灌，56%的农户未灌溉，没有一个省的农户使用滴灌方式。究其原因：第一，水稻生育期中大部分时间都需要灌水，仅在成熟待收获时不需要灌水，采用传统漫灌的方式对于平均种植面积小的地区来说更为理性。第二，广东水稻亩产

量位列第二（见表6-9）、工业制造发达、经济发展水平位于全国第一梯
队，其具较强的购买喷灌设备的资本实力，喷灌设备的制造、安装和使用
阻碍小。更多的农户通过使用喷灌设备可以节约农业用水费用、提高水稻
单产、节约对比其他省份来说较贵的劳动力和省时去兼职收入更高的工
作。第三，滴灌设备价格高，对于平均种植亩数均不高、降水丰富的6省
没有吸引力。就灌溉频率来说（见表6-9），云南由于纬度低水分蒸发
快、亩产量高农户愈加悉心种植、地形多样其中部分地区水土流失，所以
该地区33%的农户每天浇一次水，浇水频率最高。广东和云南位于同纬
度，水分蒸发快，但其中部和南部沿海地区多为低丘、台地和平原，降水
充沛，所以农户浇水频率低于云南。两湖地区纬度中等，属于内陆城市，
夏季受副热带高气压控制，降水较少，但水分蒸发较快，所以浇水频率次
之。安徽和福建由于更靠近沿海，纬度偏高，气候湿润，夏季降水丰富，
其农户浇水频率最低。

表6-9　　　　　　　各省份水稻种植农户亩产量及浇水频率　　　　单位：斤、%

省份	水稻亩产量	水稻浇水频率				
		每天一次	2—3天一次	3—5天一次	5—7天一次	7天以上一次
云南	1833	33	25	8	17	17
广东	1026	0	0	22	56	22
湖北	947	0	0	41	47	12
湖南	910	10	5	5	29	52
安徽	860	0	0	0	75	25
福建	753	0	0	0	59	41

对于小麦和玉米来说，各省份农户灌溉方式有所差异（见表6-10、
表6-11）。我们调查的7个省份小麦种植农户仍然有一半以上选择漫灌方
式，但与水稻相比，选择喷灌的农户更多，仍然没有农户选择滴灌。我们
调查的玉米种植省份因区位分布广、经济状况迥异、种植历史文化差别大
等特点，农户选择灌溉方式有很大差别。其中，安徽、广东、河北、河南
以漫灌和喷灌两种灌溉方式为主，贵州、江苏、山西、四川以漫灌为主，
辽宁、内蒙古、黑龙江以滴灌为主。究其原因：第一，我们调查的小麦种
植省份除四川、云南外，地缘相近，灌溉方式相似，偏南偏东的省份降水
丰富，农户选择漫灌较多，偏西偏北的省份降水较少，农户对比偏南偏东

省份更多的选择喷灌。第二，玉米有别于小麦，玉米植株群体较少，植株相对高大，根系发达，选用行间铺设喷灌带比漫灌更为精准且避免水资源浪费，所以玉米喷灌比小麦喷灌使用率更高，例如安徽、河南、山东、陕西。第三，由于黑龙江、辽宁、内蒙古人均种植亩数大，务农是大多数农户收入的主要来源，但降雨量不足，节水增产的滴灌技术设备更适合当地农业的发展，加上当地政府对滴灌技术的大力推广，这三个省份选择滴灌的农户更多。第四，江苏是典型的"鱼米之乡"，雨水充沛，农户选择漫灌和不灌溉也在情理之中。第五，四川和山西全部农户选择漫灌与现实情况不符，这与小样本有关。我们调查的四川和山西的农户灌溉水源大部分来自附近水库或湖水（见表6-12），正外部性使得农户往往选择私人成本最低的漫灌方式。除此之外，我们还调查了种植小麦和玉米的农户灌溉作物时每亩年内浇水次数和每亩浇地指深数，并且考察灌溉方式的影响，以此来计算不同省份年内每亩小麦和玉米的灌溉用水总量。无论是小麦种植还是玉米，山东每亩灌溉用水量都是最多的（见表6-10、表6-11）。在种植小麦的样本中，云南每亩灌溉用水使用量最少，然后依次是四川、安徽、陕西、河南、河北、山东。在种植玉米的样本中，辽宁每亩灌溉用水使用量最少，然后依次是内蒙古、贵州、江苏、广东、黑龙江、四川、陕西、安徽、河南、山西、河北、山东。种植小麦的调查省份大部分也是种植玉米的调查省份，两者在每亩灌溉用水总量的排序上大致相同。究其原因：第一，山东农户种植小麦和玉米更多地选择漫灌，而漫灌因借重力作用浸润土壤，灌水均匀性差，是一种粗放的灌水方法，水量浪费较大。第二，在种植玉米的样本中，除辽宁、内蒙古、黑龙江、山东以外，降水较多的省份因作物用水主要来源于雨水，补水灌溉量少，"天公作美"也会使农户每亩灌溉用水总量较少。第三，辽宁、内蒙古、黑龙江大量农户选择滴灌这种先进的节水设备，其每亩灌溉用水总量少。

表6-10　　　　　　　　**各省份小麦灌溉方式与每亩灌溉用水总量** 单位:%、立方米

省份	灌溉方式（多选）				每亩灌溉用水
	漫灌	喷灌	滴灌	不灌溉	
安徽	90	10	0	0	36.9
河北	60	40	0	0	60.8
河南	42	58	0	0	38.9
山东	64	26	0	0	102.0

续表

省份	灌溉方式（多选）				每亩灌溉用水
	漫灌	喷灌	滴灌	不灌溉	
陕西	43	64	0	0	37.0
四川	75	0	0	25	23.6
云南	62	23	0	15	19.0

表 6-11　　　　各省份玉米灌溉方式与每亩灌溉用水总量

单位:%、立方米

省份	灌溉方式				每亩灌溉用水
	漫灌	喷灌	滴灌	不灌溉	
安徽	50	50	0	0	33.4
广东	40	50	0	10	28.2
贵州	75	25	0	0	27.0
河北	62	38	0	0	74.2
河南	38	62	0	0	33.4
黑龙江	10	20	70	0	29.0
江苏	75	13	0	12	27.7
辽宁	12	4	84	0	11.8
内蒙古	20	0	80	0	22.3
山东	71	19	0	10	79.8
山西	100	0	0	0	58.5
陕西	33	67	0	8	31.6
四川	100	0	0	0	30.0

表 6-12　　　　各省份农户灌溉用水来源　　　　单位:%

省份	灌溉水来源（多选）			省份	灌溉水来源（多选）		
	水库	井水	附近湖河水		水库	井水	附近湖河水
安徽	50	10	44	江苏	94	6	20
福建	23	12	70	辽宁	20	80	10
广东	50	20	35	内蒙古	100	0	71
贵州	38	13	50	山东	5	55	45
河北	0	83	17	山西	0	18	90

省份	灌溉水来源（多选）			省份	灌溉水来源（多选）		
	水库	井水	附近湖河水		水库	井水	附近湖河水
河南	0	85	37	陕西	0	92	36
黑龙江	59	23	14	四川	81	0	19
湖北	80	6	20	云南	0	0	100
湖南	95	0	10	—	—	—	—

四 农户灌溉用水支付概况及分析

资源具有稀缺性，我们应当正确认识环境资源价值，避免公共资源的外部性导致资源使用不当、资源耗竭和环境污染等问题。政府可以通过政策和市场手段对作为自然财富的环境资源进行高效配置和合理规划。水资源作为公共自然资源，具有明显的正外部性，然而受经济、自然条件的影响，我国部分省份水资源短缺问题日益严重，影响了人民生活、经济发展以及破坏了生态环境。农业用水作为产业用水大户，提高农业用水效率是解决水资源短缺问题的关键。从目前来看，对公共水资源收费或者征税是解决问题的有效措施之一。我们在了解农户灌溉用水使用情况的基础上调查了各省份农户农业灌溉用水支付现状和支付意愿问题。在"您灌溉时需要花钱吗"（灌溉是否付费）这个问题的回答上，各省份农户的回答差别很大。其中，安徽、福建、广东、贵州、黑龙江、湖南、江苏、辽宁、内蒙古、山西、四川绝大部分农户认为灌溉不需要付费，在17个省份中只有不到30%的省份多数人认为灌溉需要付费（见表6-13）。由此可见，多数农户未将使用公共水资源和付费建立联系，这是我国农业水资源使用浪费和农业水资源使用效率不高的重要原因。在"如果国家将来农业灌溉用水要收费，你会同意吗"（对未来收费的看法）这个问题的回答上，20%的农户选择同意，38%的农户不同意，37%的农户看情况，三者所占比例差别并不大。关于"是否接受过灌溉知识培训"的调查显示，14%的农户表示接受过灌溉知识的培训，86%的农户选择了从未接受过培训。可见，政府在对农户灌溉用水的培训工作中大有可为。我们还调查了若政府组织灌溉技术培训农户意愿参加度，63%的农户表示愿意参与培训，23%的农户选择看情况，仅有14%的农户选择不愿意。由此可见，农户对政府组织灌溉技术培训的积极性很高。若政府对农户农业灌溉技术进行培训，对农业灌溉用水采用补贴减免的措施，农户灌溉用水量将减少，灌溉用水费用降低，使选择"看情况"的农户意愿转变，甚至改变选择"不同意"的农户的意愿，可以为未来科学的水资源收费政策的实施奠定基础。

表 6-13　　　　　　　农户灌溉用水支付现状和支付意愿　　　　单位:%

省份	灌溉是否付费		对于未来收费的看法			是否接受过灌溉知识培训		若政府组织灌溉技术培训农户意愿参加度		
	是	否	同意	不同意	看情况	接受过	从未	愿意	不愿意	看情况吧
安徽	0	100	0	25	75	12	88	56	0	44
福建	13	88	18	65	18	0	100	29	47	24
广东	7	93	0	50	50	7	93	50	14	36
贵州	0	100	38	50	13	13	88	63	13	25
河北	100	0	44	33	22	11	89	72	0	28
河南	97	3	33	13	54	0	100	74	0	26
黑龙江	27	73	32	41	27	25	75	41	14	45
湖北	88	12	35	41	24	18	82	76	6	18
湖南	14	86	0	71	29	15	85	43	14	43
江苏	9	91	63	13	25	19	81	88	0	13
辽宁	4	96	4	8	88	8	92	84	12	4
内蒙古	14	86	13	63	25	60	40	100	0	0
山东	90	10	40	30	30	20	80	83	3	15
山西	17	83	57	17	27	0	100	3	93	3
陕西	96	4	35	8	58	12	88	88	0	12
四川	24	76	4	70	26	0	100	74	0	26
云南	48	52	0	54	46	20	80	46	29	25

综上所述，我国各省份不同农作物灌溉用水现状差异大，这与不同省份的自然条件、经济状况以及农户知识素养有关。为解决我国中部、北部农业需水和缺水大省的用水矛盾问题，提高我国农业灌溉用水效率，政府可以在政策、科技和投入三方面开展积极有效的行动。

第四节　提高产业用水效率的政策选择

目前，我国是一个缺水严重的国家，"水量型缺水"和"水质型缺水"并存,水缺乏已成为严重制约我国社会经济发展的"瓶颈"之一。党和政府为保障我国经济快速发展和人们生活水平逐步提高,就必须积极应对水短缺问题。其中,提高产业用水效率对于缓解水资源短缺有着重要作用,本节就提高产业用水效率的政策选择提出如下几点建议:

第一,加强政府宏观管理,完善水资源利用行政管理体系。中国现行的水管理体制存在着条块分割,政企、政事不分等诸多问题,我国应当通过水资源管理体制改革逐步加强机构的能力建设,提高科学管理水平,确保水资源的可持续开发利用并产生最大的社会效益、环境效益和经济效益。具体来说:(1)明晰水权制度。政府在水权初始分配中,应发挥职能优势,加强水资源配置制度建设、水权初始分配和水事监管,为供水单位企业化改制和用水散户向正规组织发展创造长久性激励制度保障体系。同时,政府还可以将宏观层面上的用水总量指标体系与微观层次上的定额管理指标体系相结合,以"维持水权稳定性,提高水权效率"为核心,实施水权的界定和水权的分配。(2)调整机构组织,转变管理模式。水资源配置应打破行政区划,建立以流域管理为主的管理机制,综合协商各种用水的比例,既维护各地利益,又保证水资源的可持续利用。水资源配置效率的提高,还要求综合考虑上下游、地表水与地下水、各种功能用水,由不可持续的管理模式向可持续的管理模式转变,将所有涉水事务统一到专门的机构组织来管理,实现水资源的一体化管理。(3)建立和完善用水者协会。为避免行政配置这种模式造成的"市场失灵"和"政府失效",在引入市场机制配置的同时,要建立广泛参与的政治民主协商的行政计划配置制度,充分发展各种用水组织,调动用水者参与水资源管理的积极性。

第二,推进水价改革,建设水资源有效利用的经济调控体系。针对水价机制不健全问题,要坚持经济杠杆调节,全面改革水价形成机制,制定水价体系改革方案,建立起有利于节水的水价形成机制和水费收取体制。

对于农业用水来说,具体有:(1)建立并完善农业用水计量体系和社会监督体系。充分利用信息技术等先进手段,加快实行按方计量、按户收费。要通过节水使农民少用水,少缴水费,减轻农民负担,不能借提高水价增加农民负担而影响合理正常的水价体系建设。(2)实施农业节水奖励与惩罚相结合。在统筹兼顾生活、生产、生态用水的基础上,省级水行政主管部门负责所辖市区和各县用水总量的分配,各级地方政府根据分配的指标，逐级分解，明确农民的用水定额和节水指标。对于完成节水指标的用户给予适当的奖励，并允许节约的水资源有偿转让，只有允许农户把节水灌溉节约的水出售而获得收益，农户才可能有较强的节水灌溉的经济激励；对实行粗放的灌溉方式、水资源浪费严重、没有完成节水指标的用户，给予适当的惩罚。

对于工业用水来说，具体有：（1）提高工业水价。从全国总体上看，我国的工业水价相对偏低，导致企业对水资源浪费严重，没能充分地利用水资源，因而应该根据我国工业的实际情况对工业水价进行调整，进一步规范和完善水资源市场，以提高工业用水效率为核心确定合适的工业用水价格，充分发挥价格的杠杆作用，利用价值规律，促进工业水资源的合理优化配置。（2）实行分级征收。根据我国不同省份水资源禀赋的差异和工业发展的不同阶段，推广阶梯水价。针对我国东部、中部、西部地区水资源分布的差异和工业发展的实际情况，借鉴国际上不同国家的工业用水价格体系，制定出合理的可操作性强的多元供水价格体系。除此之外，各个行业要适用有差别的水价。例如，一般工商业适用的水价要比特种行业低得多，耗水量大的企业超出用水限量的部分也要征收较高的工业水价。

第三，加强政策扶植力度，建立高效用水的政策保障体系。政府和水利部门要采取多种措施对节水投资进行引导和支持，在政策上给予一定的倾斜，引导和鼓励用水户自发地进行节水技术更新改造。（1）加强优惠鼓励政策。如对采用喷灌、滴灌等先进节水灌溉技术发展温室种植、特色林果业等，实行税收减免政策；节水灌溉项目优先立项，节水建设标准高、节水效益好的条田优先配水；（2）政府应该根据本地区的实际情况，制定出符合本地区的工业节水战略，研究和制定相关工业节水的税收优惠政策，对高污染、高耗水的工业企业依法取缔，对节水型、高附加值的环保型工业企业加大扶持力度。

第四，加大节水技术的研发，构建节水型技术支撑体系。科学技术是水资源持续利用及保护的重要手段。

对于农业用水来说，具体有：（1）推广田间节水技术。在发展节水型农业过程中，需要考虑缺水地区的自然气候、农田水利设施建设等实际情况，在现有的灌溉基础上，加强农田水利设施建设，普及沟灌，实现田间节水。（2）重视喷灌、微灌等先进灌溉技术的研究、应用和推广。根据作物生长的需水规律来满足农业生产用水量，制订出相关配套的管理模式，应根据作物生育的需水规律和土壤的储水能力来制定合理的灌水量和灌溉制度，并配之以喷灌、微灌等先进的农业灌溉新技术。

对于工业用水来说，具体有：（1）引进先进的节水设备，推广先进的工业节水技术，提高工业用水重复利用效率。通过加大对企业科技经费的支出引进国外先进的节水设备和节水工艺，对我国高耗水的行业如火力发电、纺织印染、石油化工、造纸、有色金属冶炼、食品发酵进行技术改造，淘汰落后的高耗水设备。（2）国家和地方政府要重视节水关键技术开发、示范和推广工作，并给予必要的资金支持。通过与国内高校和科研院所的合作，鼓励高校进行科研创新，技术改造升级，扶持民营研发机构的技术创新，广泛参与同国外前沿机构的合作，努力学习先进的技术和经验，对先进的节水设备和技术进行消化吸收，努力形成以企业为核心，以政府为引导，依托国内高校和科研院所，各民营组织机构积极配合的综合体系。积极引进高学历、懂技术的人才，引进节水技术专家，从而在技术上为我国的工业用水效率的提高提供强大的技术支撑。

第五，调整产业结构，提高产业用水效率。对于农业来说，大力调整农业种植结构，逐步形成节水型农业种植体系。在农业生产过程中，对于缺水地区，从调整农业内部结构着手，调整作物结构，减少耗水量大的农作物的种植面积，培育、推广抗旱能力强、经济价值高的品种。具体来说，根据农业水资源的状况减少雨热不同期的农作物的种植面积，适量扩大节水、高效作物的种植面积，压缩粮、棉、油等高耗水性作物的种植面积，大力发展低耗水性、市场竞争性强和经济效益相对较高的特色林果业，特别是提倡选育抗旱节水作物品种。对于工业来说，合理调整工业结构。大力发展节水型、用水效率高的行业，取缔高污染、高耗水的工业企业，创建一批清洁生产工业企业，加快产业结构的优化升级，加大对工业企业内部用水结构的调整。具体来说，壮大支柱产业，促进工业产业集聚，努力发展产品质量高、水资源消耗低、附加值高、经济效益好、竞争力强的高新技术产业，走新型工业化道路；对煤炭、纺织、石油石化、医药、造纸、有色金属冶炼、食品制造、化学纤维八大高耗水项目要严格加以限制；调整企业产品结构和原材料结构等。

第六，加大节约用水的宣传力度，树立正确的工业节水意识。建设节约型社会是我国制定的一项重要国策，继续沿用传统的用水习惯和保持传统的用水意识会加剧水资源危机。因此，我国各级政府相关的职能部门应多组织和开展多种形式的节水宣传活动，普及节水知识，遏制浪费水资源的行为及现象，强化企业及个人的社会责任，实现水资源利用的可持续发展。

参考文献

白鹏、刘昌明：《北京市用水结构演变及归因分析》，《南水北调与水利科技》2018年第4期。

才惠莲：《美国跨流域调水立法及其对我国的启示》，《武汉理工大学学报》（社会科学版）2009年第22期。

车建明、张春玲、付意成等：《北京市工业用水特征与行业发展趋势分析》，《中国水利水电科学研究院学报》2015年第13期。

陈静、杨凯、张勇等：《灰色协调度模型在产业用水系统分析中的应用》，《长江流域资源与环境》2008年第17期。

陈凯：《新疆滴灌系统工程技术问题分析及其管理模式研究》，硕士学位论文，河北农业大学，2016年。

陈诗一：《中国工业分行业统计数据估算：1980—2008》，《经济学》（季刊）2011年第3期。

陈雯、王湘萍：《我国工业行业的技术进步、结构变迁与水资源消耗——基于LMDI方法的实证分析》，《湖南大学学报》（社会科学版）2011年第3期。

陈晓玲、连玉君：《资本—劳动替代弹性与地区经济增长——德拉格兰德维尔假说的检验》，《经济学》（季刊）2012年第4期。

陈晓玲、徐舒、连玉君：《要素替代弹性、有偏技术进步对我国工业能源强度的影响》，《数量经济技术经济研究》2015年第3期。

陈勇、李小平：《中国工业行业的面板数据构造及资本深化评估：1985—2003》，《数量经济技术经济研究》2006年第10期。

成刚、钱振华：《DEA数据标准化方法及其在方向距离函数模型中的应用》，《系统工程》2011年第7期。

程永毅、沈满洪：《要素禀赋、投入结构与工业用水效率——基于

2002—2011 年中国地区数据的分析》，《自然资源学报》2014 年第 12 期。

丁宁宁：《我国生态文化建设的基本途径》，硕士学位论文，东北大学，2008 年。

段志刚、侯宇鹏、王其文：《北京市工业部门用水分析》，《工业技术经济》2007 年第 4 期。

付实：《美国水权制度和水权金融特点总结及对我国的借鉴》，《西南金融》2016 年第 11 期。

高毅：《新疆地区农业水资源的利用效率探讨》，《珠江水运》2014 年第 16 期。

耿宁：《水权的时间结构与水资源配置效率研究》，硕士学位论文，山东农业大学，2008 年。

郭磊、张士峰：《北京市工业用水节水分析及工业产业结构调整对节水的贡献》，《海河水利》2004 年第 3 期。

何小钢、王自力：《能源偏向型技术进步与绿色增长转型——基于中国 33 个行业的实证考察》，《中国工业经济》2015 年第 2 期。

侯国林、奚晓钧、朱红星等：《塔里木垦区农业水资源利用存在的问题及对策》，《新疆农垦经济》2007 年第 2 期。

胡彪、侯绍波：《京津冀地区城市工业用水效率的时空差异性研究》，《干旱区资源与环境》2016 年第 7 期。

黄国夫、董永杰、付萍：《国外水资源开发利用的经验教训》，《东华理工大学学报》（自然科学版）2001 年第 3 期。

贾丽慧、刘心雨、李娟等：《以色列农业的成功做法及对新疆农业的启示》，《农业科技通讯》2012 年第 1 期。

姜爱林、钟京涛、张志辉：《发达国家城市环境治理的五大措施》，《城市管理与科技》2008 年第 4 期。

姜传隆：《基于可持续发展的区域水资源合理配置的研究》，硕士学位论文，西北农林科技大学，2007 年。

姜楠：《我国水资源利用相对效率的时空分异与影响因素研究》，硕士学位论文，辽宁师范大学，2009 年。

姜亦华：《可借鉴的日本水资源管理》，《江南论坛》2010 年第 5 期。

姜亦华：《日本的水资源管理及借鉴》，《生态经济》2010 年第

12 期。

　　姜亦华：《日本的水资源管理及启示》，《经济研究导刊》2008 年第 18 期。

　　金千瑜、欧阳由男、禹盛苗等：《中国农业可持续发展中的水危机及其对策》，《农业现代化研究》2003 年第 1 期。

　　景维民、张璐：《环境管制、对外开放与中国工业的绿色技术进步》，《经济研究》2014 年第 9 期。

　　赖斯芸、杜鹏飞、陈吉宁：《基于单元分析的非点源污染调查评估方法》，《清华大学学报》（自然科学版）2004 年第 9 期。

　　雷玉桃、黄丽萍：《基于 SFA 的中国主要工业省区工业用水效率及节水潜力分析：1999—2013 年》，《工业技术经济》2015 年第 3 期。

　　李保国、黄峰：《1998—2007 年中国农业用水分析》，《水科学进展》2010 年第 4 期。

　　李谷成、范丽霞、成刚等：《农业全要素生产率增长：基于一种新的窗式 DEA 生产率指数的再估计》，《农业技术经济》2013 年第 5 期。

　　李谷成：《中国农业的绿色生产率革命：1978—2008 年》，《经济学》（季刊）2014 年第 2 期。

　　李建亚：《美国水务管理经验分析与借鉴》，《环境科学导刊》2009 年第 6 期。

　　李健全、安巧霞：《新疆农业水资源可持续利用面临的问题与对策》，《塔里木大学学报》2003 年第 4 期。

　　李静、李红、谢丽君：《中国农业污染减排潜力、减排效率与影响因素》，《农业技术经济》2012 年第 6 期。

　　李静、李晶瑜：《中国粮食生产的化肥利用效率及决定因素研究》，《农业现代化研究》2011 年第 5 期。

　　李静、马潇璨：《资源与环境双重约束下的工业用水效率——基于 SBM-Undesirable 和 Meta-frontier 模型的实证研究》，《自然科学学报》2014 年第 6 期。

　　李静、马潇璨：《资源与环境约束下的产粮区粮食生产用水效率与影响因素研究》，《农业现代化研究》2015 年第 2 期。

　　李静、任继达：《中国工业的用水效率与决定因素——资源和环境双重约束下的分析》，《工业技术经济》2018 年第 1 期。

李静、孙有珍：《资源与环境双重约束下的粮食生产用水效率研究》，《水资源保护》2015 年第 6 期。

李静、万伦来：《产业发展的资源环境代价与"两型产业"发展战略研究》，合肥工业大学出版社 2014 年版。

李玲、周玉玺：《基于 DEA-Malmquist 模型的中国粮食生产用水效率研究》，《中国农业资源与区划》2018 年第 11 期。

李绍飞：《改进的模糊物元模型在灌区农业用水效率评价中的应用》，《干旱区资源与环境》2011 年第 11 期。

李文、于法稳：《中国西部地区农业用水绩效影响因素分析》，《开发研究》2008 年第 6 期。

李晓琳：《水价研究的理论、模型与实践》，硕士学位论文，河海大学，2002 年。

李雪松：《中国水资源制度研究》，博士学位论文，武汉大学，2005 年。

李占风、张建：《资源环境约束下中国工业环境技术效率的地区差异及动态演变》，《统计研究》2018 年第 12 期。

李周、包晓斌、杨东升：《美国富水之国重节水》，《中国经贸导刊》2001 年第 3 期。

刘翀、柏明国：《安徽省工业行业用水消耗变化分析——基于 LMDI 分解法》，《资源科学》2012 年第 12 期。

刘晨跃、徐盈之、孙文远：《中国三次产业生产用水消耗的时空演绎分解——基于 LMDI-I 模型的经验分析》，《当代经济科学》2017 年第 2 期。

刘茜：《我国开征水资源税研究——基于河北省水资源税试点》，硕士学位论文，河北经贸大学，2018 年。

刘渝、杜江、张俊飚：《中国农业用水与经济增长的 Kuznets 假说及验证》，《长江流域资源与环境》2008 年第 4 期。

刘钰、汪林、倪广恒等：《中国主要作物灌溉需水量空间分布特征》，《农业工程学报》2009 年第 12 期。

吕文慧、高志刚：《新疆产业用水变化的驱动效应分解及时空分异》，《资源科学》2013 年第 7 期。

马承新：《美国加州农业节水灌溉及其启示》，《中国农村水利水电》

1999 年第 1 期。

马江：《日本水资源经济政策分析与借鉴》，《价值工程》2017 年第
19 期。

买亚宗、孙福丽、石磊、马中：《基于 DEA 的中国工业水资源利用效
率评价研究》，《干旱区资源与环境》2014 年第 11 期。

闵锐、李谷成：《环境约束条件下的中国粮食全要素生产率增长与分
解——基于省域面板数据与序列 Malmquist-Luenberger 指数的观察》，《经
济评论》2012 年第 5 期。

牛坤玉、吴健：《农业灌溉水价对农户用水量影响的经济分析》，《中
国人口·资源与环境》2010 年第 9 期。

钱文婧、贺灿飞：《中国水资源利用效率区域差异及影响因素研究》，
《中国人口·资源与环境》2011 年第 2 期。

R.E. 弗里亚斯：《美国可持续水规划采用的水资源管理技术》，《水
利水电快报》2011 年第 9 期。

邵东国、陈会、李浩鑫：《基于改进突变理论评价法的农业用水效率
评价》，《人民长江》2012 年第 20 期。

邵自平：《美国西部水权历史演变及启示》，硕士学位论文，武汉大
学，2004 年。

申革霞、张庆昕：《美国水资源管理的启示》，《山东水利》2011 年
第 10 期。

沈家耀、张玲玲、王宗志：《基于系统动力学——投入产出分析整合
方法的江苏省产业用水综合效用分析》，《长江流域资源与环境》2016 年
第 1 期。

司印居、唐瑾、赵洪涛等：《节水灌溉启动现代农业发展新引擎——
新疆农业高效节水建设探索与实践》，《河北水利》2014 年第 11 期。

宋马林、王舒鸿：《环境规制，技术进步与经济增长》，《经济研究》
2013 年第 3 期。

孙才志、王妍：《辽宁省产业用水变化驱动效应分解与时空分异》，
《地理研究》2010 年第 2 期。

孙才志、谢巍、邹玮：《中国水资源利用效率驱动效应测度及空间驱
动类型分析》，《地理科学》2011 年第 10 期。

孙振宇、李华友：《北京市工业用水影响机制研究》，《环境与可持续

发展》2005 年第 4 期。

唐锋:《以色列节水富国经何在》,《陕西水利》2005 年第 5 期。

唐建军:《陕西省灌溉用水技术效率及其影响因素研究》,硕士学位论文,西北农林科技大学,2010 年。

田贵良、吴茜:《居民畜产品消费增长对农业用水量的影响》,《中国人口·资源与环境》2014 年第 5 期。

田贵良:《产业用水分析的水资源投入产出模型研究》,《经济问题》2009 年第 7 期。

佟金萍、马剑锋、刘高峰:《基于完全分解模型的中国万元 GDP 用水量变动及因素分析》,《资源科学》2011 年第 10 期。

佟金萍、马剑锋、王慧敏等:《农业用水效率与技术进步:基于中国农业面板数据的实证研究》,《资源科学》2014 年第 9 期。

佟金萍、马剑锋、王慧敏等:《中国农业全要素用水效率及其影响因素分析》,《经济问题》2014 年第 6 期。

王班班、齐绍洲:《有偏技术进步、要素替代与中国工业能源强度》,《经济研究》2014 年第 2 期。

王班班、齐绍洲:《中国工业技术进步的偏向是否节约能源》,《中国人口·资源与环境》2015 年第 7 期。

王兵、吴延瑞、颜鹏飞:《中国区域环境效率与环境全要素生产率增长》,《经济研究》2010 年第 5 期。

王新、王永增、彭俊:《对新时期新疆农业节水建设内涵的思考》,《中国农村水利水电》2005 年第 3 期。

王学渊、赵连阁:《中国农业用水效率及影响因素——基于 1997—2006 年省区面板数据的 SFA 分析》,《农业经济问题》2008 年第 3 期。

王莹:《基于 DEA 的江苏省工业水资源利用效率研究》,《水利经济》2014 年第 5 期。

魏玮、周晓博:《1993—2012 年中国省际技术进步方向与工业生产节能减排》,《资源科学》2016 年第 2 期。

吴雅丽:《完善我国水资源管理体制的法律思考》,硕士学位论文,重庆大学,2008 年。

肖攀、李连友、苏静:《负值数据约束下产险公司全要素生产率变动及影响因素分析——基于 Meta-RDM 模型的实证研究》,《上海经济研究》

2014 年第 9 期。

谢丛丛、张海涛、李彦彬等：《国高用水工业行业的界定与划分》，《水利水电技术》2015 年第 3 期。

徐丽、徐培江、杨明：《垦区节水农业发展存在的问题分析及对策建议》，《新疆农垦经济》2009 年第 2 期。

许拯民、刘中培、宋全香：《河南省工业用水效率及节水潜力研究师》，《南水北调与水利科技》2014 年第 6 期。

杨海芳、邵帅、杨莉莉：《中国绿色工业变革的最优路径选择——基于技术进步要素偏向视角的经验考察》，《经济学动态》2016 年第 1 期。

于义彬、万育生、张淑玲等：《水资源论证制度立法评价与思考》，《中国水利》2010 年第 23 期。

岳立、赵海涛：《环境约束下的中国工业用水效率研究——基于中国 13 个典型工业省区 2003 年—2009 年数据》，《资源科学》2011 年第 11 期。

张爱胜、李锋瑞、康玲芬：《节水型社会：理论及其在西北地区的实践与对策》，《中国软科学》2005 年第 10 期。

张俊、钟春平：《偏向型技术进步理论：研究进展及争议》，《经济评论》2014 年第 5 期。

张娜：《新疆农业高效节水灌溉发展现状及"十三五"发展探讨》，《中国水利》2018 年第 13 期。

张娜：《新疆推进农业高效节水建设探讨》，《节水灌溉》2011 年第 9 期。

赵华林、郭启民、黄小赠：《日本水环境保护及总量控制技术与政策的启示——日本水污染物总量控制考察报告》，《环境保护》2007 年第 12 期。

赵振国、刘丽、徐建新：《基于 BP 神经网络预测区域农业用水量》，《人民黄河》2007 年第 9 期。

郑芳：《新疆农业水资源利用效率的研究》，硕士学位论文，石河子大学，2013 年。

郑煜：《节水型都市农业种植结构优化研究——以北京市通州区为典例》，硕士学位论文，中国农业大学，2007 年。

周安增：《值得借鉴的美国加州水资源管理》，《黑龙江水利科技》2009 年第 5 期。

周建高:《日本城市如何应对暴雨灾害?》,《社会科学文摘》2013 年第 8 期。

周星星:《中国工业用水效率评价及影响因素研究——基于 2004—2012 年省份面板数据》,硕士学位论文,浙江工商大学,2014 年。

朱启荣:《中国工业用水效率与节水潜力实证研究》,《工业技术经济》2007 年第 9 期。

左建兵、陈远生:《北京市工业用水分析与对策》,《地理与地理信息科学》2005 年第 2 期。

Acemoglu, Daron, et al., "The Environment and Directed Technical Change", *American Economic Review*, Vol. 102, No. 1, 2012.

Acemoglu, Daron, et al., "Transition to Clean Technology", *Journal of Political Economy*, Vol. 124, No. 1, 2016.

Acemoglu, Daron, "Why Do New Technologies Complement Skills? Directed Technical Change and Wage Inequality", *The Quarterly Journal of Economics*, Vol. 113, No. 4, 1998.

Anderson, Theodore Wilbur, and Cheng Hsiao, "Formulation and Estimation of Dynamic Models Using Panel Data", *Journal of Econometrics*, Vol. 18, No. 1, 1982.

Ang, Beng W., F. Q. Zhang, and Ki-Hong Choi, "Factorizing Changes in Energy and Environmental Indicators through Decomposition", *Energy*, Vol. 23, No. 6, 1998.

Battese, George E., and D. S. Prasada Rao, "Technology Gap, Efficiency, and a Stochastic Meta-frontier Function", *International Journal of Business and Economics*, Vol. 1, No. 2, 2002.

Battese, George E., D. S. Prasada Rao, and Christopher J. O'donnell, "A Meta-frontier Frameworks Production Function for Estimation of Technical Efficiency and Technology Gap for Firms Operating under Different Technology", *Journal of Productivity Analysis*, Vol. 21, No. 1, 2004.

Battese, George Edward, and Tim J. Coelli, "A Model for Technical Inefficiency Effects in a Stochastic Frontier Production Function for Panel Data", *Empirical Economics*, Vol. 20, No. 2, 1995.

Chambers, Robert G., Yangho Chung, and Rolf Färe, "Benefit and

Distance Functions", *Journal of Economic Theory*, Vol. 70, No. 2, 1996.

Chambers, Robert G., Yangho Chung, and Rolf Färe, "Profit, Directional Distance Functions, and Nerlovian Efficiency", *Journal of Optimization Theory and Applications*, Vol. 98, No. 2, 1998.

Charnes, Abraham, et al., eds., *Data Envelopment Analysis: Operational Research*, Oxford: Pergamon Press, 1990, pp. 29-39.

Chung, Yangho H., Rolf Färe, and Shawna Grosskopf, "Productivity and Undesirable Outputs: A Directional Distance Function Approach", *Journal of Environmental Management*, Vol. 51, No. 3, 1997.

Couto, A., A. Ruiz Padín, and B. Reinoso, "Comparative Yield and Water Use Efficiency of Two Maize Hybrids Differing in Maturity under Solid Set Sprinkler and Two Different Lateral Spacing Drip Irrigation Systems in León, Spain", *Agricultural Water Management*, No. 124, 2013, pp. 77-84.

David, Paul A., and Th Van de Klundert, "Biased Efficiency Growth and Capital - labor Substitution in the US, 1899 - 1960", *The American Economic Review*, Vol. 55, No. 3, 1965.

Dhehibi, Boubaker, et al., "Measuring Irrigation Water Use Efficiency Using Stochastic Production Frontier: An Application on Citrus Producing Farms in Tunisia", *African Journal of Agricultural and Resource Economics*, Vol. 1, No. 2, 2007.

Dhehibi, Boubaker, et al., "Measuring Irrigation Water Use Efficiency Using Stochastic Production Frontier: An Application on Citrus Producing farms in Tunisia", *African Journal of Agricultural and Resource Economics*, Vol. 1, No. 2, 2008.

Du, Taisheng, et al., "An Improved Water Use Efficiency of Cereals under Temporal and Spatial Deficit Irrigation in North China", *Agricultural Water Management*, Vol. 97, No. 1, 2010.

Duarte, Rosa, Julio Sanchez-Choliz, and Jorge Bielsa, "Water Use in the Spanish Economy: An Input - output Approach", *Ecological Economics*, Vol. 43, No. 1, 2002.

Fang, Q. X., et al., "Water Resources and Water Use Efficiency in the North China Plain: Current Status and Agronomic Management Options", *Agri-*

cultural Water Management, Vol. 97, No. 8, 2010.

Färe, Rolf, et al., "Biased Technical Change and the Malmquist Productivity Index", *Scandinavian Journal of Economics*, Vol. 99, No. 1, 1995.

Färe, Rolf, Shawna Grosskopf, and Carl A. Pasurka Jr., "Environmental Production Functions and Environmental Directional Distance Functions", *Energy*, Vol. 32, No. 7, 2007.

Finger, Robert, "Modeling the Sensitivity of Agricultural Water Use to Price Variability and Climate change—An Application to Swiss Maize Production", *Agricultural Water Management*, No. 109, 2012, pp. 135–143.

Hassan, Rashid M., "Economy−wide Benefits from Water−intensive Industries in South Africa: Quasi−input−output Analysis of the Contribution of Irrigation Agriculture and Cultivated Plantations in the Crocodile River Catchment", *Development Southern Africa*, Vol. 20, No. 2, 2003.

Hassanli, Ali Morad, Mohammad Ali Ebrahimizadeh, and Simon Beecham, "The Effects of Irrigation Methods with Effluent and Irrigation Scheduling on Water Use Efficiency and Corn Yields in an Arid Region", *Agricultural Water Management*, Vol. 96, No. 1, 2009.

Hendricks, David W., et al., "Modeling of Water Supply/Demand in the South Platte River Basin, 1970−2020", *Journal of the American Water Resources Association*, Vol. 18, No. 2, 1982.

Hicks, John, *The Theory of Wages*, London: Macmillan, 1932.

Kaneko, Shinji, et al., "Water efficiency of Agricultural Production in China: Regional Comparison from 1999 to 2002", *International Journal of Agricultural Resources, Governance and Ecology*, Vol. 3, No. 3/4, 2004.

Klump, Rainer, Peter McAdam, and Alpo Willman, "Factor Substitution and Factor−augmenting Technical Progress in the United States: A Normalized Supply−side System Approach", *The Review of Economics and Statistics*, Vol. 89, No. 1, 2007.

Klump, Rainer, Peter McAdam, and Alpo Willman, "Unwrapping Some Euro Area Growth Puzzles: Factor Substitution, Productivity and Unemployment", *Journal of Macroeconomics*, Vol. 30, No. 2, 2008.

Li, Dong, et al., "Effects of Elevated CO_2 on the Growth, Seed Yield, and Water Use Efficiency of Soybean under Drought Stress", *Agricultural Water Management*, Vol. 129, No. 11, 2013.

Luyanga, Shadrick, Richard Miller, and Jesper Stage, "Index Number Analysis of Namibian Water Intensity", *Ecological Economics*, Vol. 57, No. 3, 2006.

Otto, Vincent M. , Andreas Löschel, and Rob Dellink, "Energy Biased Technical Change: A CGE Analysis", *Resource and Energy Economics*, Vol. 29, No. 2, 2007.

Rao, D. S. , Christopher J. O'donnell, and George E. Battese, *Meta - frontier Functions for the Study of Inter - regional Productivity Differences*, Queensland: School of Economics, Queensland University, 2003.

Sanstad, Alan H. , Joyashree Roy, and Jayant A. Sathaye, "Estimating Energy-augmenting Technological Change in Developing Country Industries", *Energy Economics*, Vol. 28, No. 5/6, 2006.

Sato, Ryuzo, and Tamaki Morita, "Quantity or Quality: The Impact of Labour Saving Innovation on US and Japanese Growth Rates, 1960 - 2004", *The Japanese Economic Review*, Vol. 60, No. 5, 2009.

Speelman, Stijn, et al. , "A Measure for the Efficiency of Water Use and Its Determinants, a Case Study of Small-scale Irrigation Schemes in North-West Province, South Africa", *Agricultural Systems*, Vol. 98, No. 1, 2008.

Stoevener, Herbert H. , and Emery N. Castle, "Input-output Models and Benefit-cost Analysis in Water Resources Research", *Journal of Farm Economics*, Vol. 47, No. 5, 1965.

Tapio, Petri, "Towards a Theory of Decoupling: Degrees of Decoupling in the EU and the Case of Road Traffic in Finland between 1970 and 2001", *Transport Policy*, Vol. 12, No. 2, 2005.

Tone, Kaoru, "Dealing with Undesirable Outputs in DEA: A Slacks-Based Measure (SBM) Approach", *GRIPS Research Report Series*, 2003.

Wan, Ming, "China's Economic Growth and the Environment in the Asia-Pacific Region", *Asian Survey*, Vol. 38, No. 4, 1998.

Weber, William L. , and Bruce R. Domazlicky, "Total Factor Productivity Growth in Manufacturing: A Regional Approach Using Linear Programming", *Regional Science and Urban Economics*, Vol. 29, No. 1, 1999.

Zhang, Xiying, et al., "Water Use Efficiency and Associated Traits in Winter Wheat Cultivars in the North China Plain", *Agricultural Water Management*, Vol. 97, No. 8, 2010.